高等土力学

主编 邓岳保
参编 殷 杰 高 游

武汉理工大学出版社
·武 汉·

【内容简介】

高等土力学作为岩土与地下结构工程、土木水利工程等的重要专业基础课程，是一门富含理论又具有工程属性的课程。很多重大土木工程、交通工程、水利工程的建设都要用到高等土力学知识。目前国内使用的高等土力学教材大多难度较大，在实际教学中只能选择少量内容进行讲解。在此背景下，编者编写了主要面向地方高校的高等土力学教材。本书重点阐述高等土力学基本概念，注重从土力学到高等土力学知识点的过渡，注重土力学理论的实际应用，解决区域岩土工程问题。另外，为帮助学生了解学科前沿热点，孕育创新成果，本书还补充了少量涉热岩土工程问题的前沿热点内容。

本书内容包括：绪论、土工试验与测试、土的应力应变特性、土的强度、土的本构关系、土中水及渗流、土的压缩与地基变形、非饱和土力学基础和土工数值分析。本书可作为地方高校研究生培养教材，也可作为科研人员和工程技术人员的参考书。

图书在版编目(CIP)数据
高等土力学 / 邓岳保主编. -- 武汉：武汉理工大学出版社，2025. 4. -- ISBN 978-7-5629-7360-7
Ⅰ. TU43
中国国家版本馆 CIP 数据核字第 2025M9Z323 号

项目负责人：高　英　　**责任编辑**：高　英
责任校对：张　晨　　**排版设计**：正风图文
出版发行：武汉理工大学出版社
地　　址：武汉市洪山区珞狮路 122 号
邮　　编：430070
网　　址：http://www.wutp.com.cn
经　　销：各地新华书店
印　　刷：崇阳文昌印务股份有限公司
开　　本：880mm×1230mm　1/16
印　　张：13
字　　数：292 千字
版　　次：2025 年 4 月第 1 版
印　　次：2025 年 4 月第 1 次印刷
定　　价：38.00 元

前　言

近年来，随着我国高等教育发展步伐的加快，以及为了满足创新型国家建设对高层次人才培养的需求，我国研究生教育快速发展。地方高校也积极稳妥地开展了研究生培养机制改革与扩招，各类学术型和专业型研究生招生计划均有不同幅度的增长。目前各类学术型和专业型研究生已成为我国高层次人才培养的重要组成部分。

地方高校的研究生培养有其特殊性。相比于教育部直属的老牌优势高校，地方高校的导师队伍教学科研水平和研究生生源质量还有一定差距。此外，有相当一部分研究生读研的出发点是为了改变生活工作环境或提升就业竞争力。面向地方高校研究生培养的教材应考虑到上述实际情况。

高等土力学作为岩土与地下结构工程、土木水利工程等的重要专业基础课程，是一门富含理论又具有工程属性的课程。很多重大土木工程、交通工程、水利工程的建设都要用到高等土力学知识。目前国内使用的高等土力学教材大多难度较大，实际教学中只能选择少量内容进行讲解。在此背景下，编者编写了这本主要面向地方高校的高等土力学教材。一方面，考虑到学生来自不同层次的学校，土力学基础不够扎实，因此少量介绍复杂的理论和数学公式，重点阐述基本概念，补充了土力学到高等土力学的过渡知识介绍。另一方面，土力学不断在发展，有些工程前沿内容有必要被引入教材。为了帮助学生顺利地进入科研阶段，了解学科前沿热点，孕育创新成果，本书补充了岩土工程学科前沿热点内容。

高等土力学课程涉及数学、力学、数值方法等内容的结合，需要学生具有扎实的数学、力学、编程基础。本书共 9 章：第 1 章绪论、第 2 章土工试验与测试、第 3 章土的应力应变特性、第 4 章土的强度、第 5 章土的本构关系、第 6 章土中水及渗流、第 7 章土的压缩与地基变形、第 8 章非饱和土力学基础、第 9 章土工数值分析。本书由宁波大学邓岳保、高游和江苏大学殷杰共同编写完成。其中：邓岳保负责第 1 章、第 2 章、第 3 章、第 7 章、第 9 章的编写，参与第 4 章、第 5 章、第 6 章的编写；殷杰负责第 5 章、第 6 章的编写，参与第 7 章的编写；高游负责第 4 章、第 8 章的编写；宁波大学郑荣跃参与了书稿内容审核。全书内容由邓岳保统稿。

本书引用了大量国内外专家同行的著作，在此表示感谢。另外，限于水平，书中仍有不足之处，欢迎批评指正。

邓岳保

2024 年 11 月

目　录

1 绪 论

土是自然的产物，是土力学的研究对象。由于土的碎散性、多相性和变异性，其力学性质非常复杂。土力学是用力学的基本原理，研究土的物理力学性质，计算分析土在荷载作用下的应力、应变、强度及稳定性，以确保工程安全。高等土力学是土力学的进阶，是基于更广泛的试验、测试和更先进的数学力学方法研究土的工程特性并解决与土有关的工程问题的科学。

1.1 本学科相关概念

1.1.1 岩土工程

岩土工程(Geotechnical engineering)是关于岩石和土的各类建设工程，包括岩土的勘察与工程性质研究、地基工程、基础工程、基坑工程、边坡工程和地下工程等。依据工作内容分类，岩土工程可分为岩土工程勘察、岩土工程设计、岩土工程施工(治理)、岩土工程监测、岩土工程检测。在学科专业定义中，岩土工程专业是土木工程专业的分支，是运用工程地质学、土力学、岩石力学等解决各类工程中关于岩体、土体的工程技术问题的学科。根据岩土工程的基本定义可以看出，岩土工程研究对象为岩石(岩体)和土(土体)。要说明的是，岩石与岩体是相关但不同的概念，两者之间的区别与联系参见岩石(岩体)力学。土与土体的概念见下一节。

关于岩土工程领域的科学研究，有几个主要的研究方向，现列举如下。

(1) 土的工程特性与本构关系研究。土的工程性质是在设计和建造各种工程建筑物时所须掌握的土体或填筑土料的工程特性，包括土的物理特性、渗透特性、压缩与固结特性、强度特性等。土的本构关系是指土中应力与应变之间的关系，或描述土体力学特性的数学模型。

(2) 地基与基础工程研究。重点开展地基模型及其计算方法、参数研究，地基处理新技术、新方法和检测技术的研究，建筑基础(如柱下条形基础、十字交叉基础、筏形基础、箱形基础及桩基础等)与上部结构的共同作用机理和规律研究等。

(3) 边坡与基坑工程研究。重点研究基坑开挖、基坑降水等对邻近既有构筑物和环境(地下管线、地铁等)的影响，基坑支护结构的设计计算理论和方法，基坑支护结构的优化设计和可靠度分析技术，边坡稳定分析理论以及新型支护技术的开发应用等。

(4) 地下空间与地下工程研究。以城市地下空间为主体，研究地下空间开发利用过程中的各种岩土工程问题，地下空间资源的合理利用策略，以及各类地下结构的设计、计算方法和地下工程的施工技术及其优化措施，如浅埋暗挖、盾构法、冻结法、降水排水法、沉管法、TBM 法等。

(5) 环境与能源岩土工程研究。岩土工程问题中涉及影响环境的工程，就可以称为环境岩土工程，如垃圾填埋场的建设、污染土和污泥治理等。能源岩土工程涉及岩土工程领域的节能与新能源利用，如能源地下结构、海洋资源开发、核废料处理、地下储能、CO_2 封存等。

1.1.2　土与土体

土(Soil)是自然界中的一种材料，是岩石经历物理、化学、生物风化作用以及剥蚀、搬运、沉积作用所生成的堆积物，主要为第四纪产物。土位于地壳的表层，是人类工程建设的主要地质环境。土与岩石的根本区别是土颗粒间的联结很弱，物理状态多变，力学强度低，容易受外界环境(如温度、湿度)的影响。

土通常是包含有矿物颗粒(固相)、水(液相)和空气(气相)的多相材料，即土的三相。土的固相是指土中的固体颗粒，简称土粒。土粒一般很坚硬，受力后变形很小，因而一般认为土粒不可压缩。土粒和土粒之间相互连接形成土骨架。若土粒之间连接紧密，则土骨架不易变形和破坏，土体宏观上的力学性状较好；反之则差。土的液相一般是指土中的水。水一般也认为是不可压缩的。在只有固相与液相的饱和土中，土的压缩必须与水的挤出相联系。只有水被挤出，土骨架才能被压缩。水的挤出是一个时间过程，其快慢取决于土的渗透性。土的气相是指空气。空气可以压缩，也可以被挤出。含有气相的土称为非饱和土。

不同的矿物成分和不同的三相物质含量比例，使得土的状态和物理力学性质产生很大差异。对于无黏性土，可依据密实程度将土的状态分为密实、中密和松散三种状态；对于黏性土，可依据含水量程度将土的状态分为坚硬、硬塑、可塑、软塑和流塑。描述土的物理力学性质的指标可以分为四类：①土的三项基本物理指标，即颗粒比重、含水率和密度；②土的其他物理指标，如孔隙比、孔隙率、饱和度、塑限、液限、塑性指数、液限指数、渗透系数；③变形指标，如压缩模量、压缩系数、压缩指数、回弹指数、弹性模量、泊松比、变形模量、固结系数、次固结系数；④强度指标，包括黏聚力、内摩擦角。掌握上述指标的测试方法并了解其常见取值范围，是优秀岩土工程师需要具备的一种重要能力。

在土力学中，土通常被视为力学体，由此称为土体。土体可以被视为刚性体，采用理论力学方法进行分析，如地基承载力中的刚性楔体；土体可以被视为普通的材料力学体，采用材料力学进行分析，如分层总和法中的土层应力-模量-应变关系；土体可以被视为弹性材料，采用弹性力学进行分析，如地基应力中的布辛奈斯克解(Boussinesq's solution)和明德林解(Mindlin's solution)；土体可以被视为一般的连续介质材料，采用连续介质力学进行分析；土体可以被视为多孔介质，采用多孔介质力学进行分析，如有效应力原理和固结理论；另外，土体还可以被视为松散颗粒堆积体，采用牛顿力学或颗粒流理论进行分析。

土壤是土的另一种名称。土壤是地球表面的一层疏松的物质，由各种颗粒状矿物质、有机物质、水分、空气、微生物等组成，能生长植物，其概念主要涉及化学、生物、农学、环境等领域。土壤与工程领域土体的研究目标和研究方法完全不同。

1.1.3 土力学

土力学（Soil mechanics）是应用工程力学方法来研究土（土体）的力学性质的一门学科。土力学的研究对象是与人类活动密切相关的土或土体（含土中水），包括人工土体和自然土体。广义的土力学包括土质学和土（体）力学；土质学主要研究土的成因、组成、工程特性和分类等；土力学的任务是研究解决岩土工程中的渗透、变形和稳定性（强度）的问题。

（1）土的渗透

土的渗透是指水在土体孔隙中渗透流动的现象。水在土体孔隙中的流动特性是土的主要力学性质之一，是土力学的重要研究内容。土木工程、水文地质、海洋水利、环境保护等领域的许多课题都与土的渗透性密切相关。而土的强度、变形和渗透之间有密切的关系，渗透研究已不限于渗流问题本身。

土中的水受水头差或水力梯度的影响而流动。砂土渗流基本服从达西定律；黏性土因为结合水的黏滞阻力，只有水力梯度增大到起始水力梯度，克服了结合水黏滞阻力后，水才能在土中渗透流动，因此黏性土渗流不符合达西定律。土的渗透系数是表征土体渗透性大小的指标。同土的其他物理指标相比，土的渗透系数的变化范围要大得多，且具有高度的不均匀性和各向异性。

孔隙水的流动可能带来土体渗透破坏：一是水力的破坏，即流土破坏；二是水流的破坏，即管涌破坏。流土也称流砂，是指在渗流力作用下，某一范围内因为土体的表面隆起、浮动或某一颗粒群的同时起动而流失的一种砂沸现象。在水渗流作用下土体细颗粒沿骨架颗粒形成孔隙，水在土孔隙中的流速增大引起土的细颗粒被冲刷带走的现象被称作管涌。流土和管涌的形成原因不同，危害性也不同。流土发展的结果是使基础发生滑移或不均匀下沉，基坑坍塌，基础悬浮等；流土破坏一般是突然发生的，对岩土工程危害很大。管涌发生在一定级配的无黏性土中，其水力坡降远小于1，发生的部位可能是渗流逸出处，也可能在土体内部；管涌破坏一般有一个发展过程，是一种渐进性的破坏。为了保护土体，避免在边界面上发生管涌、流土等渗透破坏现象，常采用反滤层保护，既能使渗透水自由流出，又不致将土粒带走，从而提高土体的渗透稳定性。

（2）土的应力与变形

土的应力通常是指土体自重或荷载及其他原因，在土体中引起的单位面积上的作用力。对于地基土，一般包括由覆盖土层引起的自重应力和由地面荷载引起的附加应力。

土的变形是土体在荷载（应力）作用下产生体积或形状变化的现象。人类的工程活动使土所承受的力主要是压力和剪力，土体由此发生相应的压缩变形和剪切变形。压缩变形是地基土在建筑物荷载作用下的主要变形形式。自然界中的土是一种多孔分散体系，在荷载作用下矿物颗粒和水的体积压缩变形量可以忽略不计，因而土的压缩变形实质上是空气或水的逸出、颗粒移动而使孔隙体积减小造成的。土的剪切变形多发生在地基土接近破坏的阶段。另外，黏性土在恒定荷载作用下可以发生长期而缓慢的变形，这种变形称为蠕变。此外，在自然或人为因素作用下，土中的水分增减以及温度变化，也可使土相应地发生膨胀、收缩，以及湿陷或潜蚀变形。

(3) 土的强度和稳定性

土的强度是指土体在外力作用下达到屈服或破坏时的极限应力。剪应力对土的破坏起控制作用，所以土的强度通常是指抗剪强度。土的强度一般是由它的应力-应变关系曲线上某些特征应力来确定，如屈服应力、破坏应力、峰值应力等，这些特征应力值与土的种类和物理条件(如加载时间、加载速率、排水条件和温度等)有关。土的强度是分析计算地基及土工建筑物稳定性所必需的重要力学性质之一；对土的强度估计偏高或偏低，将直接影响工程的经济和安全。

土体稳定性是指土体的一部分抵抗另一部分在自重和外荷载作用下沿着潜在滑裂面发生剪切破坏的安全程度。土坡稳定性、地基承载力和挡土结构稳定性，都属于土体稳定性范畴。当进行土坡稳定分析时，需试算若干滑动面，求出安全系数最小的滑动面，即最危险滑动面，以及相应的安全系数最小值。如果稳定安全系数不够或发生滑坡，则应考虑放缓边坡，以降低土体内的剪应力，或采取减小土体内孔隙压力的措施以及其他加固措施。地基承载力是地基土在自重和外荷载作用下抵抗剪切破坏的能力。地基土的一部分沿着滑裂面发生剪切破坏前的最大荷载称为极限荷载，此时地基对基础的反力称为地基的极限承载力。挡土结构稳定性，即挡土结构在自重、外荷载以及土压力作用下抵抗滑动和倾覆的安全程度，它在很大程度上取决于作用在挡土结构上的土压力。要说明的是，土体稳定性不仅取决于土体强度，还与土体变形有关。

1.1.4　高等土力学

顾名思义，高等土力学(Advanced Soil Mechanics)是土力学的进阶，是建立在已有土力学理论与应用成果基础之上的学科。

土力学通常假定土体力学性质符合弹性或线性，且仅考虑单一因素影响。例如：在计算地基中的应力时，假定土体为弹性半无限空间体；在应用分层总和法计算地基沉降时，通常采用压缩模量 E_{s1-2} 计算土层压缩量；在太沙基一维固结理论中，假定土层均质、水的渗透符合达西定律；在强度理论和固结理论中，仅局限于研究饱和土，而未涉及非饱和土问题；土力学中所采用的计算方法相对简单，难以模拟复杂的工程实际情况等。

高等土力学强调的是全面和深化对土体工程性质的理论研究和应用研究。在高等土力学中，虽然还是围绕土的变形规律、强度规律、渗流规律以及计算方法等展开研究，但相对于土力学来说，高等土力学研究的广度和深度要大得多。具体来说，体现在以下几个方面：

(1) 材料特性上，高等土力学将土体视为弹塑性、非线性或黏性材料，并且考虑多种因素影响，如非均质、非饱和、非达西渗流、结构性和超固结状态。

(2) 几何特性上，高等土力学需考虑土层的成层性、土与结构的相互作用等。

(3) 时空维度上，高等土力学除了研究一维问题，还涉及二维和三维问题，时间空间效应需要考虑得更全面。

(4) 多场耦合方面，土力学中将土体视为一般固体材料，或开展土体变形与土中水渗流的流固耦合分析；高等土力学中需要开展热流固耦合，有时还要考虑化学场的耦合，使得考虑的因素更全面、更接近实际情况。

(5) 求解方面，土力学以常规解析方法进行求解或通过查表获得答案，高等土力学则通常借助半解析和数值求解进行计算与分析，并且通常需要编写计算程序来获得解答。

此外，高等土力学不断探讨更精密、更全面的试验仪器的研制、试验技术研发、合理参数取值方法研究，还探讨能够更好地模拟实际工程的各类计算方法与应用研究等。总之，高等土力学是用更全面的、更深层次的、应用多学科交叉的理论和方法对土的性质进行研究，解决更复杂的工程问题，因而从某种意义上讲也是发展中的土力学。

1.2　本学科发展简史

(1) 第一阶段：经典力学理论范畴下的岩土工程问题探索

土力学在人类的长期生产实践中应运而生，并不断向前发展。从远古至 18 世纪中叶，与其他学科一样，土力学仅停留在感性的认识上，没有上升到理论层次。18 世纪工业革命以后，城市建设、水利工程及道路工程的兴建，推动了土力学的发展。

1773—1923 年，有关土的研究是在材料力学、弹性力学、水力学等经典力学理论的范畴中进行的。1773 年，法国科学家库仑(Coulomb)发表论文《极大极小准则在若干静力学问题中的应用》，为土体破坏问题分析奠定了理论基础，开始了土力学研究探索的先河。1855 年，法国学者达西(Darcy)创立了土的层流渗透定律——达西定律。1857 年，英国人朗肯(Rankine)发表关于土压力理论的论文。1885 年，法国的布辛奈斯克(Boussinesq)提出半无限弹性体中应力分布的计算公式。1900 年，德国的摩尔(Mohr)提出了至今仍广泛应用的土的强度理论。1915 年，瑞典工程师彼得森(Petterson)针对 Goteborg 港滑坡提出瑞典圆弧滑动分析方法。19 世纪末至 20 世纪初，瑞典阿特贝里提出了黏性土塑性界限和按塑性指数的分类方法。19 世纪末 20 世纪初，随着大坝问题和高层建筑涌现，沉降问题逐渐突出，工程力学的发展为地基沉降问题研究提供了必要手段，从而为 Terzaghi 开创土体变形研究提供了客观条件。

(2) 第二阶段：古典土力学

1923 年，Terzaghi 发表著名的论文《黏土中动水应力的消散计算》，提出了土体一维固结理论，接着又在另一文献中提出了著名的有效应力原理，从而建立起一门独立的学科——土力学。此后，随着弹性力学的研究成果被大量引用过来，变形问题的研究越来越受到重视。但是，土体的破坏问题始终是当时土力学研究的主流。如 Fellenius、Taylor 和 Bishop 等关于滑弧稳定分析方法的建立与完善；Terzaghi 关于极限土压力的研究和提出承载力公式；Shield 和沈珠江等关于土体破坏的运动方程和极限平衡理论的建立。而在变形理论方面则有：地基沉降计算方法的建立与完善；Mindlin 公式的提出及其在桩基沉降计算中的应用；砂井固结理论；Biot 固结理论的提出和完善。以弹性介质和弹性多孔介质为出发点的变形理论和以刚塑性模型为出发点的破坏理论（极限平衡理论）于 20 世纪 60 年代初完成了基本的理论框架。但是，真实的土体绝不是理想弹性体，也不是理想刚塑性体。可以考虑土体两个基本特性压硬性和剪胀性的现代土力学理论在 20 世纪 50 年代初已开始酝酿。一方面，随着认识的深化，人们已越来越不满足于理想弹性介质和理想刚塑性介质这样简单化的描述；另一方面，现代计算技术的发展为采用复杂的模型提供了手段，从而为现代土力学的建立创造了客观条件，而 Roscoe 的研究成果则直接促使现代土力学的诞生。

(3) 第三阶段：现代土力学

1963 年，Roscoe 发表了著名的剑桥模型，提出了第一个可以全面考虑土的压硬性和剪胀性的数学模型，被视为现代土力学的开端。经过近 60 年的努力，现代土力学已越过重要的阶段而渐趋成熟，并正在下列几个方面取得重要进展：非线性模型、弹塑性模型和结构性模型的深入研究和大量应用；非饱和土理论的研究及实际应用；土体液化和动力理论的研究；剪切带理论及渐进破损问题的研究；土的细观力学和多场耦合研究；可靠度分析与理论体系的建立；海洋岩土工程研究；能源与环境岩土工程研究等。另外，土工测试技术等方面也取得很大进展，特别是多场耦合的土工测试技术（如温度场、化学场的耦合）、原位测试技术（如光纤光学化学传感器、电阻率静力触探、X 荧光分析仪）和离心模型试验装置及技术（如浙江大学 CHIEF）等。

近年来，我国科技与经济迅速发展，港珠澳大桥、上海中心大厦、跨海高铁等一批超级工程的建设，大幅度提升了人民生活水平和我国的综合国力。与此同时，土力学也在相应的国家重大建设中得到了广泛的应用和完善，焕发出奕奕生机。其中，能源岩土工程是近年来土力学快速发展的代表之一。2013 年法国巴黎召开第 18 届国际土力学及岩土工程学术大会，成立了国际土力学与能源岩土工程协会专委会；2015 年 6 月西班牙巴塞罗那举办首届国际能源岩土工程大会；2015 年 12 月香港举办首届国际能源岩土与环境土工会议；2017 年 7 月杭州举办第二届国际能源岩土与环境土工会议；2019 年 11 月长沙召开第三届国际能源岩土和环境土工会议。上述会议围绕“能源岩土”及相关领域的理论研究、实践探索、工程实例、新技术与新方法进行学术交流。2017 年 8 月清华大学召开第一届全国能源地下结构与工程学术研讨会，并成立能源地下结构与工程专业委员会；2019 年 9 月第二届全国能源地下结构与工程学术研讨会在河海大学召开；2021 年 12 月第三届全国能源地下结构与工程学术研讨会在深圳召开；2023 年 9 月第四届全国能源地下结构与工程学术研讨会在雄安召开。能源岩土工程的技术标准建设方面，英国与瑞士相继提出了能源桩的技术标准。国内方面，2018年《桩基地热能利用技术标准》(JGJ/T 438—2018)的出版填补了中国在能源桩技术领域的空白，使得中国桩基地热能利用工程的勘察、设计、施工、验收、运行和维护有了技术指导。2021年由宁波大学主编的中国岩石力学与工程学会团体标准《隧道地热能利用技术规程》(T/CSRME008—2021)正式发布，为隧道地热能利用系统的设计、施工和维护等提供了依据。上述国内外学术会议的召开和技术标准的制订，大大促进了土力学在能源岩土工程领域的发展。

参考文献

[1] 沈珠江. 理论土力学[M]. 北京：中国水利水电出版社，2000.
[2] 龚晓南. 高等土力学[M]. 杭州：浙江大学出版社，1996.
[3] 殷宗泽，等. 土工原理[M]. 北京：中国水利水电出版社，2007.
[4] 李广信. 高等土力学[M]. 北京：清华大学出版社，2004.
[5] 谢定义，姚仰平，党发宁. 高等土力学[M]. 北京：高等教育出版社，2008.
[6] 卢廷浩. 高等土力学[M]. 北京：机械工程出版社，2008.
[7] 李广信. 高等土力学[M]. 2版. 北京：清华大学出版社，2016.
[8] 谢康和，周健. 岩土工程有限元理论分析与应用[M]. 北京：科学出版社，2002.
[9] 白晓红. 高等土力学[M]. 武汉：武汉大学出版社，2017.

2 土工试验与测试

各类岩土工程能否顺利开展、运行，与其赖以存在的岩土层有着密切关系。土体或地基是否具有足够的抗压能力和强度，能否提供足够的承载力，需要开展土工测试去查明。土工测试是从根本上保证岩土工程设计的精确性、代表性以及经济合理性的重要手段，它与理论计算、施工检验相辅相成。具体来说，土工试验与测试的目的及意义有：揭示土的一般的或特有的物理力学性质；揭示区域性土、特殊土、人工复合土的物理力学性质；确定理论计算和工程设计参数；验证计算理论的正确性及实用性；是分析和实现信息化施工的手段。

土工测试可以分为室内土工试验(Laboratory soil test)和原位测试(in-site test)。室内土工试验包括单元体试验和模型试验。单元体试验以土材料及其单元体作为试验对象，具体内容可分为物理性质试验、力学性质试验和化学性质试验。其中：物理性质试验包括密度、比重、含水率、颗粒分析、液限、塑限和渗透试验等；力学性质试验包括固结试验、三轴压缩试验、抗剪强度试验和无侧限抗压强度等。模型试验以模型地基作为试验对象，可分为 1*g* 模型试验(*g* 为重力加速度)和离心机模型试验(或 *ng* 试验)。

原位测试是指在现场原位对土的工程性质进行的勘测和试验。取原状土样进行试验常因原位应力释放和土样扰动而影响测试结果。原位测试可在一定程度上克服上述缺陷，所以它是土工测试的重要分支。但是，现场试验条件的多变性、不定性使得测试成果的应用常带有经验性或地区性。土工原位测试有直接测试和间接测试之分；十字板剪力试验、荷载试验以及抽水试验等能直接测出土的性质指标，属直接测试方法；触探试验、标准贯入试验等，要通过率定曲线或经验关系才能得出土的性质指标，属间接测试方法。

2.1 单元体试验

2.1.1 固结试验

土在外荷载作用下，其孔隙中的水和空气逐渐被挤出，土的骨架颗粒之间相互挤密，孔隙体积逐渐缩小，引起土体的压缩变形。土在外力作用下的体积缩小的特性称为土的压缩性。

固结压缩试验(固结实施)是研究土的压缩性的基本方法，在工程中应用非常广泛。固结压缩试验就是将天然土体或人工土体制备成一定规格的土样，然后放置于固结压缩仪上，使其在完全侧限条件下测试土样在荷载作用下的压缩变形。对于一般的土体，在无饱和度要求时，可开展压缩试验，即主要关注土体压缩变形量的大小；对于饱和土体(地下水位以下的土体)而言，通常要求开展固结压缩试验，即除了要测试土体的压缩变形量大小之外，还要测试土体的压缩变形随时间发展的过程(固结)。

(1) 试验仪器

固结仪是一种工业仪器，用于测定在不同荷载和有侧限的条件下土的压缩性能，由此获得土体压缩性指标。

图 2.1(a)所示为传统固结仪，该设备通过杠杆加载，并由百分表测试记录固结沉降过程。传统多联固结仪可同时开展 3～4 个土样的固结试验，且价格便宜，因此在工程实际中仍广泛应用。

(a)

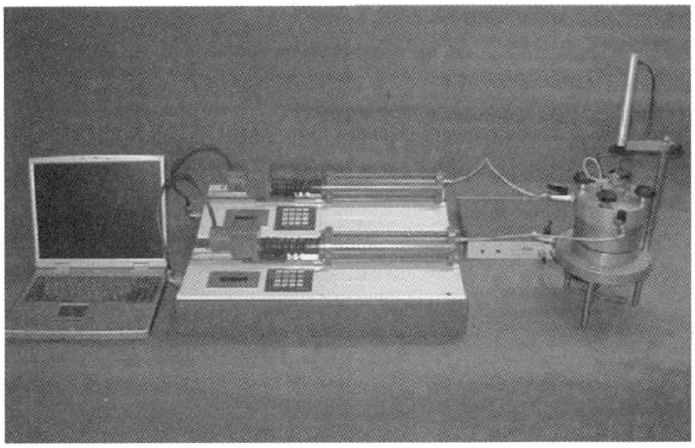

(b)

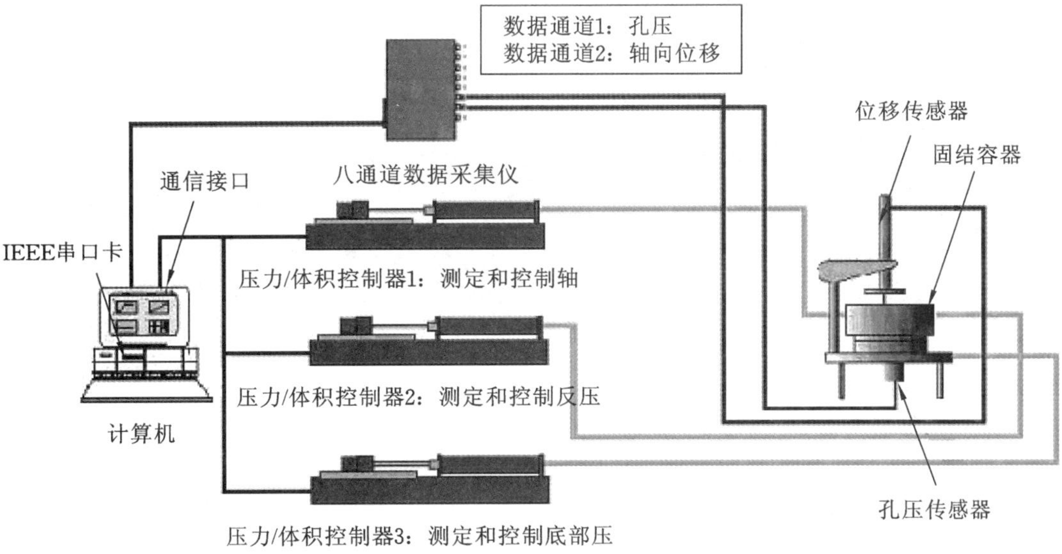

(c)

图 2.1　固结压缩试验装置

(a)传统固结仪；(b)先进固结仪；(c)先进固结仪的组构示意图

图 2.1(b)所示为先进固结仪，该设备由计算机控制加载并采集数据，并能控制整个试验过程按照预设的步骤开展。试验系统硬件部分包括固结容器、压力/体积控制器、孔压测量和位移测量系统、数据采集仪等。试验系统软件部分用来设置试验步骤、实现加载与数据采集的完全自动化。先进固结仪区别于传统固结仪之处主要在于其能自动读取并记录孔压、轴向变形等数据，且数据读取精度高。

图 2.1(c)所示为典型先进固结仪的组构示意图。该试验系统包括 1 个八通道数据采集仪、2 个数据通道、1 台固结容器、3 台压力/体积控制器和 1 个工作站，可以用于开展固结试验、渗透试验和固结渗透联合测试试验。

图 2.2 所示为温控固结仪，由先进固结仪进一步联合温控装置得到。温控固结仪一般由硬件系统和软件系统两部分构成。硬件部分主要包括加载架、固结压力室、压力/体积控制器、温度控制系统(一定的温控范围)和多通道数据采集装置。其中，温控系统利用进出水口对固结压力室腔体内补排水，然后通过升温装置对腔体内的水进行加热控制，由此实现对土样的加热。软件系统的作用为控制试验进程并获取试验数据，测量轴向应力、反压、孔压、轴向位移、温度等。温控固结仪的软件系统还具有土体饱和、B 值检测、分级加载、等应变速率加载等功能。

(a)

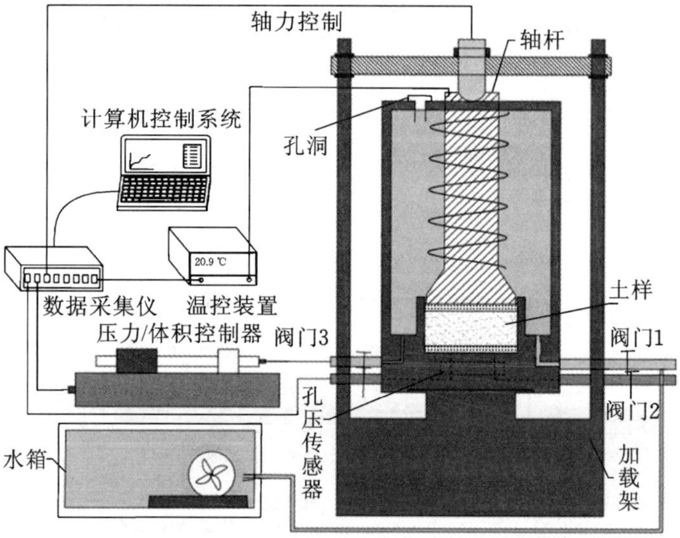

(b)

图 2.2　温控固结仪

(a)实物图；(b)示意图

(2) 试验步骤

基于先进固结仪的固结试验主要步骤如下：

① 准备试验仪器，传感器数据置零。

② 制备土样,测试土体三相基本物理指标;计算土体初始孔隙比 e_0。

③ 安装试样,排出固结容器空腔和排水管路中的气体。

④ 试样饱和。可先将试样抽气饱和,然后利用先进固结仪进行反压饱和。通过土样底部孔压的增量来判断土样是否饱和。具体来说,当孔压增量达到 93%的压力增量时,可认为土体饱和。

⑤ 基于试验软件系统设置试样信息和试验步骤,开展固结、渗透、固结渗透联合试验等。

固结试验举例:分级加载固结试验,各级固结压力值分别为 25、50、100、200、400、800(kPa);每级加载时间为 24 h。

渗透试验举例:在每组固结试验结束后,设置反压和底部压力的差值(轴压稍大于反压,且差值在 20 kPa 以内),进行各固结压力值不变情况下的渗透试验;渗透时间为 1 h。

(3) 试验成果

① e-p 曲线。土体固结压缩试验得到的孔隙比 e 与压力值 p 在二维坐标系中描绘出的曲线(即 e-p 曲线),如图 2.3(a)所示。

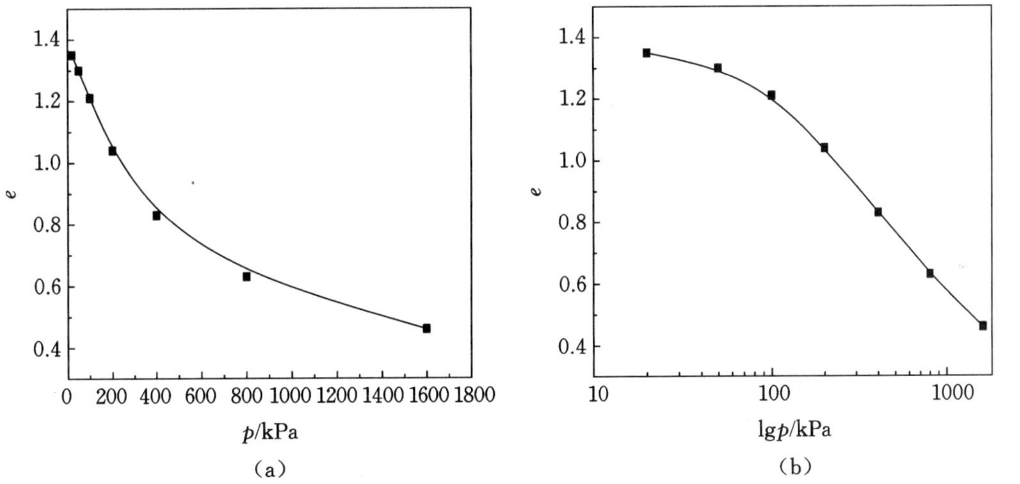

图 2.3 孔隙比 e 和竖向压力 p 关系曲线

(a)e-p;(b)e-lg$p$

基于 e-p 关系,可得土体压缩性指标 a_v、E_s、m_v 等。首先,土样在各级压力下固结稳定后的孔隙比 e_i:

$$e_i = e_0 - (1 + e_0)\frac{\Delta h_i}{h_0} \tag{2-1}$$

式中 e_0——土样初始孔隙比;

h_0——土样初始高度(mm);

Δh_i——第 i 级荷载作用下土体的压缩量(mm)。

土样在某一压力范围内土体的压缩系数 a_v：

$$a_v=\frac{e_i-e_{i+1}}{p_{i+1}-p_i} \tag{2-2}$$

式中　p_i, p_{i+1}——第 i 级荷载和第 $i+1$ 级荷载；

e_i, e_{i+1}——p_i 和 p_{i+1} 对应的土体孔隙比。

土样在某一压力范围内的压缩模量 E_s：

$$E_s=\frac{1+e_0}{a_v} \tag{2-3}$$

土样在某一压力范围内的体积压缩系数 m_v：

$$m_v=\frac{1}{E_s}=\frac{a_v}{1+e_0} \tag{2-4}$$

② e-lg$p$ 曲线。大量的固结试验测试数据表明，土体在固结过程中压缩性变化规律可表示为如下的数学表达式：

$$e=e_1-C_c\lg\frac{\sigma'}{\sigma_1'} \tag{2-5}$$

式中　C_c——半对数压缩曲线的斜率，称为压缩指数；

σ'——竖向有效应力；

e_1, σ_1'——e-lg$p$ 曲线上任选的参考点所对应的孔隙比和有效应力(通常取 100 kPa)。

基于曲线 e-lg$p$，可得压缩指数 C_c：

$$C_c=\frac{e_c-e}{\lg p-\lg p_c} \tag{2-6}$$

式中　p_c——先期固结压力；

e_c——p_c 所对应的孔隙比。

竖向压力 p 应大于土体的先期固结压力 p_c。另外，根据 e-lg$p$ 曲线还可得到回弹指数 C_s、再压缩指数 C_r 和先期固结压力 p_c。

③ s-$\sqrt{t}$ 曲线。针对某一级压力 p，以试样变形 s 为纵坐标，时间平方根为横坐标，绘制变形随时间平方根的发展曲线，如图 2.4 所示。延长曲线开始段的直线(OA)，交纵坐标为理论零点(O 点)；过该点作另一直线(OB)，令其横坐标为前一直线横坐标的 1.15 倍，即另外一条直线的斜率是前一直线斜率的 1.15 倍。此时，OB 直线与变形时间曲线交于 C 点。点 C 所对应的时间的平方即为试样固结度达到 90%所需要的时间 t_{90}。则该级压力下固结系数按下式计算：

$$C_v=\frac{0.848h^2}{t_{90}} \tag{2-7}$$

式中　h——最大排水距离；当单面排水时 h 等于土样高度 H，当双面排水时 h 等于土样高度的一半。

此外，也可以按下式来计算得到固结系数 C_v：

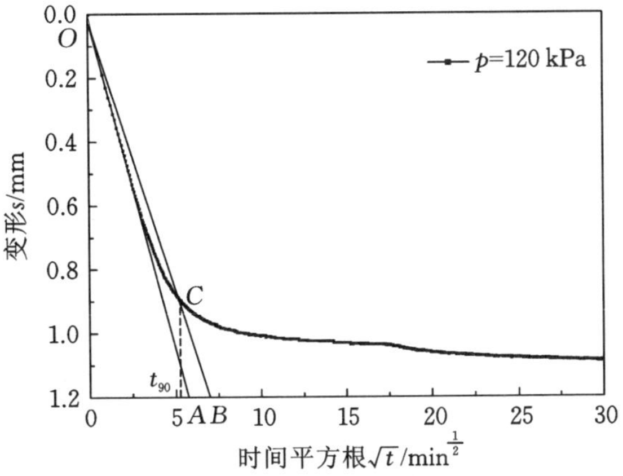

图 2.4 变形随时间平方根的发展曲线

$$C_v=\frac{E_s k_v}{\gamma_w}=\frac{k_v}{m_v\gamma_w}=\frac{k_v(1+e_0)}{\gamma_w a_v} \tag{2-8}$$

式中 k_v——土体渗透系数；

γ_w——水的容积密度，取 9.8 kN/m^3。

④ e-lg$t$ 曲线。对某一级压力，以试样孔隙比 e 为纵坐标，时间对数为横坐标，绘制 e-lg$t$ 关系曲线。主固结结束后试验曲线后部的直线段斜率为次固结系数。次固结系数计算式如下：

$$C_\alpha=\frac{-\Delta e}{\lg(t_2/t_1)} \tag{2-9}$$

式中 C_α——次固结系数；

t_1, t_2——次固结时刻；

Δe——t_1 时刻到 t_2 时刻的孔隙比差值。

⑤ e-lgk_v 曲线。试验数据表明，土体在固结过程中渗透性的变化规律 e-lgk_v 之间近似为线性关系(图 2.5)，并可表示为如下的数学表达式：

$$e=e_1+C_k\lg\frac{k_v}{k_{v1}} \tag{2-10}$$

式中 e_1——参考点所对应的孔隙比(参考点竖向压力通常取 100 kPa)；

C_k——渗透半对数曲线的斜率，又称为渗透指数；

k_{v1}——渗透半对数曲线上相应于 e_1 的渗透系数。

在图 2.5 中，采用线性函数拟合 e-lgk_v 关系曲线，根据其斜率可得到 C_k。Berry 和 Wikinson (1969)的相关研究成果表明，C_c/C_k 的比值为 0.5～2，且主要分布于 0.5～1。

(4) 优缺点说明

目前研究者们虽然强调通过三轴试验来获得土性指标，但在一些中小型岩土工程的勘察资料中，

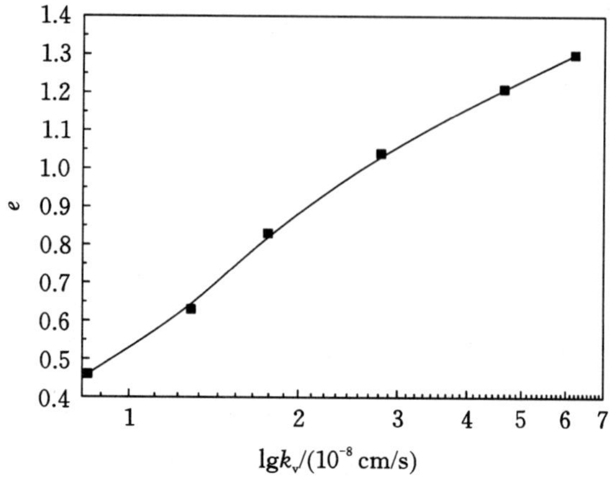

图 2.5　e-lgk_v 关系曲线

并未提供完整可靠的三维变形模型指标，这给进一步的理论分析或设计计算带来困难。相对来说，在岩土工程勘察报告中一般均会提供基于完全侧限的室内固结压缩试验资料。而且，工程实践中已经积累了大量的土体一维固结压缩性能参数取值经验，包括室内测试值、现场测试值和反分析值三者之间的经验关系，而这些经验值对于正确预测软土地基的固结压缩过程非常关键。

(5) 温控固结试验

温控固结试验，或称热固结试验，其试验步骤如下：试验土样饱和完成后，开展某一固结压力作用下的固结试验；待固结完成后进行不排水升温，测试土样的热孔压和热膨胀；最后打开排水阀门，观测土样热孔压和热固结沉降的发展过程。

热固结试验可以测试不同温度条件下的 e-p 曲线(e-lg$p$ 曲线)、s-$\sqrt{t}$ 关系曲线(e-lg$t$ 曲线)和 e-lgk_v 曲线，由此得到不同温度条件下的压缩性指标、渗透性指标、固结系数和次固结系数。

2.1.2　三轴压缩试验

(1) 三轴仪

三轴压缩试验是测定土抗剪强度和变形特性的一种较为完善的方法。图 2.6(a)所示为传统三轴仪，由压力室、轴向加荷系统、施加周围压力系统、孔隙水压力测量系统等组成。图 2.6(b)所示为先进三轴仪系统。先进三轴仪系统的主要配置如下：反力架，通过串口或 IEEE 口与计算机相连接来控制速度、位置和直接加载；三轴压力室，根据试验需要可选择不同的压力范围，对不同尺寸的试样进行试验；压力体积控制器，提供轴压、围压和反压，同时也可以测量试样的体积变化；多通道数据采集系统；孔压传感器；软件系统。

图 2.6(c)所示为真三轴试验装置。常规三轴试验的根本不足是其中有两个主应力总是相等的。真三轴试验是使土样试件处于三个主应力不相等(即 $\sigma_1>\sigma_2>\sigma_3$)的应力组合状态下的三轴压缩试验。真三轴试验可以研究中间主应力(σ_2)对岩土变形及强度特性的影响。真三轴仪固结压力通常由

伺服步进电机驱动的液压/体变控制器直接供给。两个侧向固结应力分别由两套与侧压腔内柔性囊连接的液压/体变控制器独立控制,大主应力方向由与压力室底座下的油缸连接的一套液压/体变控制器独立控制。三套伺服步进电机驱动的液压/体变控制器,能实现三个固结应力的单独施加,压缩剪切时三个主应力互不干扰。

图2.6(d)所示为温控三轴压缩试验装置。温控三轴仪主要由以下部分构成:台架与三轴压力室、压力/体积控制器、位移传感器、孔压传感器、计算机与数据采集处理系统和温度控制系统。其中,温度控制系统由加热器、温度传感器、温度控制器组成。温度控制器具有程序运行功能,通过加热器对压力室内温度进行控制。

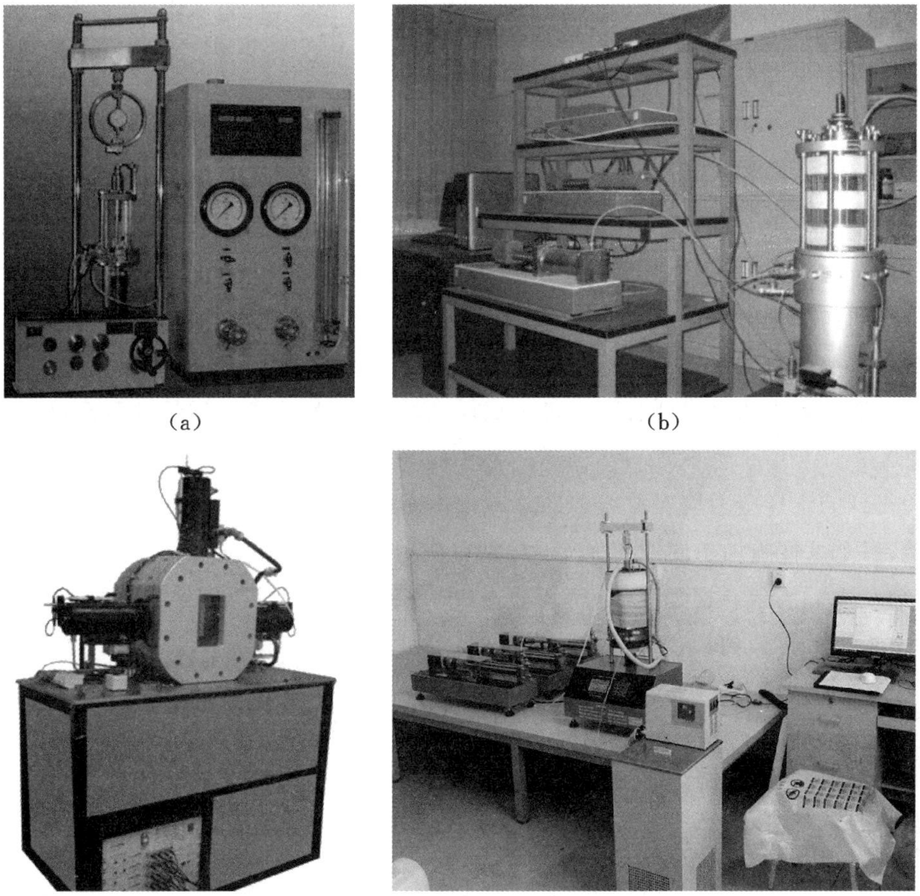

(a) (b) (c) (d)

图2.6 三轴仪

(a)传统三轴仪;(b)先进三轴仪;(c)真三轴仪;(d)温控三轴仪

(2) 试验步骤

以常规三轴仪为例说明三轴试验的主要步骤。

① 试样安装。打开孔压阀和量管阀，对孔隙水压力系统及压力室底座充水排气。然后关闭孔压阀和量管阀，压力室底座上依次放上透水板、湿滤纸、试样、湿滤纸、透水板。试样周围贴浸过水的滤纸条，将橡皮膜用承膜筒套在试样外，并用橡皮圈将橡皮膜下端与底座扎紧；打开孔压阀和量管阀，使水缓慢地从试样底部流入，排除试样与橡皮膜之间的气泡。打开排水阀，使试样帽中充水，用橡皮圈将橡皮膜上端与试样帽扎紧，吸除试样与橡皮膜之间的余水，关闭排水阀。将压力室罩顶部活塞提高，放下压力室罩将活塞对准试样中心，并均匀地拧紧底座连接螺母，向压力室内注满纯水，待压力室顶部排气孔有水溢出时，拧紧排气孔，并将活塞对准测力计和试样顶部；转动调手轮，使试样帽与活塞及测力计接触；装上变形计，将测力计和变形计调至零位。

② 试样排水固结。调节排水管使管内水面与试样高度的中心齐平，测量并记录排水管水面读数；打开孔隙水压力阀，使孔隙水压力等于大气压力，关闭孔隙水压力阀，记下初始读数；将孔隙水压力调至接近周围压力值，施加周围压力后，再打开孔隙水压力阀，待孔隙水压力稳定后测定孔隙水压力；打开排水阀，直至孔隙水压力消散 95%以上；固结完成后，关闭排水阀，测量并记录孔隙水压力和排水管水面读数。

③ 试样剪切。将测力计、轴向变形计及孔隙水压力计读数均调整至零；启动电动机，通过传力杆对试件施加竖向压力 $\Delta\sigma_1$（竖向主应力大于水平向围压）；竖向主应力逐渐增大，直至试样发生剪切破坏。或者按一定的速率进行剪切，对于黏土剪切速率宜为每分钟应变 0.05%～0.1%；对于粉土剪切速率宜为每分钟应变 0.1%～0.5%。试验结束后，关闭电动机和各阀门，转动调手轮将压力室降下；打开排气孔排除压力室内的水，拆除试样；描述试样破坏形状，称量试样质量并测定试样含水率。

(3) 试验成果

三轴试验得到的土样应力应变曲线如图 2.7(a)所示。用同一种土样的若干个试件（三个及以上）分别进行试验，每个试件施加不同围压 σ_3，可分别得出剪坏时的大主应力 σ_1，将这些结果绘成一组极限应力圆，如图 2.7(b)所示。根据莫尔-库仑理论，作一组极限应力圆的公共切线，由此可得到土体强度参数（内摩擦角 φ 和黏聚力 c）。

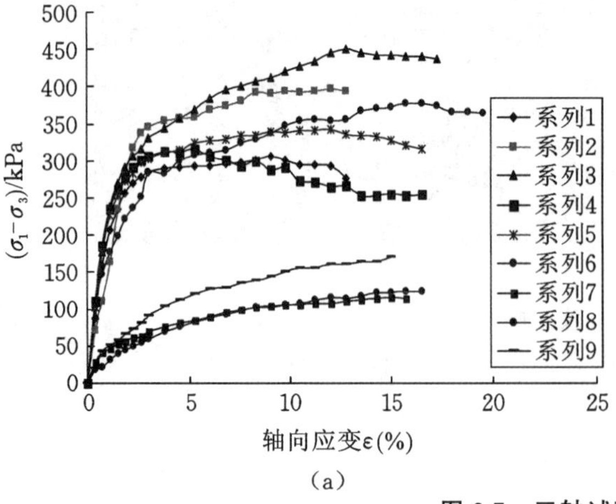

(a)

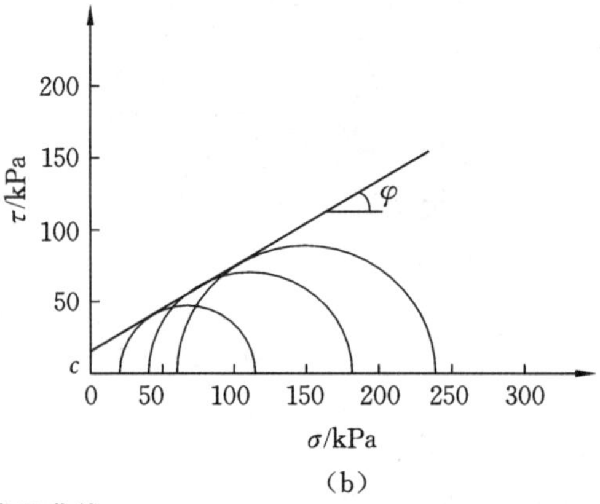

(b)

图 2.7　三轴试验成果曲线

(4) 优缺点说明

三轴试验适用于各种土类。与直剪试验相比，三轴试验的优点是，在测定强度方面，试样的剪切面不是固定的，而是沿最弱的面产生剪切力；对于有结构面的土，如裂缝土，它能较真实地反映土的应力应变特征；在试验方法方面，可以根据工程设计的施工和运用条件控制排水，测定孔隙压力，较可靠地测定试验过程中试样的体积变化。可以模拟工程现场的应力状态，施加主应力及加荷路径。在试样饱和方面，可以施加反压力，使试样达到完全饱和状态。此外，在孔隙压力消散试验、渗透试验方面，试样可以在近乎实际的应力状态（如各向均等应力、各向不等应力）条件下进行试验。

许多实际工程的资料表明，用三轴试验所测定的强度参数、静止侧压力系数 K_0、固结系数 C_v 及渗透系数 k_v 比采用其他试验方法所测得的参数更为合理可靠，能较真实地反映土的性质。三轴试验的不足之处是试验操作复杂、费时，需要由技术熟练的人员操作。试验结果的质量与试验人员的技术水平有很大关系；仪器设备较直剪仪或固结仪复杂且费用较高，试验中要求有较多的试样。

(5) 温控三轴压缩试验

基于温控三轴仪可开展恒温或变温条件下的三轴压缩试验。典型的试验步骤如下：试验土样饱和完成后，开展某一固结压力作用下的固结试验；待固结完成后进行不排水升温（可改变升温幅度和升温速率），测试土样的热孔压和体积变形；待孔压和体积变化稳定后，打开排水阀门，观测土样热孔压和体积发展过程。

温控三轴压缩试验可测试土样在不同温度条件下的应力应变特性，进一步分析热力耦合作用下土体的变形指标和强度参数指标。

2.1.3 直剪试验

(1) 直剪仪

直剪试验是测定土的抗剪强度的一种常用方法。常见的直剪仪有单联直剪仪和四联直剪仪，分别如图 2.8(a)和图 2.8(b)所示。四联直剪仪可同时对 4 个试样进行试验，分别在不同的垂直压力 p 下施加水平剪切力，测得试样破坏时的剪应力 τ，然后根据库仑定律确定土的抗剪强度参数内摩擦角 φ 和黏聚力 c。

(2) 试验步骤

① 取样。按工程需要，从原状土样中切取原状土样或制备给定干密度及含水率的扰动土。切样方法同密度试验；每组试验至少准备 4 个试样，测定试样的密度和含水率。

② 装样。将上、下盒对准插入固定销，在下盒内放入透水石和滤纸，将带有试样的环刀刀口向上，刀背向下，对准剪切盒口，放置滤纸和上透水石，将试样慢速推入剪切盒内，移去环刀，加上传力盖板；安装滑动钢珠、剪切盒和量力环，施加预压荷载，转动手轮，将量力环中百分表读数调零。

③ 剪切。施加垂直压力后，拔除固定销，开动秒表，匀速转动手轮，使试样在 3～5 min 内剪切破

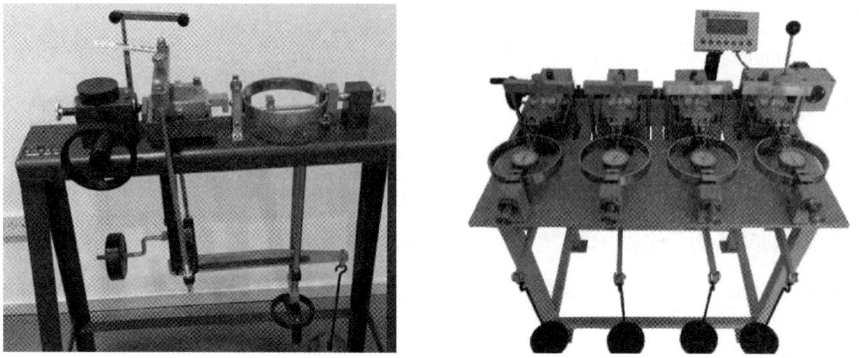

(a)　　　　　　　　　　(b)

图 2.8　直接剪切仪

(a)单联直剪仪；(b)四联直剪仪

坏，手轮每转一周，记录一次量力环读数，直至土样剪切破坏后停止。剪切破坏标准为：当量力环中的百分表指针不再前进或有明显后退时，表明试样已经剪损；当百分表指针持续增加未出现峰值时，使剪切位移达到 6 mm 停止剪切，取剪切位移 4 mm 所对应的剪切力为破坏应力。剪切完后，倒转手轮，移去垂直压力，对余下的试样进行不同垂直压力作用下的试样剪切。

(3) 试验成果

结合量力环表读数(单位为 0.01 mm)和量力环系数(单位为 kPa/0.01 mm)得到剪应力 τ(kPa)。再根据手轮转动周数和每转一周剪切盒位移计算剪切位移 ΔL(mm)。绘制不同垂直压力 p 作用时的剪应力 τ 与剪切位移 ΔL 关系曲线，如图 2.9(a)所示。根据 τ-p 关系曲线可得不同垂直压力作用下的峰值剪切应力，或抗剪强度 S。抗剪强度取值标准：当有峰值点或稳定点时取 τ-p 关系曲线的峰值或稳定值；当无峰值点或稳定点时，取 $\Delta L = 4$ mm 所对应的剪切力为抗剪强度 S。绘制抗剪强度 S 随垂直压力 p 变化的关系图，如图 2.9(b)所示。用直线拟合 S-p 关系曲线，该直线在纵坐标上的截距为土的黏聚力 c，该直线的倾角为土的内摩擦角 φ。

(4) 优缺点说明

直剪试验主要优点包括：直观、简便、经济，能很快得到试验结果。缺点主要有：① 剪切面限定在上下盒之间的平面，而不是沿土样最薄弱面剪切破坏。② 剪切面上剪应力分布不均匀，土样剪切破坏先从边缘开始，在边缘发生应力集中现象。③ 在剪切过程中，土样剪切面逐渐缩小。④ 试验时不能严格控制排水条件。

(5) 温控直剪试验

将直剪仪与温控水浴装置结合，即可以开展温控直剪试验。首先将搭建好的温控装置安装在直剪仪上，启动循环泵通过水浴控制土样温度；在设定温度条件下进行直剪实验，测量土样在不同温度情况下的抗剪强度，分析土体强度指标(c、φ)随温度变化的情况。

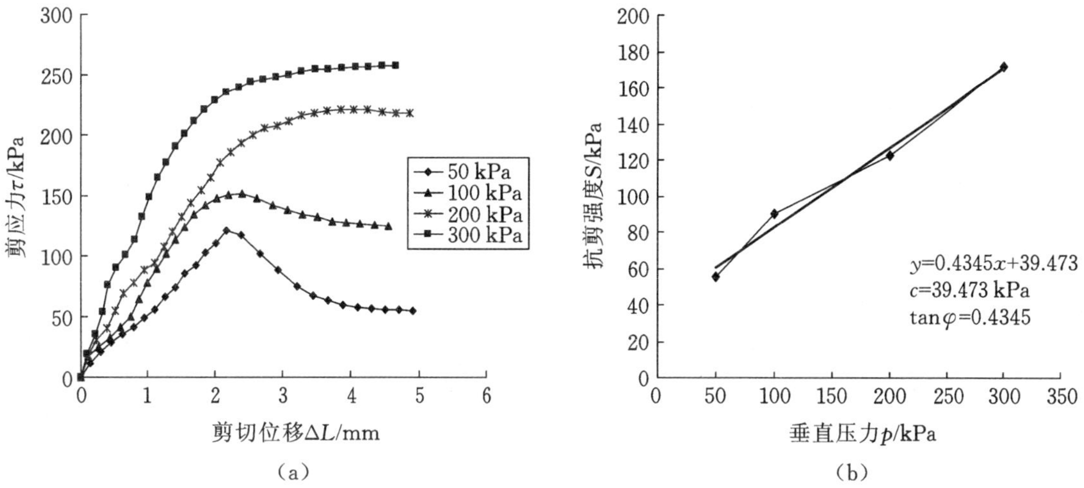

图 2.9 直剪试验及数据处理

2.2 模 型 试 验

直接在现场进行的试验，称为原位试验；在按照原型设计的模型上进行的试验，则称为模型试验。一般来说，前者比后者更为真实。但在进行研究或对新设计方案进行比较，或者由于种种原因而不能进行原位试验时，模型试验就成为重要的研究手段。模型试验一直是岩土工程中的一种重要研究手段，它既可用来检验各种理论分析和数值计算的结果，也可用来直接指导实际工程的设计和施工。

2.2.1 1g 模型试验

在通常的重力场中(1g)，在一定的边界条件下对土工建筑物或地基进行模拟，测量有关应力应变数据，通过一定的理论计算或数据计算来检验理论计算结果。模型试验可以分为小比尺试验和足尺试验。小比尺试验是将土工建筑物或地基及基础缩小 n 倍，自重和荷载及应力水平同样也缩小 n 倍的试验。

足尺试验涉及相似模拟试验的一些概念。众所周知，自然界中许许多多的物理现象的研究都是凭借相似模拟试验的手段来实现的，而试验结果的精度如何，则是由试验模型与物理原型之间的相似程度所决定的。为了使模型试验现象尽可能地反映出实物(原型)发生的现象，应严格按照相似理论来确定模型试验的几何尺寸和物理特性。但一般情况下，特别是岩土工程试验，很难使原型与模型各方面都相似，有时只能针对主要研究的问题，使某些方面相似，而忽略其他方面。

模型试验相似理论的基本概念主要包括相似常数、相似指标和相似判据。相似常数 C_x＝模型物理量 X_m/原型物理量 X_o。例如：几何相似常数 $C_L=L_m/L_o$；L_m 为模型的尺寸，L_o 为原型的尺寸。相似指标：两个系统中的相似常数之间的关系式称为相似指标。若两个系统相似，则相似指标为 1。

相似现象的同一物理量之比，称为相似常数，或称相似系数。所有相似系数之间存在着某种关系式，称为相似指标。与此对应，相似现象各物理量之间也存在某种关系式，称为相似判据。通过相似比，确定土样（岩土样）配比、结构物选材和厚度等。

模型试验中一个重要注意事项是边界条件的处理，现以动力荷载作用下的路基工程问题模型试验为例来说明。①模型边界处理原则。以路基工程为例，路基在水平方向和深度方向上是无限延伸的，在列车动荷载作用下，波动能量将向无穷远去逸散。对于模型试验，实际是从无限大原型中截取有限的一部分来进行研究，因此必须对模型边界进行处理，尽可能有效地模拟能量的逸散。②模型边界处理目标。模型边界处理后，要求波在界面上的反射可忽略不计或不反射，静态荷载应力和变形与原型在此位置的荷载应力和变形相近。③为了达到上述要求，模型边界宜采用阻尼比模型路基填料大 1 倍以上、阻抗与模型路基填料接近的材料。

2.2.2 *ng* 模型试验

ng 模型试验又称土工离心机试验。土工离心机是指用于岩土工程物理模拟试验的一种试验设备，通常有鼓式离心机和臂式离心机两大类。前者多用于与海洋软土相关的土力学研究，模型槽可以较长，能够沿圆周布置；后者用于各类岩土物理模拟试验，模型大小取决于模型箱的尺寸限制。利用土工离心机可以模拟原型土工结构的受力、变形和破坏，验证设计方案，进行材料参数研究，验证数学模型及数值分析计算结果，探索新的岩土工程物理现象，因此在岩土工程领域有较大的应用前景。对于多数岩土工程结构，其受力状态和变形特性很大程度上取决于本身所受到的重力，特别是高土石建筑物，重力作用决定了其应力变形特性。土工离心机可以提供一个人造高重力场，在模型土工建筑物中再现原型的性状。

2.3 原位测试

2.3.1 载荷试验

载荷试验（或平板载荷试验）是指在天然地基上通过承压板向地基施加竖向荷载，观察所研究地基土的变形和强度规律的一种原位测试。试验前在实验点开挖试坑，试坑宽度或直径不应小于承压板宽度或直径的 3 倍；深度与被测土层深度相同。载荷试验是目前检验地基承载力应用最广的一种，且其试验结果准确、可靠。载荷试验利用各种方法人工加荷，模拟地基或基础的实际工作状态，测试其加载后承载性能及变形特征。载荷试验显著的优点是受力条件比较接近实际，简单易用，试验结果直观而易于被理解和接受。但是载荷试验规模及费用相对较大。

载荷试验通常采用慢速维持荷载法，即逐级加载，每级荷载达到相对稳定后加下一级荷载，直到

破坏,然后分级卸载到零。静载试验的注意事项如下:

(1) 加载分级。每级加载为预估极限荷载的1/12～1/10,加荷等级不应少于8级;最大加载量不应小于设计荷载的2倍。

(2) 沉降观测。每级加载后间隔5、5、10、10、15、15 (min)各测读一次,以后每隔30 min测读一次。

(3) 沉降相对稳定标准。每一小时的沉降不超过0.1 mm,并连续出现两次(由1.5 h内连续三次观测值计算),达到相对稳定后,可施加下一级荷载。

(4) 终止加载条件。当出现下列情况之一时,即可终止加载:承压板周围土体出现明显破坏;在某级荷载作用下,沉降量为前一级荷载作用下沉降量的5倍,荷载沉降曲线出现陡降段;在某级荷载作用下,持续24 h沉降速率尚未达到相对稳定值;总沉降量超过承压板直径或宽度的6%;达到预期设计荷载的2倍。

(5) 卸载与卸载沉降观测:每级卸载可为每级加载增量的2倍。每级卸载后隔15 min测读一次沉降;1 h后可卸下一级荷载,全部卸载后继续观测3 h。

载荷试验可以得到 p-s 曲线,如图2.10所示;根据 p-s 曲线,可进一步确定极限承载力和承载力基本值,还可以计算浅层土体的变形模量 E_0。

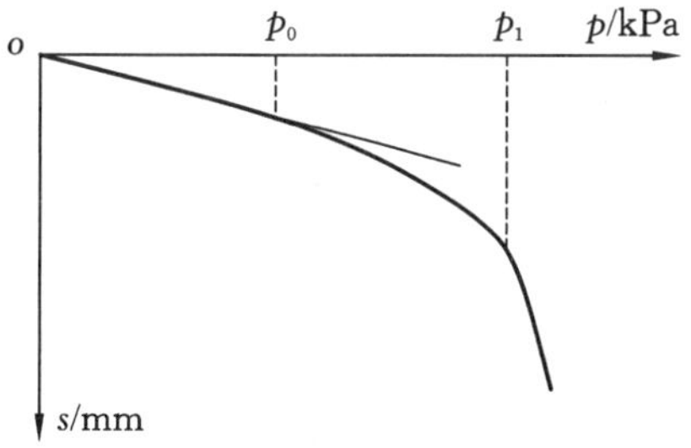

图2.10 典型 p-s 曲线

p—荷载(kPa);s—沉降(mm)

(1) 极限承载力的确定。①对于陡降型 p-s 曲线,取 p-s 曲线发生明显陡降的起始点作为极限承载力。②对于缓变型 p-s 曲线,一般可取 $s=40$ mm对应的荷载作为极限承载力。③还可根据沉降随时间的变化特征确定极限承载力,即:取 s-lg$t$ 曲线尾部出现明显向下弯曲的前一级荷载值作为极限承载力。

(2) 承载力基本值的确定。当 p-s 曲线上比例界限明确时,取比例界限 p_0 作为承载力基本值;当极限承载力 p_1 明确时(且该值小于 $2p_0$),取极限承载力的一半作为承载力基本值;当不能按照上述两点确定时,以沉降标准进行取值,即:取 $s=(0.01\sim0.02)b$(低压缩性土取低值,高压缩性土取高值)所对应的荷载作为承载力基本值。

(3) 土层变形模量 E_0(kPa)的计算公式如下:

对于圆形承压板情况

$$E_0=0.785(1-\nu^2)D\frac{p}{s} \tag{2-11a}$$

对于方形承压板情况

$$E_0=0.886(1-\nu^2)b\frac{p}{s} \tag{2-11b}$$

式中 ν——土体泊松比;

D——圆形承压板直径(mm);

b——方形承压板边长(mm)；

p——荷载(kPa)，其值应小于比例界限 p_0；

s——p 所对应的沉降(mm)。

2.3.2　静力触探技术

静力触探(CPT)是将金属探头用静力压入土中，测定探头所受到的阻力，通过以往试验资料和理论分析，得到比贯入阻力与土的某些物理力学性质间的关系，定量地确定土的某些指标。如砂土的密实度、黏土的不排水强度、土的压缩模量、地基承载力及单桩的侧阻力和端阻力等。静力触探形式很多，大型的探头必须在现场用机械操作。现场经常使用的探头为单桥探头和双桥探头。前者只测量贯入过程锥头所受的总阻力 Q；若锥底面积为 A，则总比贯入阻力为 $p_s=Q/A$。双桥探头能分别测定锥底的总阻力 Q_p 和总侧壁摩阻力 Q_s；单位面积上锥头阻力和侧壁阻力分别为：$q_p=Q_p/A$，$q_s=Q_s/A$。孔压静力触探(CPTU)是在 CPT 技术的基础上，增加孔隙水压力测试元件，测试贯入过程中土体孔隙水压力的变化或消散过程，以更加准确地确定土层基本性质。孔压测试元件实际上是一个高透水性的多孔滤石，通过与压力传感器的连接来测量孔隙水压力。

CPT 技术最常采用电阻应变式传感器，它根据胡克定律、电阻定律和电桥原理，通过因贯入过程中土层阻力引起空心柱变形，使贴在其表面电阻应变片的电阻发生变化，再转换为电压变化输出到记录仪表等一系列转换来实现测定土阻力的目的。CPT 技术设备包括触探主机、反力装置和测量系统。其中：触探主机可分为液压式和机械式；反力装置可分为自重式和锚式；测量系统可分为单桥探头、双桥探头或孔压探头。目前国际标准探头规格为锥头顶角 60°、底面面积 10 cm^2、侧壁摩擦筒面积 150 cm^2、透水石在锥底。

(1) CPT 测试流程：布孔位，平整场地；安装触探机，并调平机座(为使贯入压力保持垂直方向)，衔接机座与反力装置；将探头、测量电缆、探杆连接起来，检查测量仪表并调零；将连着探杆的探头压入地下，同时记录深度值和测量仪表的数据。注意事项：① 触探机就位后，应调平机座，并使用水平尺校准，使贯入压力保持竖直方向，并使机座与反力装置衔接、锁定。② 触探机的贯入速率应控制在 1～2 cm/s；③ 当遇下列情况时应停止贯入：触探主机负荷达到其额定荷载的 120%；贯入时探杆出现明显弯曲；反力装置失效；探头负荷达到额定荷载；记录仪器显示异常。

(2) CPT 试验数据处理。

① 贯入阻力的计算。将电阻应变仪测出的应变量 ε 换算成比贯入阻力 p_s(单桥探头)，或锥头阻力 q_c 及侧壁摩擦力 f_s(双桥探头)，计算公式如下：

$$p_s=a\varepsilon \tag{2-12}$$

$$q_c=a_1\varepsilon_q \tag{2-13}$$

$$f_s=a_2\varepsilon_f \tag{2-14}$$

式中 a, a_1, a_2——应变仪标定的单桥探头的锥头传感器、双桥探头的锥头传感器及摩擦传感器的标定系数(MPa);

$\varepsilon, \varepsilon_q, \varepsilon_f$——单桥探头的锥头传感器、双桥探头的锥头传感器及侧壁传感器的应变量。

② 摩阻比的计算。以百分率表示的双桥探头各对应深度侧壁摩擦力和锥头阻力的比值,计算式如下:

$$R_f = \frac{f_s}{q_c} \times 100\% \tag{2-15}$$

式中 R_f——摩阻比。

根据以上公式可绘制触探参数随深度变化曲线,包括 q_c-H 曲线、f_s-H 曲线、R_f-H 曲线等;静力触探测试成果的应用包括:地基土的分类;确定土的原位状态参数(天然容积密度、固结比、侧压力系数);确定土的强度参数(抗剪强度、灵敏度);确定土的变形参数(压缩模量);确定土的固结系数。

2.3.3 动力触探技术

动力触探是用一定质量的击锤,从规定高度自由落下,击打插入土中的探头,测定使探头贯入土中一定深度所需要的击数,并以此击数确定被测土体的物理力学性质。按使用土层不同,动力触探可分为轻型、重型和超重型三类。轻型动力触探适用于松散的或软的土层。当土层密实或呈坚硬状态时,应选用超重型动力触探。

动力触探试验装置从上到下可分为导杆、落锤、锤座、探杆、探头。表 2.1 所示为三种类型动力触探的探头规格、落锤参数和适用土层等信息。

表 2.1 圆锥动力触探的类型及规格

类型		轻型	重型	超重型
探头规格	直径/mm	40	74	74
	截面面积/cm^2	12.6	43	43
	锥角/°	60	60	60
落锤	锤质量/kg	10	63.5	120
	落距/cm	50	76	100
探杆直径/mm		25	42	50～60
试验指标 N		N_{10},贯入 30 cm 击数	$N_{63.5}$,贯入 10 cm 击数	N_{120},贯入 10 cm 击数
主要适用土类		浅部填土、砂土、粉土和黏性土	砂土、中密以下的碎石土和极软岩	密实和很密的碎石土、极软岩、软岩

注:N_{10}——轻型触探仪贯入 30 cm 的击数;

$N_{63.5}$——重型触探仪贯入 10 cm 的击数;

N_{120}——超重型触探仪贯入 10 cm 的击数。

由表 2.1 可知，不同类型动力触探的锤质量 M 和落距 h 是固定的。根据牛顿力学可知，落锤自由落体运动的速度 v 可以通过计算得到。进一步可得到落锤的锤击能量 E，即：

$$E=\frac{1}{2}Mv^2 \tag{2-16}$$

根据式(2-16)可获得落锤任意一击所产生的能量。随着探杆入土深度越来越大，摩擦阻力也越来越大，每一击所产生的下沉量也会减小。当土层呈密实或干燥状态时，单击下沉量较小；锤入一定深度所需的锤击数增大。由此，根据锤击数可判断地基土的状态、密实度，还可以建立锤击数与承载力或变形指标等的相关关系，见表 2.2。

表 2.2　N_{10} 与地基土承载力标准值 f_k 和变形模量 E_0 关系

轻便触探锤击数/击		8	10	15	20	25	30	35	40	45	50	60	70	80	90
填土	f_k/kPa	75	80	95	105	115	130	140	155	165	180				
	E_0/MPa	6	7	9	10	12	14	16	18	20	22				
一般黏性土	f_k/kPa				125	145	160	180	200	220	240	280	320	360	400
	E_0/MPa				10	11.5	13.5	16	18.5	21	23.5	28.5	33.5	38.5	43.5
新近沉积黏性土	f_k/kPa	60	70	95	120	150									
	E_0/MPa	3	4	7	10	14									
粉细砂亚黏土	f_k/kPa						140	155	175	190	200	240	270	305	340
	E_0/MPa						15	17	21	24	25	33	38	44	50

2.3.4　标准贯入试验

标准贯入试验(SPT)的探头是管状的，如图 2.11 所示，该方法适用于一般的黏性土地基和砂土地基。标准贯入器主要由贯入器、穿心锤、触探杆三个部分组成，与动力触探试验不同的是，标准贯入器采用圆筒形探头，贯入的探杆内部中空，可以将某个深度的土样取出来直接进行观察。SPT 击锤质量为 63.5 kg，落距为 76 cm，这与重型动力触探一致。

SPT 计数方法：将贯入器预先打入 15 cm，不计数。然后开始记录每 10 cm 的击数，累计打入 30 cm，最后将 30 cm 的击数累加得到击数 N，即贯入指标。如果击数达到 50 击时，贯入深度还未达到 30 cm，则可停止试验，记录 50 击时的实际贯入深度，然后再换算成 30 cm 的击数。如果贯入器进入碎石土或碎块状岩石层出现反弹，则停止试验，击数记为“反弹”。

主要应用：

① 利用贯入器采取的扰动样进行土层定名，具体方法参见 GB 50021—2001(2009 年版)。

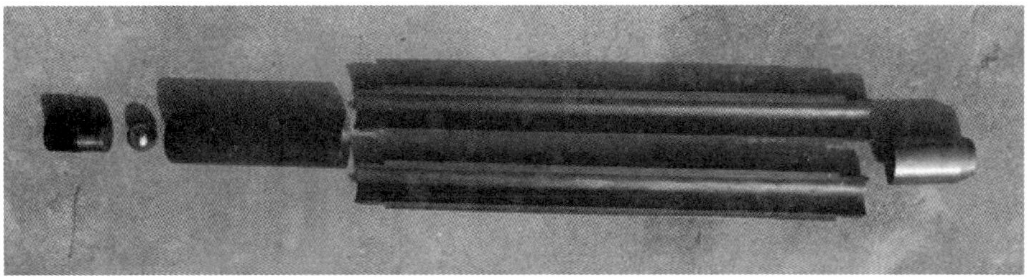

(a)

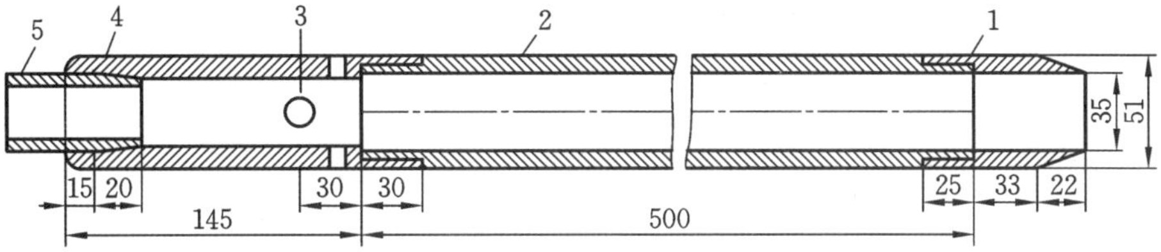

(b)

图 2.11 标准贯入仪

(a)实物图;(b)结构示意图

1—贯入器靴;2—由两个半圆形管合成的贯入器身;3—出水孔;4—贯入器头;5—触探杆

② 确定砂土的密实度,见表 2.3。

表 2.3 砂土密实度分类

标准贯入试验锤击数	密实度	标准贯入试验锤击数	密实度
$N \leqslant 10$	松散	$15 < N \leqslant 30$	中密
$10 < N \leqslant 15$	稍密	$N > 30$	密实

③ 确定土的变形参数,见表 2.4。值得说明的是,不同地区土体的性状差异较大,因此需要围绕区域性土体开展细致研究来建立换算经验公式。

表 2.4 N 与变形参数 E_0、E_s 的关系

研究者/单位	关系式	适用范围
湖北省水利水电规划勘测设计院	$E_0 = 1.0658N + 7.4306$	黏性土、粉土
武汉市规划研究院	$E_0 = 1.4135N + 2.6156$	武汉黏性土、粉土
中建西勘院	$E_0 = 10.22N + 0.276$	粉、细砂
Schultze & Merzenbach	$E_0 = 0.49N + 7.1$	/
Webbe	$E_0 = 0.6N + 2.0$	/

④ 确定黏性土、粉土和砂土承载力，见表 2.5 和表 2.6。

表 2.5 黏性土 N 与承载力 f_{ak} 的关系

N	3	5	7	9	11	13	15	17	19	21	23
f_{ak}(kPa)	105	145	190	220	295	325	370	430	515	600	680

表 2.6 砂土 N 与承载力 f_{ak} 的关系

N		10	15	30	50
f_{ak}(kPa)	中砂	180	250	340	500
	粉、细砂	140	180	250	340

⑤ 判别饱和砂土、粉土的液化。当需要进行土体液化判别时，应采用标准贯入试验判别法判别地面下 15 m 深度范围内的液化；当采用桩基础或埋深大于 5 m 的深基础时，尚应判别 15～20 m 范围内土的液化。当饱和土标准贯入锤击数小于液化判别标准贯入锤击数临界值时，应判为液化土。

2.3.5 十字板剪切试验

十字板剪切试验(图 2.12)是一种用十字板测定饱和软黏性土不排水抗剪强度和灵敏度的试验，属于土体原位测试试验的一种。它是将十字板头由钻孔压入孔底软土中，以均匀的速度转动，通过一定的测量系统，测得其转动时所需之力矩，直至土体被破坏，从而计算出土的抗剪强度。由十字板剪切试验测得的抗剪强度代表孔内土体的天然强度(不排水抗剪强度)。

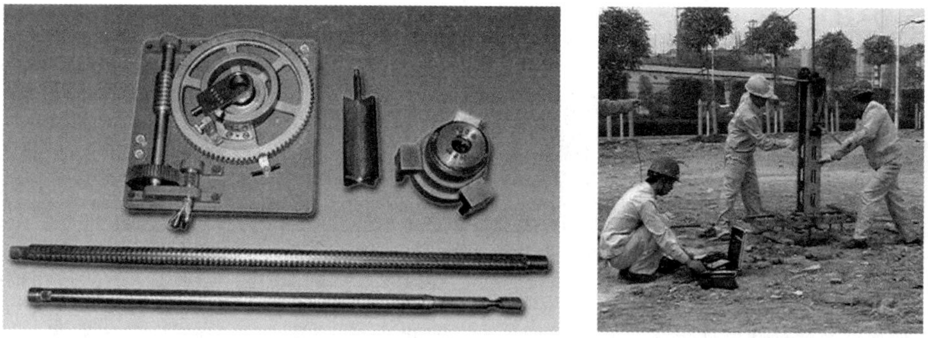

(a) (b)

图 2.12 十字板剪切试验

十字板剪切试验成果应用包括：测定饱和软黏土的抗剪强度和灵敏度；测试地基加固效果和强度变化规律；测定地基或边坡滑动位置；计算地基容许承载力；计算单桩承载力。其中：灵敏度计算公式如下：

$$S_t = C_u / C'_u \tag{2-17}$$

式中 S_t——土的灵敏度；

C_u——原状土的强度；

C'_u——土的残余强度。

十字板剪切试验的优点包括：在原位进行，不用取样；对于无法取样和很难进行室内试验的极软土、岩土接触面等，试验可以获得必要的力学指标；能很好地反映土的结构性和构造特性；试验中的边界条件是实际的边界条件；所测强度能较好地反映土的天然强度；设备较简单，且操作方便。十字板剪切试验的缺点包括：对于不均匀土层，特别是土层有夹层时，会有较大误差，需谨慎使用；仅适用于江河湖海的沿岸地带的软土场地，适用范围有限，对硬土层和有杂物的土层不宜采用。

参 考 文 献

[1] 沈珠江. 理论土力学[M]. 北京：中国水利水电出版社，2000.

[2] 龚晓南. 高等土力学[M]. 杭州：浙江大学出版社，1996.

[3] 殷宗泽，等. 土工原理[M]. 北京：中国水利水电出版社，2007.

[4] 李广信. 高等土力学[M]. 北京：清华大学出版社，2004.

[5] 谢康和，周健. 岩土工程有限元理论分析与应用[M]. 北京：科学出版社，2002.

[6] 白晓红. 高等土力学[M]. 武汉：武汉大学出版社，2017.

[7] 邵生俊，罗爱忠，邓国华，等. 一种新型真三轴仪的研制与开发[J]. 岩土工程学报，2009，31(8)：1172-1179.

[8] 谢定义，姚仰平，党发宁. 高等土力学[M]. 北京：高等教育出版社，2008.

[9] 卢廷浩. 高等土力学[M]. 北京：机械工程出版社，2008.

[10] 李广信. 高等土力学[M]. 2 版. 北京：清华大学出版社，2016.

3　土的应力与应变特性

第 2 章讲述了土的力学特性的测试仪器及方法，本章开始介绍土的力学特性。土的力学特性可分为应力应变特性和强度特性，后者将在下一章阐述。

土的应力应变特性是指土体在力(应力)作用下的变形特点或应力应变关系。土的应力应变特性研究是建立在土的本构理论的基础之上，而本构理论的研究又进一步深化了对土的力学特性的认识。最常用的土的应力应变特性测试方法包括固结试验和三轴试验。固结试验测试土体单向压缩条件下的应力应变关系；三轴试验测试土体在三维变形条件下的力学特性。

土的应力应变特性很多，例如非线性、压硬性、弹塑性、剪胀性、各向异性、流变性等。本章首先介绍土中应力和应变的表达方法，然后介绍土体的应力应变特性及其主要影响因素。值得指出的是，温度变化不仅影响土体的应力应变特性，还会产生温度应力和温度应变。

3.1　应力与应变

土中应力可以分为初始应力和附加应力。初始应力主要是指土体自重引起的应力，通过对各土层的重量求和来得到土层中的竖向自重应力分布。由竖向自重应力乘以静止土压力系数 K_0，得到水平向初始应力分布。上部建筑或堤坝等修建时，在地表产生接触压力，由此在地基中形成附加应力。一般情况下，附加应力是地基产生变形的主要原因。地表竖向荷载在地基中引起的附加应力通过布辛奈斯克(Boussinesq)解答获得，地表水平向荷载在地基中引起的附加应力通过西娄提(Cerutti)解答获得。另外，桩基侧摩阻力在地基中也会产生附加应力，该应力可由明德林(Mindlin)解答获得。

在土力学中，土体所受到的应力主要是压应力(碎散属性的土很难承受拉力)，为避免大量标注负号，规定压应力和压应变为正，这与经典的材料力学和弹性力学的规定相反。

3.1.1　应力

(1) 应力分量和应力张量

在三维空间坐标体系下，土体中一点 $M(x,y,z)$ 的应力状态可以用通过该点的微小立方体上的应力分量表示。这个立方体的六个面上作用着九个应力分量，即：

$$\boldsymbol{\sigma}=\begin{bmatrix}\sigma_{x} & \tau_{xy} & \tau_{xz}\\ \tau_{yx} & \sigma_{y} & \tau_{yz}\\ \tau_{zx} & \tau_{zy} & \sigma_{z}\end{bmatrix}=\begin{bmatrix}\sigma_{11} & \tau_{12} & \tau_{13}\\ \tau_{21} & \sigma_{22} & \tau_{23}\\ \tau_{31} & \tau_{32} & \sigma_{33}\end{bmatrix} \tag{3-1}$$

式中 $\sigma_x,\sigma_y,\sigma_z$——$x$、$y$、$z$ 方向的法向应力；

τ_{xy},τ_{yx}——xy 平面上的剪应力，$\tau_{xy}=\tau_{yx}$；

τ_{xz},τ_{zx}——xz 平面上的剪应力，$\tau_{xz}=\tau_{zx}$；

τ_{yz},τ_{zy}——yz 平面上的剪应力，$\tau_{yz}=\tau_{zy}$。

当 x、y、z 方向分别用"1""2""3"方向来表示，即可得到等式右侧的表达式。此外，式中 σ_{11}、σ_{22}、σ_{33}可分别采用 σ_1、σ_2、σ_3 来表示。

式(3-1)表示的是一个二阶对称应力张量，在右侧的矩阵中九个分量中由于剪应力成对，其中只有六个分量是独立的。所以也可用这六个应力分量的列矩阵或 6 维向量来表示一点的应力状态，即：

$$\boldsymbol{\sigma}^{\mathrm{T}}=\{\sigma_x \quad \sigma_y \quad \sigma_z \quad \tau_{xy} \quad \tau_{yz} \quad \tau_{zx}\} \tag{3-2}$$

应力张量 σ_{ij} 可以分解为一个各方向应力相等的球应力张量和一个偏应力张量：

$$\boldsymbol{\sigma}=\begin{bmatrix}\sigma_{11} & \sigma_{12} & \sigma_{13}\\ \sigma_{21} & \sigma_{22} & \sigma_{23}\\ \sigma_{31} & \sigma_{32} & \sigma_{33}\end{bmatrix}=\begin{bmatrix}\sigma_n & 0 & 0\\ 0 & \sigma_n & 0\\ 0 & 0 & \sigma_n\end{bmatrix}+\begin{bmatrix}\sigma_{11}-\sigma_n & \sigma_{12} & \sigma_{13}\\ \sigma_{21} & \sigma_{22}-\sigma_n & \sigma_{23}\\ \sigma_{31} & \sigma_{32} & \sigma_{33}-\sigma_n\end{bmatrix} \tag{3-3}$$

在球应力张量中：

$$\sigma_n=\frac{1}{3}(\sigma_{11}+\sigma_{22}+\sigma_{33})=\frac{1}{3}(\sigma_1+\sigma_2+\sigma_3) \tag{3-4}$$

偏应力张量也可以表示为：

$$S_{ij}=\sigma_{ij}-\frac{1}{3}\sigma_n\delta_{ij},\quad \delta_{ij}=\begin{cases}0 & i\neq j\\ 1 & i=j\end{cases} \tag{3-5}$$

进一步可以推导偏应力张量的三个不变量与主应力间的关系。

在土力学中，还常用到另外两个应力不变量 p 与 q。其中，p 为平均主应力：

$$p=\sigma_n=\frac{1}{3}(\sigma_1+\sigma_2+\sigma_3) \tag{3-6}$$

q 为广义剪应力：

$$q=\frac{1}{\sqrt{2}}[(\sigma_1-\sigma_2)^2+(\sigma_2-\sigma_3)^2+(\sigma_3-\sigma_1)^2]^{\frac{1}{2}} \tag{3-7}$$

有时也将 p、q 分别称为八面体正应力和八面体剪应力。实际上 q 并不是某一具体平面上的剪应力，它只是为了在土力学中表达方便而引入的一个表达式。例如：在单轴压缩（无侧限抗压强度试验）情况下，$q=\sigma$；在三轴压缩（三轴试验）情况下，$q=\sigma_1-\sigma_3$。

(2) 应力空间与应力罗德角

对于各向同性的材料，其应力应变关系与具体的坐标系方向无关，只与三个主应力 σ_1、σ_2、σ_3 的大小有关，所以可以用主应力空间及其应力变量来描述。

所谓主应力空间就是以三个主应力为坐标轴，用应力（单位 kPa）形成的一个空间。在此空间中

的一个点 P 代表一个应力状态($\sigma_1,\sigma_2,\sigma_3$)(压应力为正);此空间中的一条线表示了一条应力路径,也就是应力状态连续变化在应力空间形成的轨迹,应力路径可以在不同应力空间或应力平面中表示。

常规三轴试验研究土体变形,其受力条件为中主应力 σ_2 与小主应力 σ_3 相等。在实际问题中,σ_2 与 σ_3 一般是不相等的。中主应力 σ_2 变化于大主应力 σ_1 和小主应力 σ_3 之间。为了说明 σ_2 在 σ_1 和 σ_3 之间的位置,可引入罗德参数和毕肖甫参数。

① 罗德(Lode)参数 μ_σ,其定义式如下:

$$\mu_\sigma=\frac{(\sigma_2-\sigma_3)-(\sigma_1-\sigma_2)}{\sigma_1-\sigma_3}=\frac{2\sigma_2-\sigma_1-\sigma_3}{\sigma_1-\sigma_3} \tag{3-8}$$

若 $\sigma_2=\sigma_1$,则 $\mu_\sigma=1$;若 $\sigma_2=(\sigma_1+\sigma_3)/2$,则 $\mu_\sigma=0$;若 $\sigma_2=\sigma_3$,则 $\mu_\sigma=-1$。根据应力在 π 面(主应力空间内与三坐标轴 σ_1、σ_2、σ_3 交角相等的平面)上的位置所确定的角度来定义罗德角 θ_σ。罗德角 θ_σ 与罗德参数 μ_σ 有如下关系:

$$\theta_\sigma=\arctan\frac{\mu_\sigma}{\sqrt{3}} \tag{3-9}$$

罗德角 θ_σ 的变化范围为 $-\pi/6\sim\pi/6$。罗德角 θ_σ 表示中主应力和其他两个主应力间的相对比例。对于三轴压缩试验,$\sigma_1>\sigma_2=\sigma_3$,则 $\theta_\sigma=-30°$;对于三轴伸长试验,$\sigma_1=\sigma_2>\sigma_3$($\sigma_3$ 为轴向应力),则 $\theta_\sigma=30°$。

② 毕肖甫(Bishop)参数 b,其定义式为:

$$b=\frac{\sigma_2-\sigma_3}{\sigma_1-\sigma_3} \tag{3-10}$$

当 $\sigma_2=\sigma_1$,则 $b=1$;$\sigma_2=(\sigma_1+\sigma_3)/2$,则 $b=1/2$;$\sigma_2=\sigma_3$,则 $b=0$。毕肖甫参数简单明确,比罗德参数应用更为广泛。

可见三个独立的应力参数 p、q 和 θ_σ 可以确定应力点在主应力空间中的位置,即主应力大小,由此可用来表示一点的主应力状态。

3.1.2　应变

(1) 应变张量

与应力一样,一点的应变状态可以用一个二阶的应变张量 $\boldsymbol{\varepsilon}$ 来表示:

$$\boldsymbol{\varepsilon}=\begin{bmatrix}\varepsilon_x & \frac{1}{2}\gamma_{xy} & \frac{1}{2}\gamma_{xz}\\ \frac{1}{2}\gamma_{yx} & \varepsilon_y & \frac{1}{2}\gamma_{yz}\\ \frac{1}{2}\gamma_{zx} & \frac{1}{2}\gamma_{zy} & \varepsilon_z\end{bmatrix}=\begin{bmatrix}\varepsilon_{11} & \varepsilon_{12} & \varepsilon_{13}\\ \varepsilon_{21} & \varepsilon_{22} & \varepsilon_{23}\\ \varepsilon_{31} & \varepsilon_{32} & \varepsilon_{33}\end{bmatrix} \tag{3-11}$$

式中　$\varepsilon_x,\varepsilon_y,\varepsilon_z$——$x$、$y$、$z$ 方向的法向应变;

γ_{xy}，γ_{yx}——xy 平面上的剪应变，$\gamma_{xy}=\gamma_{yx}$；

γ_{xz}，γ_{zx}——xz 平面上的剪应变，$\gamma_{xz}=\gamma_{zx}$；

γ_{yz}，γ_{zy}——yz 平面上的剪应变，$\gamma_{yz}=\gamma_{zy}$。

同样，当 x、y、z 方向分别用“1”“2”“3”方向来表示，可得到等式右侧的表达式。式(3-11)中 ε_{11}、ε_{22}、ε_{33}可分别采用 ε_1、ε_2、ε_3 来表示。

在式(3-11)中，由于其对称性，应变张量有 6 个独立分量，可以用列矩阵或一个 6 维的向量来表示：

$$\boldsymbol{\varepsilon}^{\mathrm{T}}=\{\varepsilon_x \quad \varepsilon_y \quad \varepsilon_z \quad \gamma_{xy} \quad \gamma_{yz} \quad \gamma_x\} \tag{3-12}$$

根据弹性力学，应变与位移间存在如下关系：

$$\varepsilon_{ij}=\frac{1}{2}\left(\frac{\partial u_i}{\partial x_j}+\frac{\partial u_j}{\partial x_i}\right) \tag{3-13}$$

所以在工程中，剪应变与张量应变之间有如下关系：

$$\varepsilon_{xy}=\frac{1}{2}\gamma_{xy},\quad \varepsilon_{yz}=\frac{1}{2}\gamma_{yz},\quad \varepsilon_{zx}=\frac{1}{2}\gamma_{zx} \tag{3-14}$$

(2) 球应变张量和偏应变张量

应变张量 $\boldsymbol{\varepsilon}$ 可分为球张量和偏张量，即：

$$\boldsymbol{\varepsilon}=\begin{bmatrix}\frac{\varepsilon_v}{3} & 0 & 0\\ 0 & \frac{\varepsilon_v}{3} & 0\\ 0 & 0 & \frac{\varepsilon_v}{3}\end{bmatrix}+\begin{bmatrix}\varepsilon_1-\frac{\varepsilon_v}{3} & \varepsilon_{12} & \varepsilon_{13}\\ \varepsilon_{21} & \varepsilon_2-\frac{\varepsilon_v}{3} & \varepsilon_{23}\\ \varepsilon_{31} & \varepsilon_{32} & \varepsilon_3-\frac{\varepsilon_v}{3}\end{bmatrix} \tag{3-15}$$

式中，体积应变 ε_v 可表示为：

$$\varepsilon_v=\varepsilon_{11}+\varepsilon_{22}+\varepsilon_{33}=\varepsilon_1+\varepsilon_2+\varepsilon_3 \tag{3-16}$$

与 q 相对应的偏应变(或称广义剪应变)为：

$$\varepsilon_s=\frac{\sqrt{2}}{3}\sqrt{(\varepsilon_1-\varepsilon_2)^2+(\varepsilon_2-\varepsilon_3)^2+(\varepsilon_3-\varepsilon_1)^2} \tag{3-17}$$

式中 ε_s——复杂受力状态下的剪切变形。

对于轴对称三轴试样的变形，有：

$$\varepsilon_s=\varepsilon_a-\frac{\varepsilon_v}{3} \tag{3-18}$$

式中 ε_a——x 轴、y 轴或 z 轴上的应变，即 ε_x、ε_y 或 ε_z。

通过试验可点绘出剪应变 ε_s 随球应力 p 减小而增加的关系曲线。当 x、y、z 方向与主应变方向重合时，只有三个主应变 ε_1、ε_2 和 ε_3，对应有三个偏主应变：

$$e_1=\varepsilon_1-\frac{\varepsilon_v}{3},\quad e_2=\varepsilon_2-\frac{\varepsilon_v}{3},\quad e_3=\varepsilon_3-\frac{\varepsilon_v}{3} \tag{3-19}$$

3.2 土的应力应变特性

土是岩石风化而成的碎散颗粒的集合体，一般包含有固、液、气三相，在其形成的漫长的地质过程中，受风化、搬运、沉积、固结和地壳运动的影响，其应力应变关系十分复杂。

3.2.1 非线性

土由碎散的固体颗粒组成，土宏观的变形主要不是颗粒本身变形引起的，而是颗粒间位置的变化引起的。这样在不同应力水平下由相同应力增量而引起的应变增量就不会相同，亦即表现出非线性。图 3.1 为土的常规三轴压缩试验的一般结果，其中实线表示密实砂土或超固结黏土，虚线表示松砂或正常固结黏土。

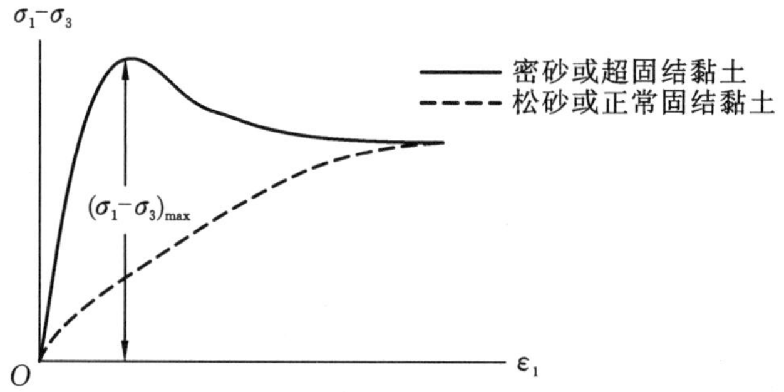

图 3.1　土的三轴压缩试验得到的应力应变曲线

3.2.2 应变硬化或软化

从图 3.1 中可以看到，在三轴试验条件下，正常固结黏土和松砂的应力随应变增加而增加，但增加速率越来越慢，最后逼近一渐近线，称为应变硬化；而在密砂和超固结黏土的试验曲线中，应力开始随应变增加而增加，达到一个峰值之后，应力随应变增加而下降，最后也趋于稳定，称为应变软化。

应变软化实际上是一种不稳定过程，如果设计中考虑较高的安全度，不允许材料达到破坏，那么软化阶段也就不会出现，则可以不考虑软化问题。然而在实际工程中，只要破坏区域不大，不致危及建筑物整体安全，有时允许局部区域达到剪切破坏。达到破坏的区域，由于应变软化降低了强度，便不能承受与峰值强度相应的荷载，而将多余的荷载转移到周围区域，从而加重了周围土体负担，使周围土体达到破坏，实际破坏区将比不考虑软化时来得大。这时最好是考虑应变软化的影响，并注意渐进破坏问题。在应变软化阶段，由于其应力应变不成单值函数关系，所以反映土的应变软化的数学模型形式复杂，反映应变软化的数值计算方法也有较大难度。

3.2.3 弹塑性

金属和混凝土等坚硬材料，在受轴向拉压时，应力-应变关系初始段为直线，材料处于弹性变形状态；当应力达到某一临界值时，应力-应变关系明显地转为曲线，材料同时存在弹性变形和塑性变形。土体也有类似的特性。图 3.2 为土的三轴试验反复加卸载得到的轴向偏应力($\sigma_1-\sigma_3$)与轴向应变 ε_a 之间的关系曲线。在最初的加载过程中，土体初始应力应变关系曲线(OA)的直线阶段很短，这是因为除弹性变形以外还出现了不可恢复的塑性变形。土体是松散介质，受力后颗粒之间的位置调整在荷载卸除后，不能恢复，形成较大的塑性变形。加荷到某一应力后再卸荷，即卸荷段，其应力-应变关系曲线如图 3.2 中的 AB 段。卸荷后能恢复的应变 ε^e 为弹性应变；不可恢复的那部分应变为塑性应变 ε^p。对于一般的土体而言，加载过程中弹性和塑性变形几乎是同时发生，且塑性应变往往占主要部分。

土在应力循环过程中另一个特性是存在滞回圈，在图 3.2 中卸载初期应力应变曲线陡降，减少到一定偏差应力时，卸载曲线变缓，再加载曲线开始陡而随后变缓。这就形成一滞回圈，越接近破坏应力时，这一现象越明显。在同一应力路径上的卸载—再加载过程，土的变形也并非是完全弹性的。但一般情况下，近似认为土的变形是弹性变形。

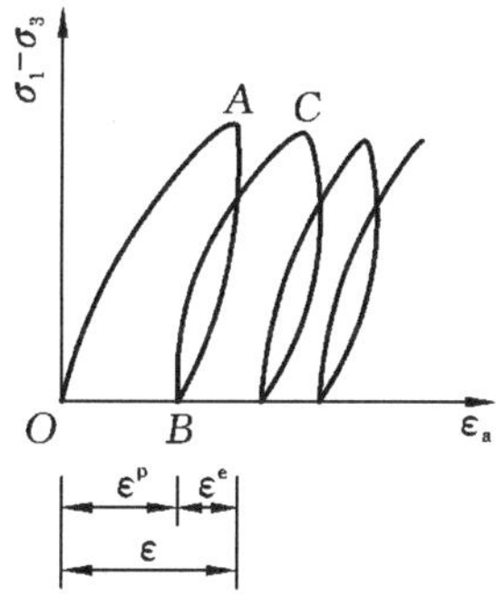

图 3.2 加荷与卸荷的应力-应变关系

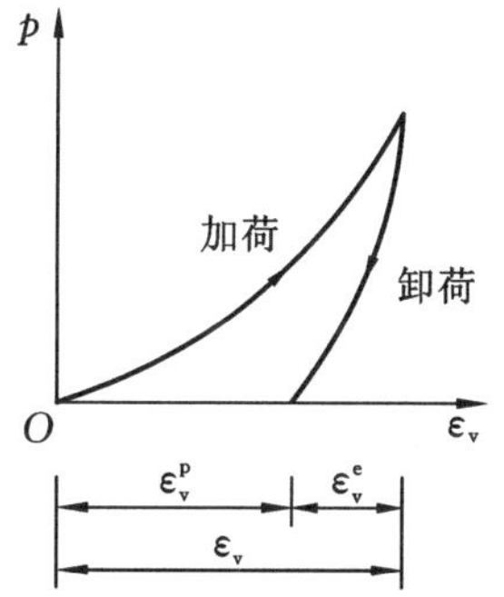

图 3.3 围压与体积应变

土体受力后会有明显的塑性体积变形。图 3.3 为土样在三轴仪中逐步施加各向相等的压力 p 后，再卸除，所得到的 p 与体积应变 ε_v 之间的关系曲线。可见体积应变中存在不可恢复的塑性体积应变 ε_v^p，而且往往比弹性体积应变更大。这一点与金属不同，金属被认为是没有塑性体积变形的。塑性变形是由于晶格之间的错动滑移而造成，它只体现形状改变，不产生体积变化。土体的塑性变形也与颗粒的错位滑移有关。在各向相等的压力作用下，从宏观上来说，土体是不受剪切的；但在微观上，颗粒间有错动。即土体在压缩后，有些颗粒挤入原来的孔隙中，颗粒错动，相对位置调整，颗粒间发生剪切位移。当荷载卸除后，无法恢复到原来的体积，就形成较大的塑性体积变形。

3.2.4　剪胀性

不仅压力会引起塑性体积变形，剪切也会引起塑性体积变形。在三轴仪中对土样施加轴向偏应力$(\sigma_1-\sigma_3)$的同时，减小围压σ_3，而保持平均法向应力(球应力)p不变。在剪切力作用下土体典型的应力应变曲线如图3.4所示。尽管体积应力p不变，但仍有体积应变，可见测得的体积应变完全是剪切造成的。在图3.4(a)中，体积应变ε_v随偏应力$\sigma_1-\sigma_3$增大而增大。剪切引起的体积收缩，叫剪缩。软土和松砂在剪切力作用下通常表现为剪缩。在图3.4(b)中，开始阶段为剪缩，以后曲线向上弯曲，即体积膨胀，这种现象叫作剪胀。紧密砂土和超固结黏土，常表现为剪胀。要说明的是，剪切引起的体积变化，不管是膨胀还是收缩，都称为剪胀性，剪缩是负的剪胀。

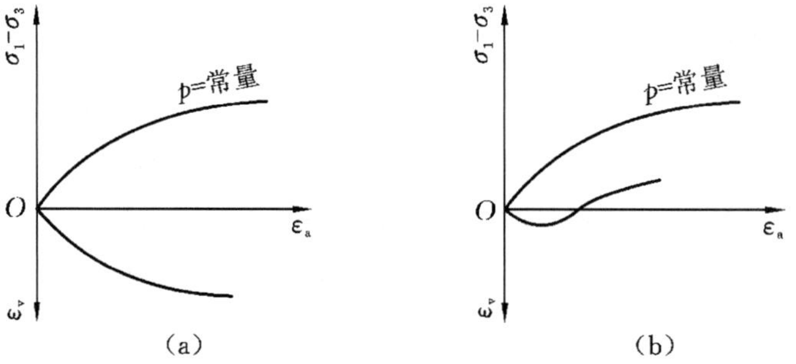

图3.4　剪切引起的体积应变

(a)剪缩；(b)剪胀

图3.5　松砂和密砂的剪胀性

(a)松砂；(b)密砂

图3.5所示为砂土受水平向剪切所产生的体积变形。对于松砂，受剪后某些颗粒填入原来的孔隙中，体积减小；对于密砂，原来的孔隙体积较小，受剪时一些颗粒必须上抬才能绕过前面的颗粒产生错动滑移，于是体积膨胀。黏土的剪胀、剪缩机理也是相似的。剪切引起的体积变形与颗粒的错动相关联，当荷载卸除后，便不能恢复，应看作塑性体积变化，另外，根据胡克定律，剪应力不引起弹性体积变形。因此，剪切所引起的体积变形也只能认为全部是塑性变形。

3.2.5　结构性

土是由分散的颗粒组成的。土的强度、渗透性和应力应变关系特性是由这些颗粒的矿物、大小、形状、颗粒间的排列和粒间的作用力决定的。土的结构用来表示土的组成成分、空间排列和粒间作用力的综合特性。

所谓土的结构性就是土颗粒的空间排列集合及土中各相间和颗粒间的作用力所造成的力学特性。结构性的强弱表示土的结构对其力学性质产生影响的强烈程度。由于在实验室和野外土都不可避免地处于地球的重力场中，不可能达到完全随机的排列及颗粒间相互完全独立无联系，如室内制样的方法、程序和环境，在天然情况下土的生成、搬运、沉积、固结及在千万年地质历史中所受到的各种变故等。因而不管是原状土还是室内重塑土总是表现出不同的或特有的结构性。一般来说，原状土比重塑土表现出更强的结构性，这是由于它在漫长的沉积过程及随后的各种地质作用过程中，使土粒间排列和各种作用力表现出特有的形式和作用。在黏性土中，敏感性指标(灵敏度)是反映黏土结构性的重要指标。原状黏土与重塑土的无侧限抗压强度之比称为灵敏度。

图 3.6 为在侧限压缩试验中，正常固结原状土与重塑土的试验结果。可见在一定的压力范围内二者有明显的差别，超过一定的压力以后，两曲线趋于平行。图 3.6 中：P_0 表示临界压力，当压力超过 P_0 后，土的结构性开始破坏，土的压缩性增大；P_c 表示先期固结压力；C_u 表示原状土结构破坏后的压缩指数；C_c 表示重塑土的压缩指数。三者之间的大小关系如下：$C_u > C_c > C_e$，C_e 表示原状土结构性破坏之前的压缩指数。

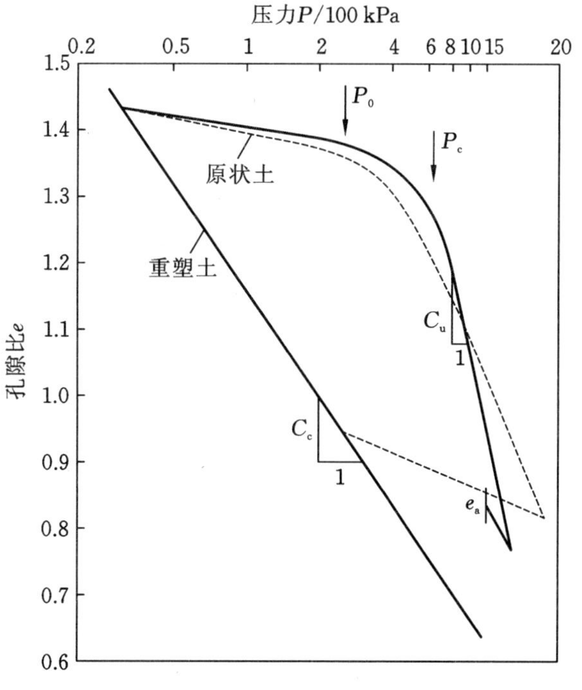

图 3.6 结构性土的压缩试验

在图 3.6 中，两种土的应力应变关系相差很大。这种差别主要是由于二者的有效应力不同。扰动土的结构破坏,使试样内超静孔压大大增加,有效应力降低。以往在土力学研究中所涉及的理论及模型基本上是建立在对重塑土试验的基础上的,因而对于土的结构性的考虑是不够的。在自然界和工程实践中,大量存在和涉及的是原状土,因而考虑土的结构性对土的力学性质的影响是一个重要的课题。

3.2.6　各向异性

天然状态的地基土一般是水平向成层,因此地基土在水平和竖直方向的结构存在差异,由此使得原状土体在许多方面表现为各向异性。由于土体在水平和竖直方向结构差异所导致的应力应变关系的不一致,称为原生各向异性。此外,各向应力状态的不同也能引起应力应变关系的各向异性,或称诱发各向异性。例如重塑土,本来不存在土体结构上的两向差异,但只要所施加的各向应力不相等时,其应力应变关系就会表现为各向异性。相比于原生各向异性,土体的诱发各向异性更具有普遍性。

设处于平面变形条件下的某土体单元受有初始应力各向不等,$\sigma_1>\sigma_3$,其莫尔圆如图 3.7(a)中实线圆所示。图 3.7(b)所示是在 σ_1 方向作用一应力增量 $\Delta\sigma$,则在该方向引起压缩应变 $\Delta\varepsilon_1^A$,而在侧向产生侧向膨胀应变 $\Delta\varepsilon_3^A$,加荷后的莫尔圆如图 3.7(a)中的虚线圆 A 所示。另一种加荷方式 B[图 3.7(c)],在 σ_3 方向作用一应力增量 $\Delta\sigma$,在该方向即图中水平向,引起压应变 $\Delta\varepsilon_3^B$,而在竖向产生侧向膨胀应变 $\Delta\varepsilon_1^B$,加荷后的莫尔圆如图 3.7(a)中虚线圆 B 所示,比较 A、B 两种状态,如果材料的变形是各向同性的,则相同的应力增量,无论作用在哪一个方向,所引起的该方向的压缩应变相等,即 $\Delta\varepsilon_1^A=\Delta\varepsilon_3^B$,同时另一方向的侧向膨胀应变也相等,即 $\Delta\varepsilon_3^A=\Delta\varepsilon_1^B$。然而,对土体来说,由于其变形特性,状态 A 对应的莫尔圆比原来的扩大,更接近破坏线,而状态 B 则相反,莫尔圆比原来的缩小了,且远离破坏线。对于土体,越接近破坏状态越软弱,越易变形。所以 $\Delta\varepsilon_1^A>\Delta\varepsilon_3^B$,同样 $\Delta\varepsilon_3^A>\Delta\varepsilon_1^B$,由此可见,应力的各向不等将造成变形的各向差异,这种变形的各种异性也可以说是应力历史所造成的。各方向受压历史不同,则加荷时产生的变形也不同。

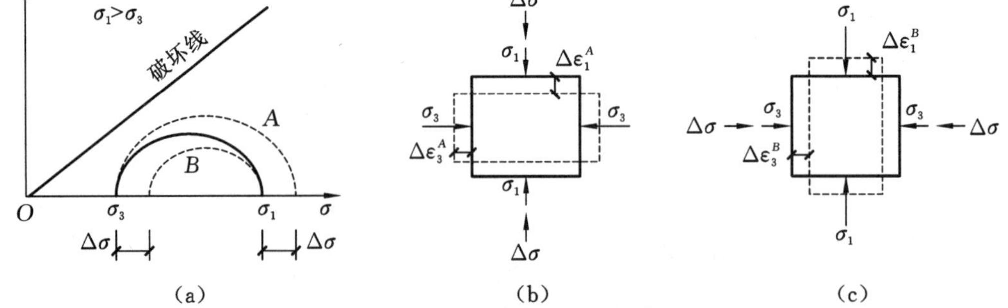

图 3.7　应力引起的各向异性

实际举例:某土层土体,其初始应力场为自重应力场,此时竖向应力大于侧向压力。对该土层分别从竖向和侧向加压,加压量相同。两种情况土体的变形量不同。具体来说,竖向加压引起的变形量大,侧向加压引起的变形量小。

各向异性反映到数值计算上,就是刚度矩阵或柔度矩阵的非对称性。矩阵的非对称性将给数学建模带来一定的复杂性,由此增加了数值计算的难度。因此,从工程实用角度考虑,数值计算中往往忽略这种非对称性,将其视为对称阵,即忽略土体各向异性所带来的影响。

3.2.7 流变性

土体变形与应力和时间有关的现象称为土体的流变现象。比萨斜塔的不断倾斜就是土体流变性的最著名例子。土的流变机理在于:在骨架应力(有效应力)作用下,土颗粒表面吸附水(气)具有黏滞性,从而使颗粒的重新排列和骨架体的错动具有时间效应,土体变形延迟,即变形与时间有关;而另一方面土体变形受到边界约束,这种约束阻挡蠕动变形的发展,因此土体内部应力随之逐步调整,即应力也与时间有关。

土体的流变性是土的重要的工程性质之一。在岩土工程实践中,土体的流变现象主要包括以下几个方面:① 蠕变——即恒定应力作用下变形随时间增长的现象。② 松弛——即恒定变形情况下应力随时间衰变的现象。③ 长期强度——即土体强度随荷载作用时间不同而发生变化的现象。

土力学中常把流变分成固结流变和剪切流变,前者又称次固结(属于蠕变)。在沉降分析中主要考虑土体受压时的固结流变特性,强度问题则主要研究土体受剪时的流变特性。土体的流变性质首先与土体的结构有关,无论是砂性土还是黏土都具有一定程度的流变性质。黏土颗粒周围包含有黏滞性较为明显的水膜,因而表现出较大的流变性;而刚性骨架类土(如砂土)的流变性则不明显。但在实际应用中是否需要考虑流变,应视具体情况而定。有时黏土的流变可忽略,但粗粒土的流变必须考虑。

3.3 影响土应力应变特性的因素

影响土体变形的因素很多。首先,土的种类、物质组成、沉积环境是影响土体应力应变特性的内在因素。其次,应力水平、应力路径、应力历史、中主应力、加载速率、温度等也会影响土的应力应变特性。

3.3.1 应力水平

所谓应力水平一般有两层含义:一是指围压的绝对值的大小;二是指应力(通常为剪应力)与破坏值之比,可表示为 $S=\tau/\tau_f$。其中,τ 为剪应力,τ_f 为破坏剪应力(或抗剪强度)。

固结压力对土体力学特性的影响显著。高压三轴试验资料表明,土体在高围压下的变形性状与

低围压时有所不同 。图 3.8 所示为某中密砂在不同围压下的三轴试验曲线。可见随着围压 σ_3 的增加，砂土的强度和刚度都明显提高，应力应变关系曲线形状也发生变化。在高围压作用下，即使很密实的土，其应力应变关系曲线也与松砂的应力应变关系曲线相似，没有剪胀性和应变软化现象。

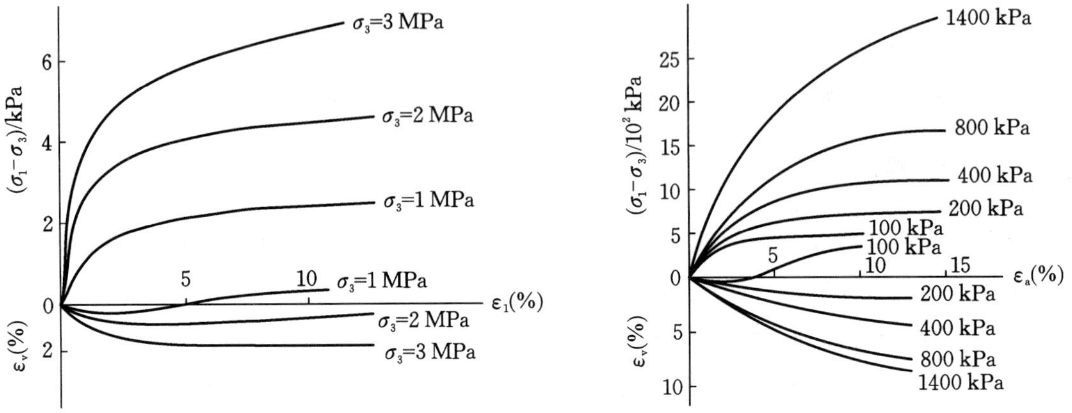

图 3.8　不同围压下的应力-应变关系

ε_v—体积应变；ε_1—主应变；ε_a—x 轴、y 轴或 z 轴上的应变

应当注意的是，土的抗剪强度 τ_f 随着正应力 σ_n或围压 σ_3 的增加而升高，但破坏时的应力比或砂土的内摩擦角 φ 则常常随着围压的增加而降低。

土的变形模量随围压的增加而提高的现象，称为土的压硬性。土是由碎散的颗粒组成，所以围压所提供的约束对于其强度和刚度来说是至关重要的。这也是土区别于其他材料的重要特性之一。简布(Janbu)在 1963 年用下式表示土在三轴试验中初始模量 E_i 与围压 σ_3 之间的关系：

$$E_i = KP_a\left(\frac{\sigma_3}{P_a}\right)^n \tag{3-20}$$

式中　K,n ——试验常数；

P_a——大气压，与 σ_3 量纲相同。

这个公式后来为许多本构模型所采用。

3.3.2　应力路径

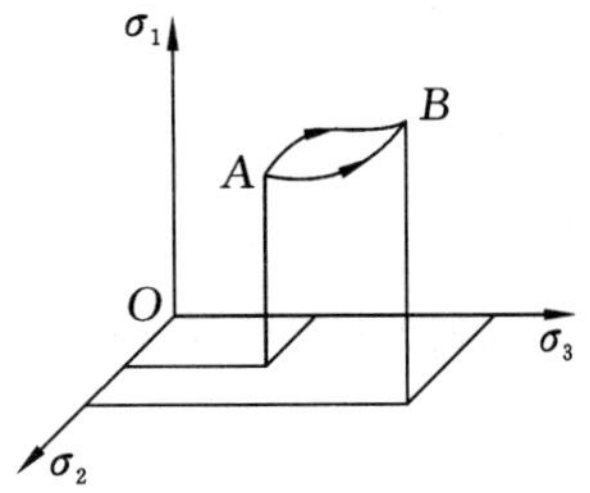

图 3.9　应力空间与应力路径

土体内一点的应力状态可以用三个主应力 σ_1、σ_2 和 σ_3 来表示。以三个主应力为坐标轴构成的一个直角坐标系叫应力空间，如图 3.9 所示。这个空间的一点有三个坐标值，代表某种应力状态。图 3.9 中的 A 代表了应力状态 σ_{1A}、σ_{2A}和 σ_{3A}，而 B 点表示了另一种应力状态 σ_{1B}、σ_{2B}和 σ_{3B}。

设土体中一点的初始应力状态如应力空间内 A 点所示，受力后变化到 B。从 A 到 B，可以有各种方式，如 σ_1、σ_2 和 σ_3 按比例增加；或初期 σ_3

增加得多，σ_1 和 σ_2 增加得少，而后期反过来；或者其他某种加荷方式。对于一种加荷方式，代表应力状态的点将从 A 沿某种轨迹移动到 B，加荷过程中，应力空间内代表应力状态的点所移动的轨迹叫应力路径。不同加荷方式可以用不同的应力路径来表示。

岩土材料存在较大的塑性变形。沿不同的应力路径加荷，各阶段的塑性变形增量不同，累积起来，就有不同的应变总量。即尽管初始和终了的应力状态相同，但加荷的应力路径不同，则最后变形是不同的。这就是应力路径对变形的影响。下例可说明应力路径对变形的影响。

在图 3.10(a)中，有两种应力路径：虚线 AC 表示排水试验的有效应力路径。实线 ABC 表示先做不排水试验，其有效应力路径为 AB，达到接近破坏的 B 点后排水固结，保持 q 不变而 p 增加，应力路径为 BC。两种应力路径初始和终了应力状态相同(均为 C 点)，两种路径所对应的轴向应变如图 3.10(b)所示。对于第一种路径(实线 ABC)，因 B 点接近破坏线，必然产生较大的轴向应变，因此最终变形必然较大，如图 3.10(b)中的实线 ABC 所示。反之，因虚线 AC 远离破坏线，其轴向应变必然较小，如图 3.10(b)中的虚线 AC 所示。由此可知，应力路径对土体变形的影响是不可忽视的。

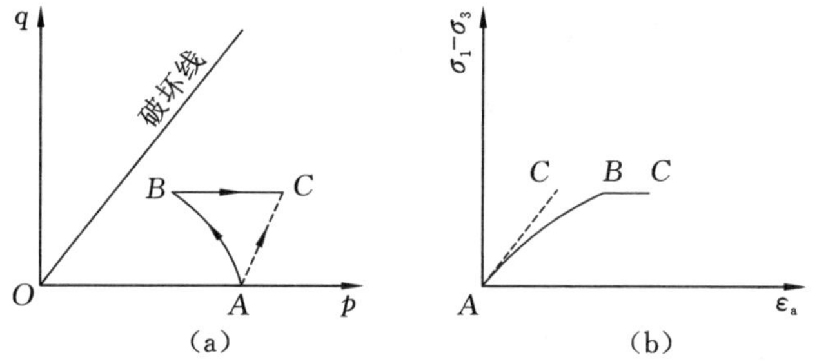

图 3.10 应力路径对变形的影响

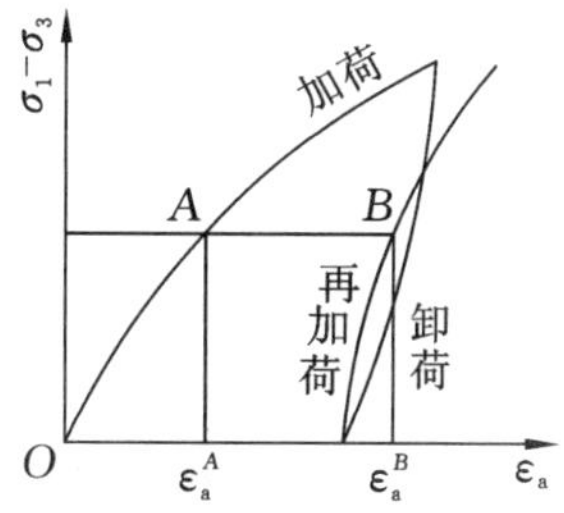

图 3.11 应力历史对变形的影响

应力路径的影响举例：快速打桩与缓慢打桩，前者施工顺畅，后者施工难，因此打桩时建议一气呵成。快速打桩与缓慢打桩对地基边坡的影响：前者使得超静孔压上升，平均有效应力减小，剪切应力增大，接近破坏状态；后者因为孔压及时消散，超静孔压上升没有那么明显，远离破坏线，坡体状态相对安全。

应力历史，或称受荷历史，是土在历史上所受到的荷载情况。由于塑性变形不可恢复，土体在历史上发生的变形将保存和积累起来。因此，在不同的应力历史条件下，土体的变形量不同，继而影响土体进一步变形的特性。前面讲过，经过一个加荷卸荷循环后，再加荷时，土体变形就减小了，这就是应力历史的影响。在图 3.11 中，A、B 两点具有相同的应力 $\sigma_1-\sigma_3$，然而 A 点处于初始加荷曲线上，B 点处于再加荷曲线上，两点对应不同的 ε_a，它们所处应力-应变关系曲线的斜率也不同。如果施加同样的荷载增量，则对应 A 状态的土体应变增量大，而对应 B 状态的土体应变增量小。因 A、B 两点有着不同的应力历史，所以加荷后就有不同的变形。超固结土比正常固结土的变形小，也是由于这个缘故。

3.3.3 应力历史

应力历史既包括天然土在过去地质年代中受到的固结和地壳运动作用，也包括土在实验室(或在工程施工、运行中)受到的应力过程。对于黏性土一般指其固结历史。如果黏性土在其历史上受到过的最大先期固结压力(指有效应力)大于目前受到的固结压力,那么这就是超固结土。如果目前的固结压力就是其历史上最大固结压力,那么它就是正常固结土。

在图 3.6 中,原状土曲线为典型的超固结土压缩曲线,重塑土曲线接近于一般的正常固结土压缩曲线。由此可见,对于同一种矿物组成的土,超固结土与正常固结土的应力-应变曲线区别较大。此外,土的流变性使黏性土在长期荷载作用下,尽管历史上固结应力没变化,但次固结使土表现出超固结的性状。这也是应力历史对变形影响的一种表现形式。

3.3.4　中主应力

常规三轴试验研究土体变形,其受力条件为中主应力 σ_2 与小主应力 σ_3 相等。在实际问题中,σ_2 与 σ_3 一般是不等的。中主应力 σ_2 的取值在大主应力 σ_1 和小主应力 σ_3 之间。

中主应力对土体变形有明显影响。首先,中主应力的变化会影响到土的抗剪强度。试验表明,土在 $\sigma_2>\sigma_3$ 时抗剪强度比 $\sigma_2=\sigma_3$ 时的抗剪强度大。平面应变试验所测得的 φ 一般比三轴试验测得的 φ 高 3°～5°。对于相同的 σ_3,平面应变条件下的最大偏应力,即破坏莫尔圆直径 $(\sigma_1-\sigma_3)_f$ 比轴对称条件下的值大,而破坏时的轴向应变 ε_a 相近。因此,在平面变形条件下的 $(\sigma_1-\sigma_3)$-ε_a 曲线必然比三轴压缩试验时的曲线陡。图 3.12 是黄河流域某场地黏性土的平面应变和普通三轴试验所测得的应力-应变曲线。图 3.12 可见,对于同一 σ_3,平面应变试验所测得的 $(\sigma_1-\sigma_3)$-ε_a 曲线总是在三轴试验相应曲线的上方,这是因为其强度提高了。另一方面,关于 ε_v-ε_a 曲线,图中的平面应变试验结果却在三轴试验结果的下方。在 σ_1 和 σ_2 相同条件下,平面应变试验比三轴试验 σ_2 大。因此 p 大,q 小,对于剪缩型不大的土,p 的增大对 ε_v 起主要作用,因此图中平面应变的 ε_v 较大。如果土体的剪缩性很显著,q 对体积应变的影响成为主要因素,则也有可能出现相反情况。

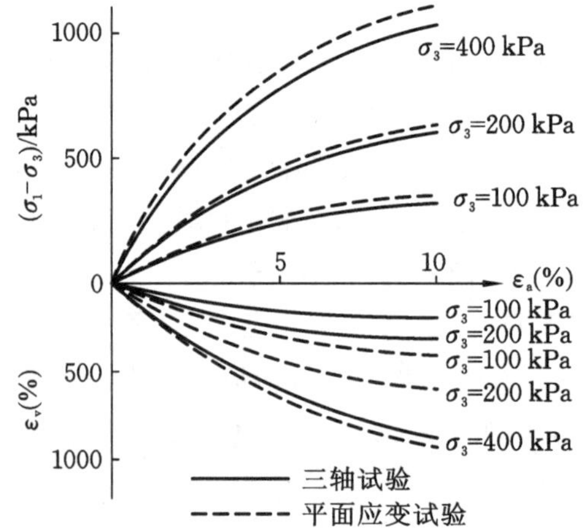

图 3.12　三轴试验和平面应变试验应力-应变关系曲线

中主应力还会改变应力应变曲线的软化或硬化的形态。图 3.13 为真三轴仪对砂土所做不同 b 值下的应力-应变试验曲线，当 $b=0(\sigma_2=\sigma_3)$ 时，$(\sigma_1-\sigma_3)$-ε_a 曲线没有明显的峰值，基本上呈硬化型；当 $b=0.5$ 时，曲线呈软化型，有明显的峰值；当 $b=1.0$ 时，软化特性更明显，随着 b 的增加材料的破坏更接近脆性破坏，对于 ε_v-ε_a 曲线，随着 b 的增加，由于 p 也会增加，则体积压缩量增大，而剪胀量减小。

要说明的是，一些本构模型仅依据常规三轴试验资料来建立模型以及确定参数，因此不能反映中主应力的影响。但在实际问题(如土坝、地基等平面变形问题)中，不考虑中主应力的影响会使计算结果有误差。

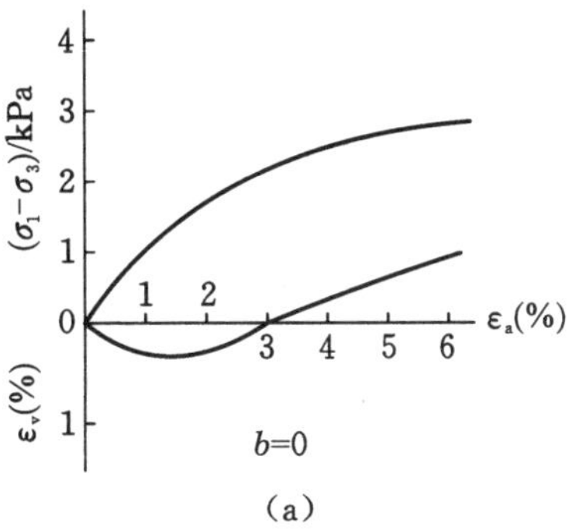

图 3.13　中主应力对应力-应变的影响

3.3.5　加载速率

加载速率是衡量给材料施加荷载(应力)快慢的指标。加载速率越快，材料变形速率越快，因此加载速率与应变速率的含义相近。在土力学中，主要通过开展等应变速率试验来测试加载速率对土体力学性质的影响。

图 3.14 所示为在不同应变速率情况下黏土试样固结压缩试验成果曲线。横坐标为竖向压力 p，纵坐标为土样压缩应变。由图可见，应变速率越小，相同应力增量得到的土样压缩量越大。

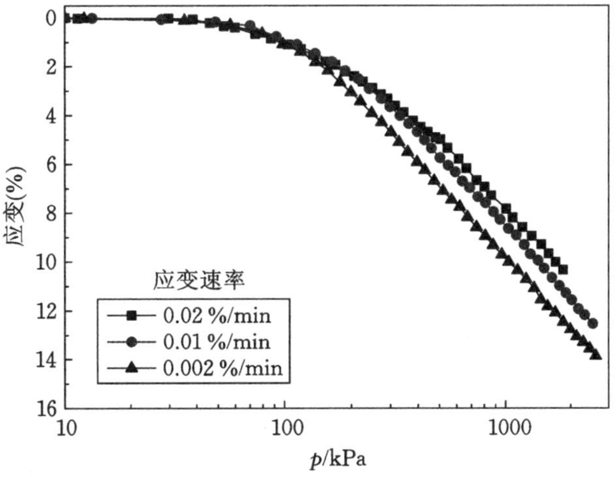

图 3.14　加载速率对压缩曲线的影响

图 3.15 所示为不同温度条件下黏土的等应变速率试验成果曲线。由图可见，在相同的温度条件下，当土样的应变速率下降 100 倍（*b-c-d* 区间）时，压缩曲线左移，相同竖向压力作用下的孔隙比变化量增大，超静孔压值减小。当应变速率恢复到之前的值时，土体 *e-p* 曲线也回到原来的轨迹。

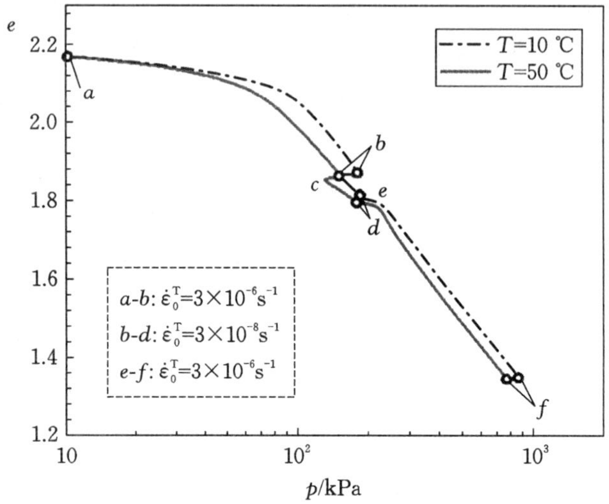

图 3.15　加载速率和温度影响

此外，在软黏土地基的实际工程中，如果给地基土体施加荷载过快，会导致土体内的超静孔隙水压力过大，有效应力降低，影响土的抗剪能力和承载力，对工程安全不利。

3.3.6　温度影响

研究不同温度下材料的物理力学特性，是材料学科的一个重要方向。在岩土工程领域，一般的工程活动涉及范围内岩土体的温度场变化幅度较小，可以忽略不计。但随着能源岩土工程、环境岩土工程和海洋岩土工程等的兴起与发展，温度场在岩土工程中的重要性益发彰显。在上述岩土工程中，除了要考虑岩土材料的应力、变形及渗流问题之外，还需考虑温度场对岩土材料物理力学特性的影响。

现代岩土工程学围绕土的温度效应开展了大量研究，可概括为如下几个方面：① 加热对土物质成分的影响，如矿物成分变化、结合水和自由水转换等；② 加热对土体物理性质的影响，如土的液塑限、水土相互作用以及渗透系数等；③ 加热对土体力学性质的影响，包括应力应变性质和强度性质。

加热对黏土的应力应变特性影响较为明显。图 3.16 所示为正常固结黏土在不同温度条件下的等应变速率固结压缩试验成果曲线，其所反映的温度影响与图 3.15 一致。由图可见，ε-σ 曲线随着温度的升高逐渐下移，表明温度越高正常固结黏土样压缩量越大；超静孔隙水压力曲线随着温度的升高也逐渐下移，表明温度越高黏土中超静孔压消散越快，土中残留的超静孔压值越小。

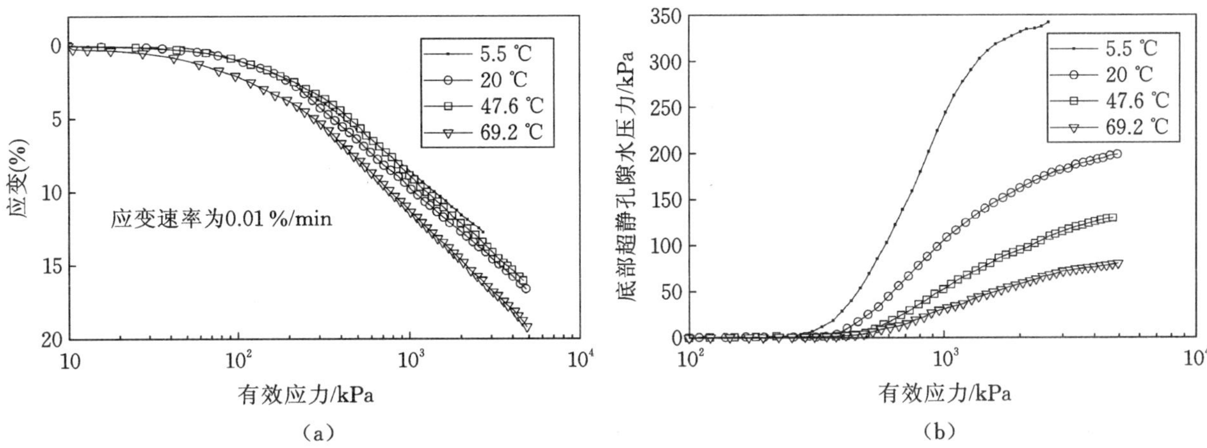

图 3.16 加热温度对压缩变形和孔压的影响

目前,国内外学者围绕土体温度效应已经开展了大量的研究,其主要认识如下:

(1) 对于正常固结黏土,随着温度升高,土体 e-p 关系曲线下移,相同应力增量情况下产生的压缩量增大(热沉降)。对于超固结比(OCR)较大的超固结黏土,加热可能使土体膨胀;OCR 越大,热膨胀越明显。

(2) 随着温度升高,土骨架结构受到冲击,土体弹性变形范围缩小,土体表观先期固结压力减小。一些学者基于正常固结黏土的热固结压缩试验建立了经验公式。其中,由 Laloui 等提出的温度和表观先期固结压力的单对数公式被广泛接受,表达式如下:

$$\frac{\sigma'_{\mathrm{T}}}{\sigma'_{\mathrm{T_0}}}=\left(1-R\lg\frac{T}{T_0}\right) \tag{3-21}$$

式中 σ'_{T}——温度为 T 时的表观先期固结压力;

$\sigma'_{\mathrm{T_0}}$——初始温度为 T_0 时的表观先期固结压力;

R——温度相关系数,其值为 0.3~0.4。

(3) 土体压缩指数的温度效应:有少量文献认为加热会影响土体的压缩指数;但更多的文献则认为,加热对土体压缩指数 C_{cT} 或 λ_{T} 的影响很小(有机质土除外),可以忽略不计。

参 考 文 献

[1] 沈珠江. 理论土力学[M]. 北京:中国水利水电出版社, 2000.

[2] 龚晓南,高等土力学[M]. 杭州:浙江大学出版社, 1996.

[3] 李广信. 高等土力学[M]. 北京:清华大学出版社,2004.

[4] 谢定义,姚仰平,党发宁. 高等土力学[M]. 北京:高等教育出版社,2008.

[5] 卢廷浩. 高等土力学[M]. 北京:机械工程出版社，2008.

[6] 李广信. 高等土力学[M]. 2 版. 北京:清华大学出版社,2016.

[7] 谢康和,周健. 岩土工程有限元理论分析与应用[M]. 北京:科学出版社，2002.

[8] 吕塞·拉卢伊，何莉塞·迪·唐纳. 能源地下结构[M]. 孔纲强，等译. 北京:中国建筑工业出版社，2016.

[9] 夏才初,张国柱,孙猛. 能源地下结构的理论与应用——地下结构内埋管的地源热泵系统[M].上海:同济大学出版社，2015.

[10] 中华人民共和国住房和城乡建设部. 桩基地热能利用技术标准:JGJ/T 438—2018 [S]. 北京:中国建筑工业出版社，2018.

[11] 陶海冰. 热流固作用下软土静动力学特性及应用[D]. 杭州：浙江大学，2015.

[12] 王宽君. 软土性状的温度效应[D]. 杭州：浙江大学，2017.

[13] 邓岳保，王天园，孔纲强. 考虑温度效应的饱和土地基固结理论[J]. 岩土工程学报，2019,41(10)：1827-1835.

[14] 邓岳保,毛伟赟,孔纲强,等.考虑温度影响的饱和土有效应力原理[J].清华大学学报(自然科学版)，2020，60(9)：726-732.

4 土的强度

土的强度特性是土体力学特性的另一个重要组成部分。根据经典的材料力学理论，土的强度应包括抗拉强度、抗压强度和抗剪强度。但在土力学中，土的强度通常指抗剪强度。土的强度通常指抗剪强度的原因有两点：一方面，土为松散介质材料，其抗拉能力弱，抗拉强度很小，实际工程中可近似认为土的抗拉强度为零；另一方面，土在一般的均匀压力作用下（剪切应力为零），不会发生强度破坏（高压作用下土颗粒可能会破碎），土体只有在受到不均匀压力作用下（存在剪切应力）才可能发生强度破坏和稳定性问题。

土的抗剪强度主要由粒间的黏聚力和摩擦力组成。影响土的抗剪强度因素很多，包括土的组成成分、土的结构、应力历史、排水条件、加荷速率和温度等。本章首先阐述土的抗剪强度机理、土的强度特性及其影响因素，然后重点介绍几类土的强度理论。

4.1 土的抗剪强度机理

在一定应力范围内，莫尔-库仑强度理论可表示为：

$$\tau_f = c + \sigma_n \tan\varphi \tag{4-1}$$

式中 c——土的黏聚力(kPa)；

φ——土的内摩擦角(°)；

σ_n——剪切面上的法向应力(kPa)。

从式(4-1)中可见，土的强度由两部分组成：c 和 $\sigma_n \tan\varphi$，前者为黏聚强度；后者为摩擦强度。实际上，土的强度机理及其影响因素十分复杂，不可能将二者截然分开。为分析解决问题的方便，下文将它们在形式上分为摩擦强度与黏聚强度来阐述。

4.1.1 摩擦强度

土颗粒间的摩擦强度又可分两部分：滑动摩擦与咬合摩擦。它们对土的强度有不同影响。

(1) 滑动摩擦

沿着固体表面（通常指平面）滑动产生的摩擦称为滑动摩擦，它一般是土体摩擦强度的主要部分。滑动摩擦力 T 正比于滑动面上的正压力 N（或法向应力 σ_n），而与颗粒尺寸无关。

(2) 咬合摩擦

土颗粒间的接触不可能是平面接触，而是颗粒间的交错排列。因此，在剪切力作用下，接触面处的土颗粒发生提升错动、转动、拔出(图 4.1),并伴随有颗粒的重新排列及颗粒本身的破碎断裂。在剪切力作用下,颗粒重新排列将引起土体的体积变化,即剪胀。广义的剪胀包括剪胀和剪缩。剪胀是指颗粒重新排列后导致体积增大(密砂);剪缩是指颗粒重新排列后导致体积减小(松砂)。剪胀的结果使颗粒从低势能状态变为高势能状态,需要消耗能量,并使得土体处于不稳定状态(峰值强度所对应的状态)。剪胀过后,土体达到一个相对的稳定状态,即土的残余强度状态。一般来说,粗颗粒的重新排列需要消耗较大的能量,而细颗粒的重新排列则相对容易,因此,粗颗粒土(如砂土)的内摩擦角通常比细颗粒土(黏性土)的内摩擦角大。

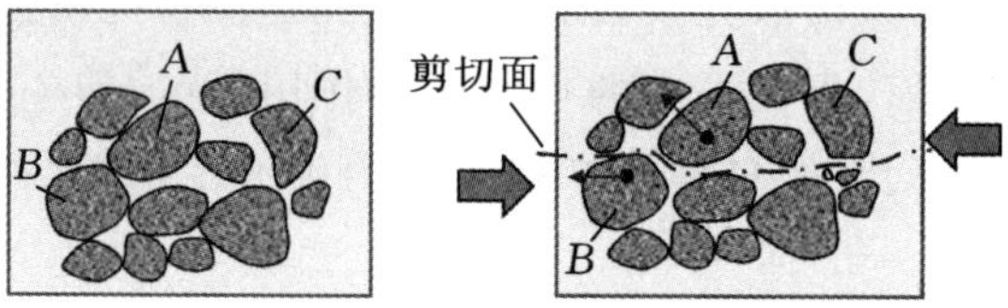

图 4.1　土颗粒间的咬合摩擦

土颗粒的破碎是由于土颗粒间咬合而发生的另一种现象。在较高围压下剪切时,粗粒土单位面积上接触点较少,接触点处局部应力集中,这样就可能产生颗粒接触点破碎屈服,棱角颗粒局部边角折断、剪断,这在高围压、大颗粒、弱矿物(钙质砂)、针片状颗粒的情况下较为普遍。通过对比剪切试验前后的土颗粒级配曲线,可以发现试验后的细颗粒含量明显提高。土颗粒的破碎,将使得土体的咬合摩擦削弱,由此使内摩擦角减小。

4.1.2　黏聚强度

将总的抗剪强度扣除摩擦强度 $\sigma_n \tan\varphi$,得到黏聚强度,即土的黏聚力 c。根据公式(4-1),当剪切面上法向应力 σ_n 为零时,此时土的抗剪强度值就等于土的黏聚力。但要指出的是,由于大多数土的强度包线都不是线性的,通过外延直线段找其截距确定黏聚力往往不精确。而且,在很低的围压或在无围压(无正应力)情况下,土的抗剪强度试验测试扰动因素多,测试结果往往不够准确。所以,土的纯粹的黏聚力在数值上很难精确测定。

土的黏聚强度主要与土的矿物成分有关,而与颗粒尺寸无关。土的矿物成分影响土颗粒间的相互作用力。无黏性土颗粒之间的相互作用力较弱,所以其黏聚强度趋于零。黏性土颗粒间的相互作用力较为明显,所以黏性土存在黏聚强度。土颗粒间的相互作用可能是吸引力,也可能是排斥力;土的黏聚强度是土颗粒间引力与斥力的综合作用的结果。其中,吸引力主要包括:静电引力,如库仑力和离子静电力;范德华力,即分子层次间的引力、颗粒间的胶结、颗粒间接触点的化合价键;表观的黏聚力,例如毛细引力和机械咬合力。相对来说,化学胶结力所产生的黏聚力比颗粒间吸引力引起的黏聚力要明显。

4.2 土的强度特性

土的强度特性主要通过直剪试验和三轴试验来测得。下文以三种不同类型的三轴试验成果曲线为例来说明土的强度特性。

4.2.1 不排水剪切强度

不排水剪切强度试验(UU 试验)是将试样安装在三轴仪中后,在压力室围压下不发生固结,即改变压力室压力并不改变试样的有效应力,而只引起孔隙水压力变化;在施加轴向附加压力过程中不允许排水。各个试样在剪切前的有效应力相等,且在剪切时土样含水率保持不变,因此试样的抗剪强度不变,破坏时的极限应力圆直径不变。对总应力极限应力圆作强度包线,则强度包线是一条水平线,如图 4.2 所示。

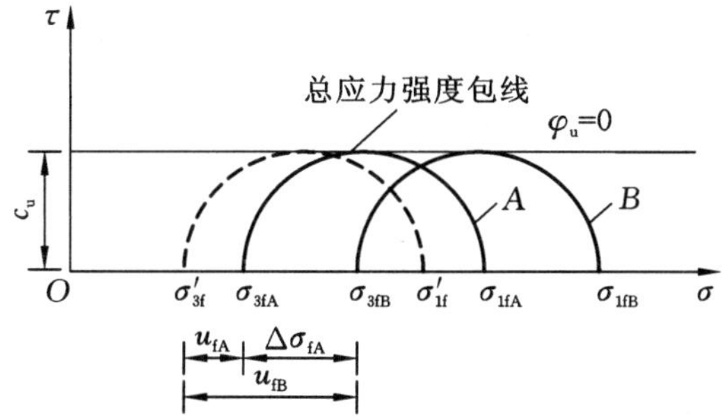

图 4.2 饱和黏土 UU 试验的强度包线

在图 4.2 中,A 和 B 代表两种不同的应力状态,下标 A 和 B 分别代表 A 应力状态和 B 应力状态所对应的值;σ_{1f}和 σ_{3f}分别为土样破坏时的大主应力和小主应力;u_{fA}和 u_{fB}分别为 A、B 应力状态土样破坏时的超静孔隙水压力;σ'_{1f}和 σ'_{3f}分别为土样破坏时的有效大主应力和有效小主应力;$\Delta\sigma_{fA}$为 A 状态到 B 状态的应力增量;c_u 为不排水剪黏聚力,φ_u 为不排水剪内摩擦角。

根据库仑公式,有:

$$\left.\begin{aligned}&\varphi_u=0\\&c_u=(\sigma_{1f}-\sigma_{3f})/2\\&\tau_f=c_u=(\sigma_{1f}-\sigma_{3f})/2\end{aligned}\right\}\tag{4-2}$$

式中 τ_f——土的不排水抗剪强度。

因为不排水剪强度试验的有效应力圆只有一个,不能由几次不排水剪试验的结果得到有效应力包线,所以这种试验一般只用于测定饱和土的不排水强度 τ_f 或者 c_u。根据图 4.2 和公式(4-1)可知,土的不排水剪切强度与围压无关。

4.2.2 固结不排水剪切强度

取几个相同的试样分别在三轴仪中以不同的围压固结，然后都在不排水条件下剪切，这些试样的不排水剪切强度随着固结压力而改变，这种试验称为固结不排水剪(CU 试验)。CU 试验典型试验成果如图 4.3 所示。

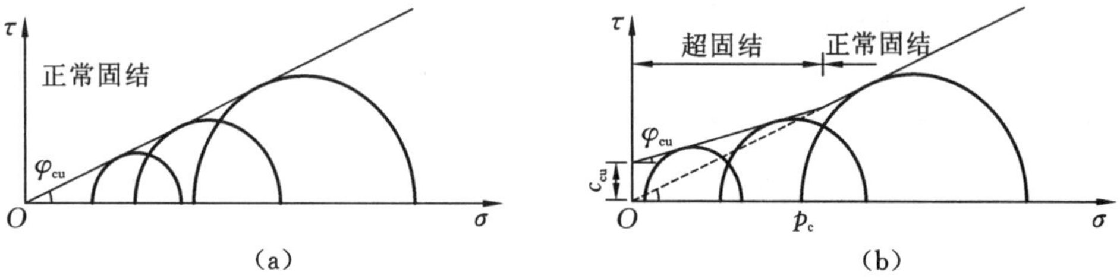

图 4.3　饱和黏土 CU 试验的强度包线

(a)正常固结黏土;(b)超固结黏土

在图 4.3(a)中，正常固结土从未经受超过剪切前的固结压力，如果剪切前的有效固结压力为零，土的固结不排水强度也为零。所以，正常固结黏土的强度包线是通过原点的直线，因此 $c_{cu}=0$。当固结压力增大时，土的固结不排水强度随之增大。根据强度包线的斜率，可得到固结不排水剪的内摩擦角 φ_{cu}。

图 4.3(b)所示为超固结土的 CU 试验成果曲线。三个试样的含水率、密度、初始孔隙比和先期固结压力 p_c(或土层自重应力 σ_{cz})都相同。将这些试样分别在不同的围压 σ_3 条件下再固结。其中：$\sigma_3>\sigma_{cz}$的试样属于正常固结土，其强度包线为通过原点的直线；$\sigma_3<\sigma_{cz}$的试样属于超固结土，其强度包线是一条斜率相对平缓的直线(实际上为曲线)，且与正常固结阶段的强度包线相交。在超固结阶段，固结不排水剪黏聚力 $c_{cu}>0$，内摩擦角 φ_{cu} 比正常固结段的内摩擦角要小。

4.2.3 排水剪切强度

排水剪切强度试验(CD 试验)，是先将土样固结完成，然后在排水条件下慢速剪切，试验过程中不产生超静孔隙水压力，土样上的总应力一直等于有效应力。排水剪试验结果与固结不排水剪试验结果类似，如图 4.4 所示。如图 4.4(a)所示，正常固结土排水剪的莫尔包线也是通过坐标原点的直线，即黏聚力 $c_d=0$，内摩擦角 φ_d 为 20°～40°。如图 4.4(b)所示，超固结土排水剪的强度包线为折线；正常固结阶段强度包线的倾角为 φ_d(即内摩擦角)；超固结阶段强度包线略为弯曲，实际使用中近似取一条直线代替；该直线的倾角比正常固结土的内摩擦角 φ_d 要小。此外，超固结阶段土体的 $c_d>0$；先期固结压力越大，c_d 就越大。

在实际应用中，排水剪的强度参数 c_d、φ_d 可以认为与固结不排水剪的有效应力强度参数 c'、φ'一致。因为排水剪试验所需时间太长，所以常用固结不排水剪得到的 c'、φ'分别代替 c_d、φ_d。但固结不

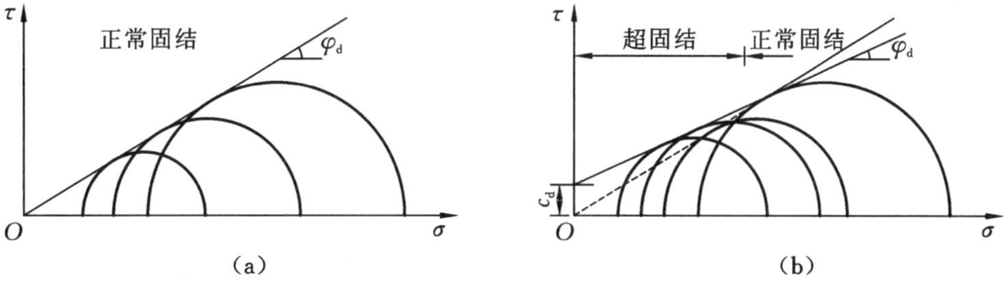

图 4.4 饱和黏土 CD 试验的强度包线

(a)正常固结土的强度包线;(b)超固结土的强度包线

排水剪在剪切过程中试样的体积保持不变,而排水剪在剪切过程中试样的体积一般要发生变化,两者是有差别的。如果黏土在进行排水剪切时体积膨胀,试验测得的剪应力一部分用于抵消剪切时体积膨胀所做的功,使 c_d、φ_d 分别略大于 c'、φ'。要使排水剪 c_d、φ_d 与固结不排水剪的 c'、φ'一致,必须对排水剪的体积膨胀进行修正。

4.3 土体强度影响因素

影响土的强度的因素很多,可以分为两大类:一类是土本身的因素,主要是其物质成分及状态;另一类是外界条件,主要是应力应变条件。前者可称为内因,后者可称为外因。

4.3.1 内部因素

影响土强度的内部因素又可以分为土的组成、状态和结构。其中土的组成是影响土的强度的最基本因素,包括土颗粒的矿物成分、颗粒的几何性质、土的组成、土的状态以及土的结构等。

(1) 矿物成分。不同矿物之间的黏聚强度不同。常见的黏土矿物有高岭土、伊利土和蒙脱土。蒙脱石矿物比表面积最大,颗粒间吸力最大,其黏聚强度最高;高岭石矿物比表面积最小,其黏聚强度相对最小。

(2) 颗粒的几何性质。当孔隙比相同及级配相似时,颗粒尺寸的大小对土强度的影响有两个方面。一方面,大尺寸颗粒具有较强的咬合能力,可增加土的剪胀,从而提高土体强度;另一方面,大尺寸颗粒在单位体积中颗粒间接触点相对较少,接触点上应力相对较大,因此颗粒更容易破碎,从而减少剪胀,降低土的强度。另外,在其他条件相同时,颗粒表面粗糙度增加将会增加土体的内摩擦角。

(3) 土的组成。土的级配对于土的抗剪强度也有较大影响。两种相对密度相同的砂,级配较好的砂孔隙比要小,咬合作用也比较强,因此摩擦强度大;对于级配良好的土,单位体积中颗粒接触点多,接触应力小,颗粒破碎少,剪胀量加大,所以抗剪强度高。

(4) 土的状态。对于砂土,其孔隙比或者相对密度可能是影响其强度的最重要因素。孔隙比小,或者相对密度大的砂土有较高的抗剪强度。

(5) 土的结构。土的结构对于土的抗剪强度有很大影响。有时对于某些黏性土,如区域性土或特殊土,可以说是土的结构控制着土的工程性质。此外,原状土的强度通常明显高于对应的重塑土或扰动土,也是土的结构对土体力学特性影响的表现。

4.3.2 外部因素

影响土强度的外部条件主要有应力、应变、时间、温度等因素。其中,应力条件是最基本的因素。它又包括围压或小主应力、中主应力、应力历史、应力方向和加载速率等。此外还应注意,试样的扰动、试验类型、试验仪器、试验资料的整理方法(如破坏取值标准的选择)等也会影响土的强度测试结果。

(1) 围压的影响

围压不仅影响土的应力应变关系,也影响土的峰值强度。图 4.5 所示为典型黏土在不同围压作用下的应力应变曲线。由图 4.5 可知,围压越大,三轴剪切试验得到的峰值强度越高。另外根据式(4-1)可知,围压越大,剪切面上的法向应力 σ_n 越大,因此其抗剪强度越大。

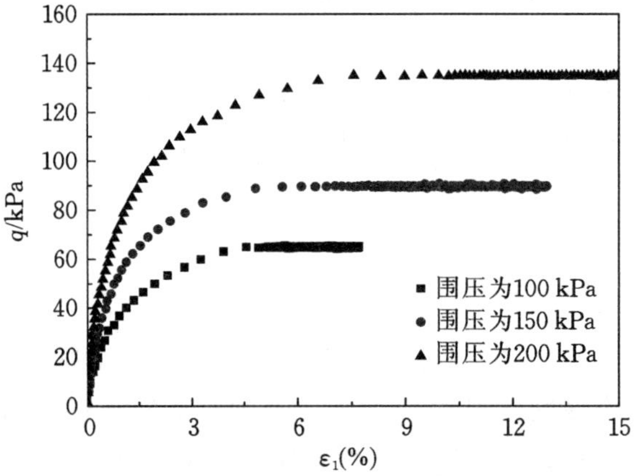

图 4.5　不同围压作用下黏土的强度特性

q—剪切应力;ε_1—主应力轴方向上的应变

(2) 加载速率的影响

加载速率对土体强度的影响较为复杂,可分为三类来讨论。一类是快速加载,表现为土的动力强度或瞬时强度问题;第二类是常规的加载速率,主要涉及排水对土体强度的影响;第三类是慢速加载,涉及土的流变强度与强度的时效性。

① 瞬时加载下土的动力强度。在冲击荷载作用下,土的强度一般有所提高。这可能与土的破坏需要一定能量有关。冲击荷载作用时间段,相比于持续加载所传递的能量少,因此测试得到的土体破坏强度增大。

② 土的蠕变强度。室内的强度试验，即使是排水剪切试验，一般均可在几小时或十几小时内完成。然而在极慢的加载速率时，某些土会在远低于常规强度试验下的峰值强度时发生破坏，有时甚至只有常规试验得到的峰值强度的 50%。土体在极低加载速率情况下的破坏称为蠕变破裂，此时得到的土的强度称为蠕变强度。尽管土的强度随加载速率的减小而减小，但它还是不会无限减小，而是存在一个极限值。

土的蠕变强度对研究岩土工程问题有重要意义。例如土坡的稳定问题，破坏可能从坡体的局部高应力区开始，向外逐步扩展其他土体，最后破坏土体连成平面（破坏面），整个土坡剪切破坏而发生滑坡。许多天然坡体的滑坡就是这样发生的。挡土结构物中的土压力也受蠕变强度的影响。如果墙相对于土体向外位移，则墙上的土压力逐渐减少，最终达到主动土压力。但位移停止后由于土中应力松弛，需要挡土墙承担更大的土压力，所以作用于墙上的土压力会逐渐增加，或者说是土的长期强度降低使主动土压力增加。例如在软黏土中开挖的基坑，如果基坑暴露时间过长，其支护结构可能会由于土的流变性而产生应力松弛，进而使其破坏。

③ 土的时效性——拟似超固结土。假设正常固结黏土在一定压力 p_0（如自重压力）下固结，当超静孔隙水压力完全消散时，主固结已经完成。此时土的状态对应于图 4.6 中的（e_0，p_0）点；e_0 和 p_0 分别为正常固结黏土当前的孔隙比和竖向压力。如果压力 p_0 长时间持续施加在土体上，由于土的流变性而发生的次固结会使土继续压缩变密，从而使黏土颗粒间进一步接近，从而使粒间力加强和胶结材料凝固。在有效应力长期作用下，次固结（流变）使正常固结黏土表现出类似超固结土的特性。如图 4.6 所示，（e_0'，p_0）点对应的是土体沉积 10000 年后的状态。不难发现，土体在这一万年的受荷历史中，历史上受到的最大应力为 p_0，由此土的先期固结压力 $p_c=p_0$。但是，对老黏土开展固结压缩试验，发现其 e-$\lg p$ 曲线转折处所对应的竖向压力远大于 p_0；如图 4.6 所示，测试得到的表观先期固结压力为 p_{cq}，且 $p_{cq}>p_c$。这种老的正常固结土有与超固结土相似的特性，被称为“拟似超固结土”。拟似超固结土具有超固结土的特性，所以其抗剪强度也明显高于正常固结土。

(3) 温度的影响

温度（加热）对土的影响是多方面的。已有研究表明：随着温度升高，土中结合水膜变薄，孔隙水黏滞性减小；随着温度升高，土体宏观渗透性提高，固结性状增加，固结系数增大；土的表观先期固结压力随温度升高而减小，并可用对数经验公式来描述。

温度主要是通过对饱和黏土孔隙比的作用而影响土的强度。在较高温度下，水的黏滞性变小，渗透系数增加，因此在高温下固结的饱和黏土的孔隙比减小。因而固结温度 T_c 越高，土的密度越高。但是在不排水情况下剪切时，较高的剪切温度可能产生较高超静孔隙水压力，减少土的有效应力，从而使土的抗剪强度下降。所以土体强度常常随剪切温度升高而下降。图 4.7 所示为高塑性的淤积黏土的固结不排水直剪试验结果；该土样含水率 $w=39.42\%$，竖向固结压力 $p=408$ kPa。由图 4.7 可知：随着固结温度 T_c 提高，在同样剪切温度 T_s 下试验得到的土的强度也越高；但在同样固结温度 T_c

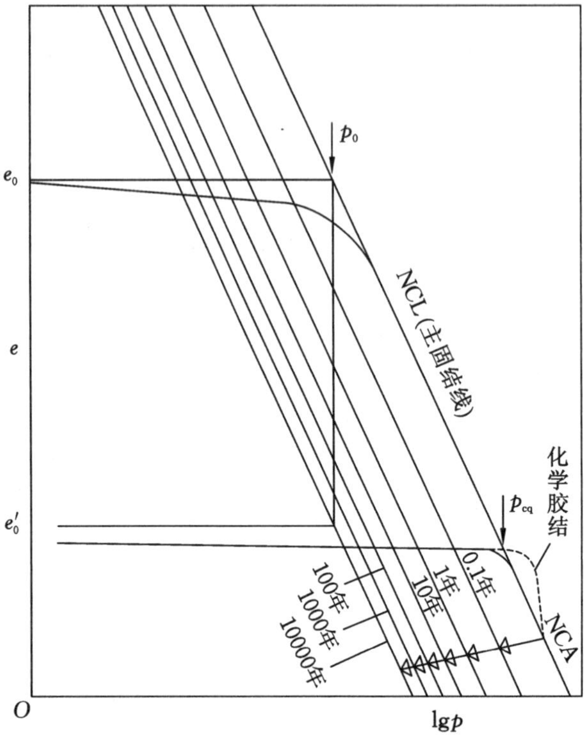

图 4.6　新老正常固结黏土的压缩特性

下固结的试样，剪切温度 T_s 越高，土的固结不排水剪切峰值强度越低。

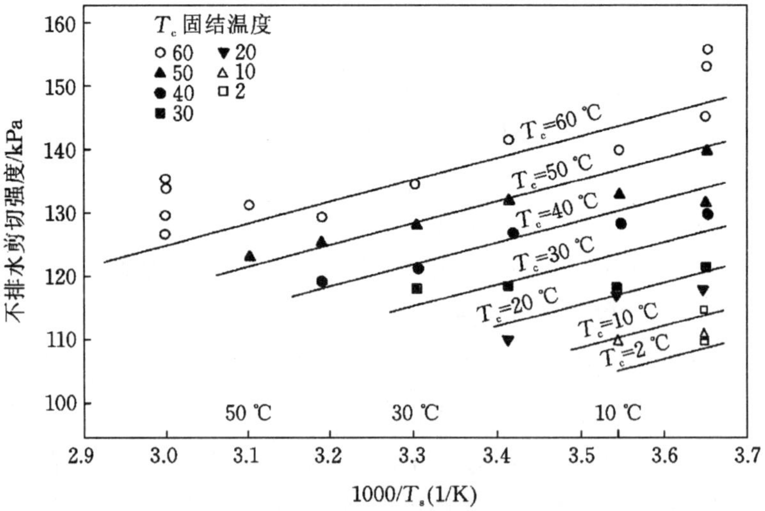

图 4.7　固结温度 T_c 和剪切温度 T_s 对黏土固结不排水抗剪强度的影响

注：热力学温度 T_s(K)与惯用的摄氏温度 T(℃)的关系是 $T_s=273.15+T$

图 4.8 所示为宁波典型软黏土的固结不排水温控三轴试验成果曲线。其中，图 4.8(a)为试样在不同温度条件下偏应力($\sigma_1-\sigma_3$)与轴向应变 ε_1 的关系曲线(围压为 100 kPa)。由图 4.8(a)可得：温度对试样剪切时的偏应力发展有较大的影响；土样温度越高，在相同轴向应变下剪切时试样产生的偏应力越大；应力-应变曲线呈剪切硬化特征。图 4.8(b)为不同围压(100 kPa、150 kPa、200 kPa)、不同温度条件(25 ℃、45 ℃、65 ℃)下得到的试验成果曲线。图 4.8(b)中 T 为温度，M_f 为 p'-q 面上临界状态线的斜率，它是温度的函数。由图 4.8(b)可得，温度对宁波典型软黏土的 M_f 值有一定的影响，即 M_f 值随着温度的升高而增大，其值与温度之间可以进行线性拟合。此外，也有试验表明：随着温度的逐渐升高，软黏土的不排水抗剪强度、黏聚力 c 和内摩擦角 φ 值都呈减小趋势，且表现为强度上的热软化现象；软黏土抗剪强度的温度效应与试样所受的围压有一定的关系；围压越大，其温度效应越明显。因此，有必要对软土的温度效应开展进一步细致研究。

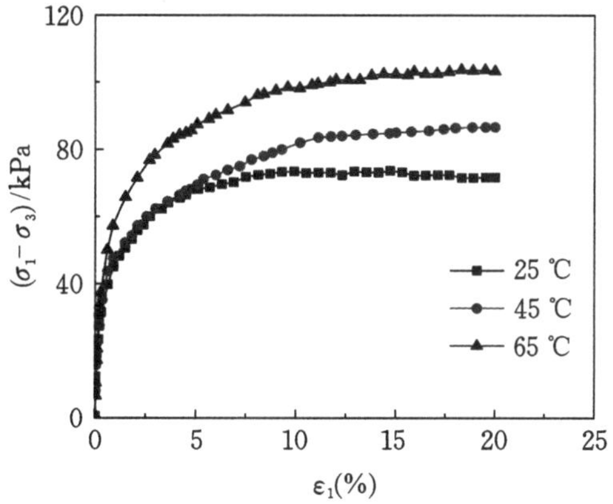

(a)

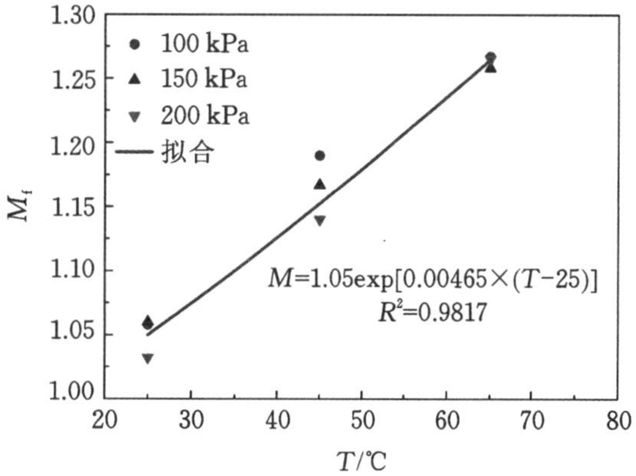

(b)

图 4.8 温度对宁波典型软土黏土强度的影响

4.4 土的强度理论

材料的强度是指当材料破坏时的应力状态。定义破坏的方法是破坏准则。基于应力状态的复杂性，破坏准则常常是应力状态的组合。强度理论是揭示土的破坏机理的理论，它也以一定的应力状态的组合来表示。

强度理论研究对变形本构理论的发展具有重大意义，因为强度准则通常是应力或应变空间中的极限面，从极限面可以蜕化出相应的屈服面，而屈服面方程是建立弹塑性本构方程所必需的。到目前为止，学者们已经提出了许多强度理论。本节从强度条件、经典强度理论和广义强度理论三部分来简述强度理论基础。

4.4.1 强度条件

强度理论或破坏准则涉及材料破坏机理说明、数学模型建立和模型参数规律性研究。其中数学模型通常被称为强度条件或破坏条件。常用的强度条件可分为两种形式。

(1) 第一种形式

根据弹塑性力学，应力张量的第一、第二、第三不变量 I_1、I_2、I_3 与主应力 σ_1、σ_2、σ_3 之间具有如下关系：

$$\left.\begin{aligned} I_1 &= \sigma_1+\sigma_2+\sigma_3=3\sigma_m \\ I_2 &= \sigma_1\sigma_2+\sigma_2\sigma_3+\sigma_3\sigma_1 \\ I_3 &= \sigma_1\sigma_2\sigma_3 \end{aligned}\right\} \tag{4-3}$$

式中　σ_m——平均应力，或称为静水应力。

此外还可以推导出偏应力张量的三个不变量 J_1、J_2、J_3 与主应力间的关系。其中，(σ_1，σ_2，σ_3)、(I_1，I_2，I_3)和(J_1，J_2，J_3)这三组量是相互确定的，都可以表示一点的应力状态。这样，土的强度条件可写为：

$$f_f(I_1, I_2, I_3, k_f)=0 \tag{4-4}$$

或

$$f_f(J_1, J_2, J_3, k_f)=0 \tag{4-5}$$

式中　k_f——与破坏状态有关的量，不同的强度理论可有不同的表达式，下标“f”表示破坏状态，下同。

(2) 第二种形式

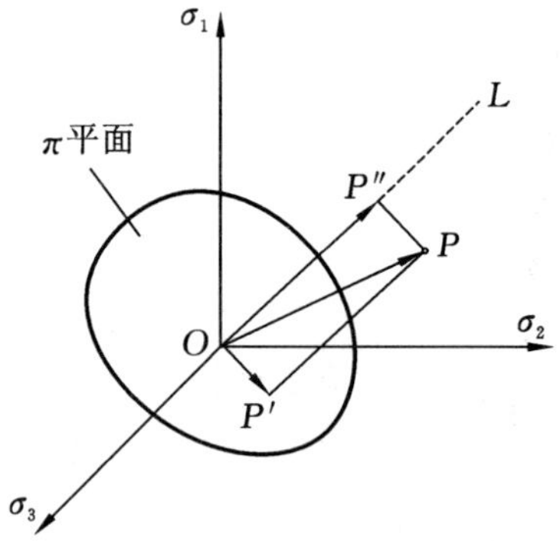

图 4.9　应力矢量

在主应力空间中(图 4.9)，等倾线或空间对角线 L 与 3 个坐标轴等倾。空间对角线 L 上的 3 个主应力都相等，故又称为等压线。与等压线相正交的平面称为偏平面，其方程为：

$$\sigma_1+\sigma_2+\sigma_3=\sqrt{3}r \tag{4-6}$$

式中　r——偏平面到坐标原点的距离。

通过坐标原点的偏平面称为 π 平面，其方程为：

$$\sigma_1+\sigma_2+\sigma_3=0 \tag{4-7}$$

设主应力空间任意一点 $P(\sigma_1, \sigma_2, \sigma_3)$ 的应力矢量 $\boldsymbol{OP}$(图 4.9)。OP 在等倾线上的分量 $\boldsymbol{OP''}$ 为静水应力分量，其大小为：

$$|\boldsymbol{OP''}|=\frac{1}{\sqrt{3}}(\sigma_1+\sigma_2+\sigma_3) \tag{4-8}$$

OP 在 π 平面上的分量 $\boldsymbol{OP'}$ 为应力偏量分量，其大小为：

$$|\boldsymbol{OP'}|=\sqrt{|\boldsymbol{OP}|^2-|\boldsymbol{OP''}|^2}=\sqrt{2}\sqrt{J_2} \tag{4-9}$$

其中

$$J_2=\frac{1}{6}[(\sigma_1-\sigma_2)^2+(\sigma_2-\sigma_3)^2+(\sigma_3-\sigma_1)^2] \tag{4-10}$$

应力矢量在 π 平面上的投影与 σ_2 轴之垂线间的夹角(即罗德角 θ_σ),可用来表示偏应力的方向。这样,组合(I_1、J_2、θ_σ)或(σ_m、J_2、θ_σ)也能表示一点的应力状态。其中,应力状态的静水应力分量和应力偏量分量之大小分别由 σ_m 和 J_2 确定。据此,土体破坏条件可写成:

$$f_f(I_1,J_2,\theta_\sigma,k_f)=0 \tag{4-11}$$

或

$$f_f(\sigma_m,J_2,\theta_\sigma,k_f)=0 \tag{4-12}$$

在土力学中,常用平均主应力 p 表示应力水平大小,用广义剪应力 q 反映偏应力大小或受剪切程度。这样,采用应力组合(p,q,θ_σ)表示一点的应力状态。由此,破坏条件可写成:

$$f_f(p,q,\theta_\sigma,k_f)=0 \tag{4-13}$$

4.4.2 经典强度理论

经典强度理论或破坏准则是针对金属材料建立起来的,而且假设抗拉强度等于抗压强度。对于土来说,土颗粒间具有摩擦,且土体拉压强度相差悬殊。因此,土的经典强度理论需要在金属材料经典强度理论基础之上改进得到。下文介绍应用较为广泛的 Tresca 破坏准则和 Mises 破坏准则。

(1) Tresca 破坏准则

Tresca 准则是 Tresca 于 1864 年提出的最大剪应力理论,该理论假设材料破坏取决于最大剪应力。也就是说,当最大剪应力达到一定值时材料就破坏,即:

$$\tau_{max}=\frac{\sigma_1-\sigma_3}{2}=k_f \tag{4-14}$$

当材料的单轴抗拉强度等于单轴抗压强度且强度值为 R 时,$k_f=R/2$。所以有:

$$\sigma_1-\sigma_3=R=2k_f \tag{4-15}$$

或

$$|\sigma_1-\sigma_2|=R \tag{4-16a}$$

$$|\sigma_2-\sigma_3|=R \tag{4-16b}$$

$$|\sigma_3-\sigma_1|=R \tag{4-16c}$$

在应力空间中,式(4-16a)表示 2 个平行于 σ_3 轴和空间对角线 L 的平面。同理,式(4-16b)表示 2 个平行于 σ_2 轴和等倾线的平面;式(4-16c)表示 2 个平行于 σ_1 轴和等倾线的平面。由这 6 个平面组成的破坏面是一个以等倾线为轴线的正六棱柱面,破坏面与 π 平面的交线(即破坏曲线)是一个正六边形,如图 4.10 所示。

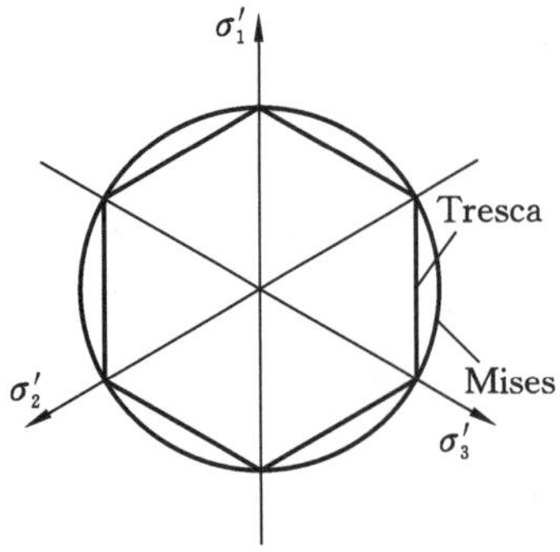

图 4.10　破坏曲线

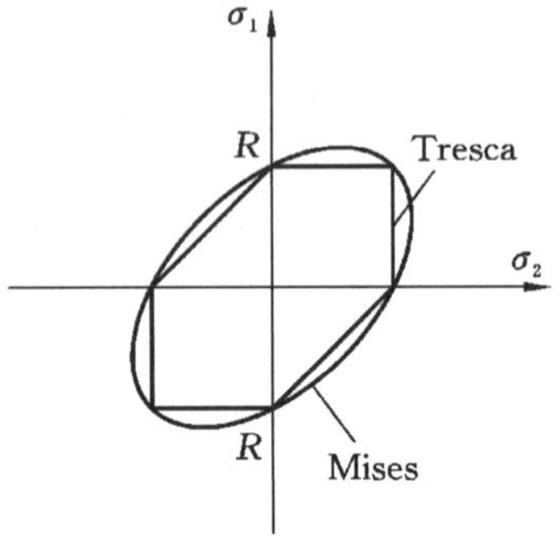

图 4.11　平面问题

在平面应力状态下，有一个主应力为零。若令 $\sigma_3=0$，则 Tresca 准则变为：

$$|\sigma_1-\sigma_2|=R \text{ 或 } |\sigma_2|=R \text{ 或 } |\sigma_1|=R \tag{4-17}$$

以 σ_1、σ_2 为坐标轴建立直角坐标系，则在此坐标系中 Tresca 准则对应于斜六角形，如图 4.11 所示。

Tresca 准则只考虑了一个主剪应力，故也称为单剪应力强度理论。该理论的优点在于当主应力大小顺序已知时，表达式简单，使用起来非常方便。但当不知道主应力大小顺序时，表达式过于复杂。此外，这个理论没有考虑中间主应力的影响，也不能考虑材料的摩擦性质。

(2) Mises 破坏准则

考虑到 Tresca 破坏准则的不足，Mises 于 1913 年提出了以外接圆柱面代替六棱柱面的想法。圆的方程为：

$$r^2=2R^2/3 \tag{4-18}$$

其中 r 为应力偏量的大小，即：

$$r=\sqrt{\sigma_1^2+\sigma_2^2+\sigma_3^2-\frac{1}{3}(\sigma_1+\sigma_2+\sigma_3)^2}=\sqrt{2}\sqrt{J_2} \tag{4-19}$$

于是得到 Mises 准则

$$J_2=R^2/3=k_f^2 \tag{4-20}$$

结合式(4-10)，上式可表达为：

$$(\sigma_1-\sigma_2)^2+(\sigma_2-\sigma_3)^2+(\sigma_3-\sigma_1)^2=2R^2 \tag{4-21}$$

显然，Mises 准则的破坏曲线，即圆柱形破坏面与 π 平面的交线，是半径为 $\sqrt{2/3}R$ 的圆（称为 Mises 圆），如图 4.10 所示。

Mises 强度理论考虑了一点的三个主剪应力，故称为三剪应力强度理论。该理论虽然考虑了中主应力影响，但三个主应力对强度破坏的影响视为相同的，这与土的强度试验结果不相符。研究表明，对土的破坏起主要作用的是大小主应力，中主应力起次要作用。也就是说，土的破坏准则既不能像 Tresca 准则那样完全忽视中主应力的影响，也不能像 Mises 准则那样把三个主应力对破坏的影响等同。

4.4.3 广义强度理论

在经典强度理论中，假定破坏或强度极限与 $I_1=3\sigma_m$ 无关，故破坏面是以空间对角线 L 为轴的柱面；而土的强度与 I_1 有关，破坏面是以 L 为轴的锥面，所以经典理论通常是不适用的。以下介绍两个常用的广义强度理论。

(1) Mohr-Coulomb 破坏准则

在土力学中，应用最广泛的破坏准则是 Mohr-Coulomb 准则，简称 M-C 准则。该理论认为，如果土单元的某个面上剪应力达到该面的抗剪强度，则该点破坏，其数学表达式见公式(4-1)。

根据莫尔-库仑强度理论，当抗剪强度参数一定时，土层中任意一点的破坏与否将取决于该点的应力状态。Mohr-Coulomb 准则不考虑中主应力的影响，所以其应力状态由最大主应力 σ_1 和最小主应力 σ_3 确定。过该点任一截面上的应力可用 Mohr 圆表示，如图 4.12 所示。当 Mohr 圆与抗剪强度线相切时，切点代表的截面上之剪应力等于抗剪强度。此时有：

$$\sin\varphi=\frac{\sigma_1-\sigma_3}{\sigma_1+\sigma_3+2c\cot\varphi} \tag{4-22}$$

或

$$\sigma_1=\sigma_3\tan^2\left(45^\circ+\frac{\varphi}{2}\right)+2c\tan\left(45^\circ+\frac{\varphi}{2}\right) \tag{4-23}$$

或

$$\frac{\sigma_1-\sigma_3}{2}=c\cos\varphi+\frac{\sigma_1+\sigma_3}{2}\sin\varphi \tag{4-24}$$

基于第二种形式的强度条件，上式可写为：

$$f_f=\frac{1}{3}I_1\sin\varphi-\left(\cos\theta_\sigma+\frac{\sin\theta_\sigma\sin\varphi}{\sqrt{3}}\right)\sqrt{J_2}+c\cos\varphi \tag{4-25}$$

在 π 平面上，M-C 破坏曲线为不等角六边形。在主应力空间，由于土的强度随静水压力的增大而提高，M-C 破坏曲面为一不等角的六棱锥面，其中心线与空间对角线 L 重合，如图 4.13 所示。

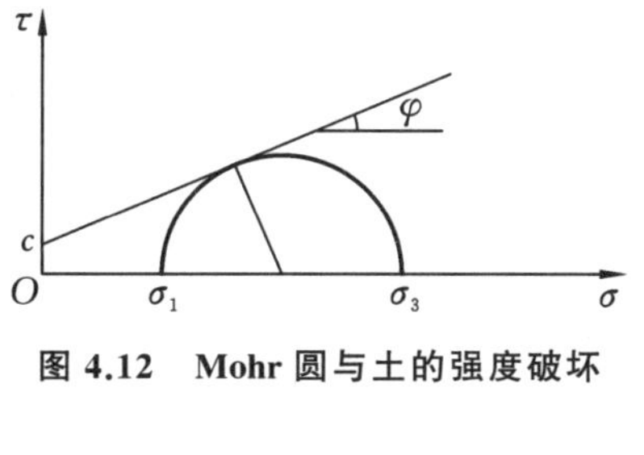

图 4.12 Mohr 圆与土的强度破坏

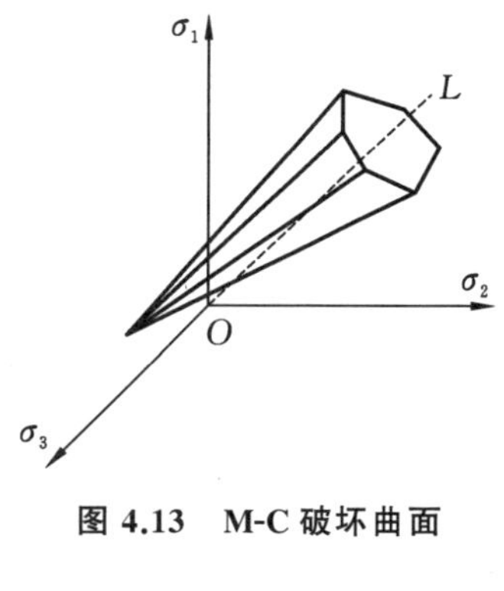

图 4.13 M-C 破坏曲面

根据上面的分析可知，M-C 强度理论的优点在于考虑了静水压力对强度的影响。它的最大缺陷是没有考虑中间主应力的影响。当 $\varphi=0$ 时，M-C 准则退化为 Tresca 准则。

（2）广义 Mises 破坏准则

M-C 准则是比较可靠的，但作为屈服面时其尖顶和棱角使计算复杂、收敛缓慢。为此，人们提出了许多可供选择的改进方案。1952 年，Drucker 和 Prager 在 Mises 准则的基础上考虑静水压力的影响，提出 Mises 准则的推广形式：

$$f_f=aI_1-\sqrt{J_2}+k_f=0 \tag{4-26}$$

根据平面应变条件下的应力和 M-C 破坏条件，他们推导出式中的参数为：

$$a=\frac{\sin\varphi}{\sqrt{3}\sqrt{3+\sin^2\varphi}},k_f=\frac{3c\cos\varphi}{\sqrt{3}\sqrt{3+\sin^2\varphi}} \tag{4-27}$$

可以证明，当取上述参数时，式(4-26)在主应力空间为 M-C 六边形锥体的内切圆锥；在 π 平面上为 M-C 破坏曲线（不等角六边形）的内切圆，如图 4.14 所示。

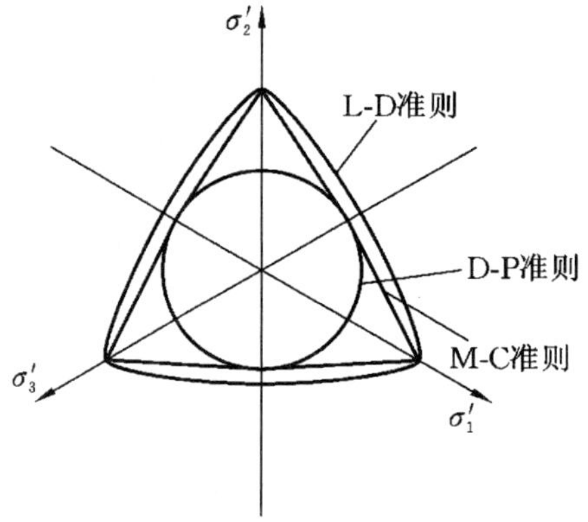

图 4.14　D-P 准则破坏曲线

通常，将式(4-26)和式(4-27)所描述的广义 Mises 准则称为 Drucker-Prager 破坏准则，简称 D-P 准则。根据上面的说明，D-P 准则可视为对 M-C 准则的拟合。这种拟合可以采取多种方式。例如：在 M-C 准则式(4-25)中令 $\theta_\sigma=\pi/6$，等于采用 M-C 锥体的内角圆锥，此时：

$$a=\frac{2\sin\varphi}{\sqrt{3}(3+\sin\varphi)},\quad k_f=\frac{6c\cos\varphi}{\sqrt{3}(3+\sin\varphi)} \tag{4-28}$$

若令 $\theta_\sigma=-\pi/6$，等于采用 M-C 锥体的外角圆锥，此时：

$$a=\frac{2\sin\varphi}{\sqrt{3}(3-\sin\varphi)},\quad k=\frac{6c\cos\varphi}{\sqrt{3}(3-\sin\varphi)} \tag{4-29}$$

D-P 准则考虑了中间主应力和静水压力对剪切屈服或剪切强度的影响，但没有考虑抗拉压强度的不同。此外，将其用作屈服准则时，不能考虑静水压力下的体积屈服。

参考文献

[1] 殷宗泽. 土工原理[M]. 北京：中国水利水电出版社，2007.

[2] 龚晓南. 高等土力学[M]. 杭州：浙江大学出版社，1996.

[3] 沈珠江. 理论土力学[M]. 北京：中国水利水电出版社，2000.

[4] 李广信. 高等土力学[M]. 2 版. 北京：清华大学出版社，2016.

[5] 中华人民共和国住房和城乡建设部. 桩基地热能利用技术标准：JGJ/T 438—2018[S]. 北京：中国建筑工业出版社，2018.

[6] 陶海冰. 热流固作用下软土静动力学特性及应用[D]. 杭州：浙江大学，2015.

[7] 王宽君. 软土性状的温度效应[D]. 杭州：浙江大学，2017.

5 土的本构关系

土的本构关系(Constitutive relationship)是反映土体的力学性状的数学表达式,表示形式一般为应力-应变-强度-时间的关系,也称为本构定律(Constitutive law)、本构方程(Constitutive equation),或者本构关系数学模型(Mathematical model)。本构关系数学模型常简称为本构模型。

本构模型的建立,可以从宏观和微观两个方面考虑。前者是建立在宏观现象学基础上的,而后者则是从土的微观结构角度来建立的。通过微观结构的研究,使得众多微观结构研究成果与其宏观力学性状产生定量意义上的联系,对解释宏观力学现象具有重要意义。目前,各国学者已建立了数百个土的本构模型,其中宏观模型包括线弹性模型、非线性弹性模型、弹塑性模型和考虑时间因素的黏弹塑性模型等;微观模型包括重叠片和微滑面模型以及颗粒模拟模型。本章主要介绍几类常用的本构模型。

5.1 线弹性本构模型

模拟土的应力-应变性质的最简单和最古老的方法是采用各向同性的线弹性理论,同时它也是研究土体非线性、弹塑性等应力-应变性质的基础。在弹性研究的范围内,线弹性本构关系因为具有易于理解、应用简便等优点,得到了广泛应用。在土的线弹性本构关系中,广义胡克(Hooke)定律应用最广,具体表示如下:

$$\left.\begin{aligned}\varepsilon_x&=\frac{1}{E}[\sigma_x-\nu(\sigma_y+\sigma_z)],\quad \gamma_{yz}=\frac{\tau_{yz}}{G}\\ \varepsilon_y&=\frac{1}{E}[\sigma_y-\nu(\sigma_x+\sigma_z)],\quad \gamma_{xz}=\frac{\tau_{xz}}{G}\\ \varepsilon_z&=\frac{1}{E}[\sigma_z-\nu(\sigma_x+\sigma_y)],\quad \gamma_{xy}=\frac{\tau_{xy}}{G}\end{aligned}\right\}\tag{5-1}$$

式中 E——弹性模量;

ν——泊松比;

G——剪切模量,$G=E/[2(1+\nu)]$;

$\sigma_x,\sigma_y,\sigma_z$——过土中一点微小立方体 6 个面上的法向应力或正应力分量;

$\tau_{xy},\tau_{xz},\tau_{yz}$——过土中一点微小立方体 6 个面上的剪应力分量,由于剪应力成对,即 $\tau_{xy}=\tau_{yx}$,$\tau_{yz}=\tau_{zy}$,$\tau_{xz}=\tau_{zx}$,故只有这 3 个独立的剪应力分量;

$\varepsilon_x,\varepsilon_y,\varepsilon_z$——过土中一点微小立方体6个面上的法向应变或正应变分量；

$\gamma_{xy},\gamma_{yz},\gamma_{xz}$——过土中一点微小立方体6个面上的工程剪应变分量，由于剪应变成对，即$\gamma_{xy}=\gamma_{yx},\gamma_{yz}=\gamma_{zy},\gamma_{xz}=\gamma_{zx}$，故只有这3个独立的剪应力分量。

基于广义胡克定律的土的线弹性本构模型，以其形式简单、参数少、物理意义明确等优点，在岩土工程领域中广泛应用。土的线弹性本构模型适用范围包括：①计算地基中的垂直附加应力分布；②计算地基土在加荷不排水条件下的位移和沉降；③计算基坑开挖时在不排水条件下的侧向压力与侧向位移；④当土中应力明显低于土的破坏强度时，可以用弹性模型来计算应力分布与地基的沉降。

需要指出，要恰当地选择弹性模量并非易事，它需要工程技术人员有丰富的经验。而且，由于实际土体几乎不存在线弹性特性，因此严格来讲，线弹性模型并不适合于土体的变形分析。从土体本构模型的发展历史来看，在土体非线性本构模型还不够完善时，线弹性模型对分析和解决岩土工程问题起过一定的作用，为工程界积累了大量相关经验。同时，因为线弹性模型是最简单的土体本构模型，所以它也是建立其他土体本构模型的基础。由不同材料常数可形成分段线弹性模型，用它可以近似地表示各种材料非线性应力-应变关系。正因为线弹性模型是最简单的材料本构模型，所以它是形成各种非线性弹性模型的基础。

5.2 非线性弹性本构模型

土的线性弹性变形，只在加荷的初期才可以认为近似地存在，随着应力的增加，通常线性弹性规律就不再存在了，弹性参数也会随应力状态的变化而变化。此时可以用非线性弹性模型来描述土体的应力应变关系。

建立非线性弹性模型有两个主要途径：理论分析和试验拟合。理论上可分为三类：柯西(Cauchy)弹性模型、超弹性(hyperelastic)模型或格林(Green)超弹性模型，以及次弹性(hypoelastic)模型。为了真实反映土体的非线性弹性性质，除了用连续介质力学的观点从理论上建模，另一重要途径就是试验拟合。试验拟合的基本方法是根据土体的应力应变试验曲线，用合适的数学公式来拟合这些曲线，并导出土体的弹性系数与相应应力状态的关系，即用弹性系数的连续变化来逼近真实的试验曲线，进而建立起不同形式的非线性弹性模型。其中，最具代表性的是邓肯-张(Duncan-Chang)双曲线模型。

5.2.1 一般表达式

非线性弹性模型是以广义胡克定律为基础的，只是包含在模型中的弹性常数E及ν不再为常量，而是看作随应力状态改变而改变的变量。在非线性弹性模型中，土体中一点$M(x,y,z)$的应力状态$\boldsymbol{\sigma}$可以用通过该点的微小立方体的应力分量表示，由于立方体6个面上作用9个应力分量，可以表示为：

$$\boldsymbol{\sigma}=\begin{bmatrix}\sigma_x & \tau_{xy} & \tau_{xz}\\ \tau_{yx} & \sigma_y & \tau_{yz}\\ \tau_{zx} & \tau_{zy} & \sigma_z\end{bmatrix}=\begin{bmatrix}\sigma_{11} & \sigma_{12} & \sigma_{13}\\ \sigma_{21} & \sigma_{22} & \sigma_{23}\\ \sigma_{31} & \sigma_{32} & \sigma_{33}\end{bmatrix} \tag{5-2}$$

上式表明 $\boldsymbol{\sigma}$ 是一个二阶对称张量，可以表示为 σ_{ij}。剪应力互等，因此只有 6 个分量是独立的，也可以用这 6 个应力分量的列矩阵(或一个六维向量)表示一点的应力状态。

$$\boldsymbol{\sigma}=\begin{bmatrix}\sigma_x\\ \sigma_y\\ \sigma_z\\ \tau_{xy}\\ \tau_{yz}\\ \tau_{zx}\end{bmatrix}=[\sigma_x \quad \sigma_y \quad \sigma_z \quad \tau_{xy} \quad \tau_{yz} \quad \tau_{zx}]^{\mathrm{T}} \tag{5-3}$$

如果坐标系的选择正好使微立方体三对面上作用主应力、剪应力都为零，则一点的应力状态可以用三个主应力(σ_1，σ_2，σ_3)来表示，分别称为大主应力、中主应力和小主应力。与应力一样，土中一点的应变状态 ε 可以用一个二阶张量 ε_{ij}(即应变张量)来表示：

$$\boldsymbol{\varepsilon}=\begin{bmatrix}\varepsilon_x & \varepsilon_{xy} & \varepsilon_{xz}\\ \varepsilon_{yx} & \varepsilon_y & \varepsilon_{yz}\\ \varepsilon_{zx} & \varepsilon_{zy} & \varepsilon_z\end{bmatrix}=\begin{bmatrix}\varepsilon_x & \frac{1}{2}\gamma_{xy} & \frac{1}{2}\gamma_{xz}\\ \frac{1}{2}\gamma_{yx} & \varepsilon_y & \frac{1}{2}\gamma_{yz}\\ \frac{1}{2}\gamma_{zx} & \frac{1}{2}\gamma_{zy} & \varepsilon_z\end{bmatrix} \tag{5-4}$$

式中　ε_{xz}，ε_{yx}，ε_{zy}——过土中一点微小立方体 6 个面上的张量应变分量，由于张量应变成对，即 $\varepsilon_{xy}=\varepsilon_{yx}$，$\varepsilon_{xz}=\varepsilon_{zx}$，$\varepsilon_{zy}=\varepsilon_{yz}$，故只有这 3 个独立的张量应变分量。

由公式(5-4)可知，工程剪应变与张量应变差 1/2 系数，亦即 $\varepsilon_{xy}=\frac{1}{2}\gamma_{xy}$，$\varepsilon_{yz}=\frac{1}{2}\gamma_{yz}$，$\varepsilon_{zx}=\frac{1}{2}\gamma_{zx}$。由于应变张量的对称性，$\boldsymbol{\varepsilon}$ 有 6 个独立分量，也可以用列矩阵或一个六维向量表示：

$$\boldsymbol{\varepsilon}=\begin{bmatrix}\varepsilon_x\\ \varepsilon_y\\ \varepsilon_z\\ \gamma_{xy}\\ \gamma_{yz}\\ \gamma_{zx}\end{bmatrix}=[\varepsilon_x \quad \varepsilon_y \quad \varepsilon_z \quad \gamma_{xy} \quad \gamma_{yz} \quad \gamma_{zx}]^{\mathrm{T}} \tag{5-5}$$

如果坐标系的选择正好使微立方体三对面上仅有主应变、剪应变都为零，则一点的变状态可以用三个主应变(ε_1，ε_2，ε_3)来表示。依据增量广义胡克定律，若施加微小的应力增量 $\Delta\boldsymbol{\sigma}$(或 $\mathrm{d}\boldsymbol{\sigma}$)，则可用该应力状态下的弹性常数形成刚度矩阵 $\boldsymbol{D}$ 或者其逆矩阵 $\boldsymbol{C}$ 来计算相应的应变增量 $\Delta\boldsymbol{\varepsilon}$（或 $\mathrm{d}\boldsymbol{\varepsilon}$），即有：

$$\Delta\boldsymbol{\sigma}=\boldsymbol{D}\Delta\boldsymbol{\varepsilon} \tag{5-6}$$

$$\Delta\boldsymbol{\varepsilon}=\boldsymbol{C}\Delta\boldsymbol{\sigma} \tag{5-7}$$

式中 $\boldsymbol{D}$——增量形式的刚度矩阵；

$\boldsymbol{C}$——刚度矩阵的逆矩阵，又称柔度矩阵。

其中：

$$\boldsymbol{C}=\frac{1}{E}\begin{bmatrix} 1 & -\nu & -\nu & 0 & 0 & 0 \\ -\nu & 1 & -\nu & 0 & 0 & 0 \\ -\nu & -\nu & 1 & 0 & 0 & 0 \\ 0 & 0 & 0 & 2(1+\nu) & 0 & 0 \\ 0 & 0 & 0 & 0 & 2(1+\nu) & 0 \\ 0 & 0 & 0 & 0 & 0 & 2(1+\nu) \end{bmatrix} \tag{5-8}$$

式中 E——弹性模量；

ν——泊松比。

在过一点的斜截面上，若只有法向应力而无剪应力，则这个斜截面就是主应力面，一点的应力状态可以用三个主应力（σ_1，σ_2，σ_3）来表示。土体常规三轴试验中，是在保持围压 σ_3（小主应力）不变的情况下，在竖轴向（竖直方向）施加主应力差（$\sigma_1-\sigma_3$）直至土样发生剪切破坏。由于只在竖向施加应力增量，而其他方向无应力增量，因此可根据常规三轴试验确定增量广义胡克定律中的弹性常数。由增量广义胡克定律，如果只沿某一方向（如 z 方向）给土体施加应力增量 $\Delta\sigma_z$，而保持其他方向应力不变，或者说应力增量为零，可得：

$$\Delta\varepsilon_z=\frac{\Delta\sigma_z}{E},\quad \Delta\varepsilon_x=-\nu\frac{\Delta\sigma_z}{E} \tag{5-9}$$

式中 $\Delta\sigma_z$——沿 z 方向给土体施加的应力增量；

$\Delta\varepsilon_z$——土体中沿 z 方向的应变增量；

$\Delta\varepsilon_x$——岩土体中沿 x 方向的应变增量。

由公式（5-7）可得：

$$E=\frac{\Delta\sigma_z}{\Delta\varepsilon_z},\quad \nu=-\frac{\Delta\varepsilon_x}{\Delta\varepsilon_z} \tag{5-10}$$

5.2.2 邓肯-张（Duncan-Chang）模型

邓肯-张（Duncan-Chang）模型是以增量广义胡克定律为基础，假定模型中的参数（弹性模量 E、泊松比 v）是应力状态的函数，与应力路径无关，利用土体常规三轴试验得到的应力-应变曲线建立的双曲线型模型。

邓肯等人根据康纳(Kondner)在1963年的研究，将常规三轴压缩试验获得的土体主应力差 $\sigma_1-\sigma_3$ 与轴向应变 ε_a 用双曲线方程来表示[图5.1(a)]：

$$\sigma_1-\sigma_3=\frac{\varepsilon_a}{a+b\varepsilon_a} \tag{5-11}$$

式中　a,b——试验常数；

$\sigma_1-\sigma_3$——三轴压缩试验施加的主应力差，又称偏差应力；

ε_a——三轴压缩试验测定的轴向应变，$\varepsilon_a=\varepsilon_1$。

式(5-11)可改写成：

$$\varepsilon_a/(\sigma_1-\sigma_3)=a+b\varepsilon_a \tag{5-12}$$

若以 ε_a 为横坐标，$\varepsilon_a/(\sigma_1-\sigma_3)$ 为纵坐标建立新的坐标系，则二者近似呈线性关系，如图5.1(b)所示。可以看出，a 为直线截距，b 为直线斜率。

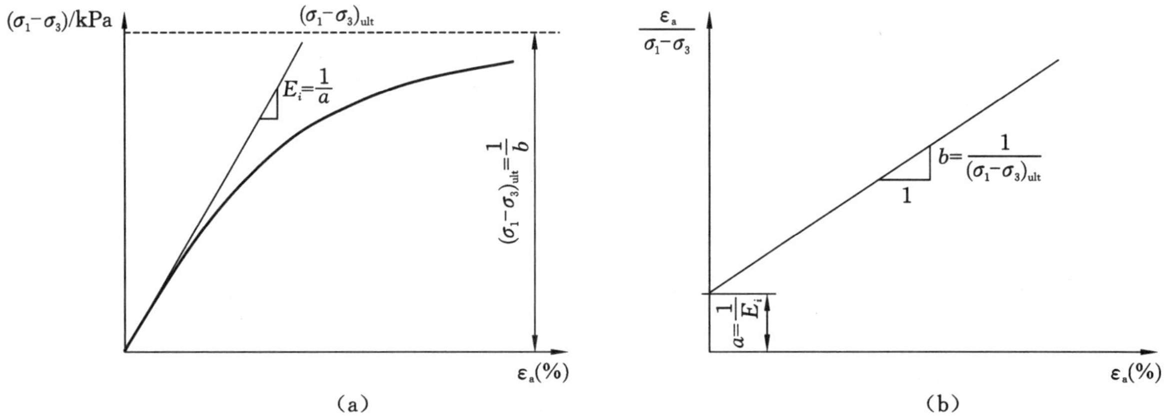

图5.1　土的应力应变双曲线关系

(a)$(\sigma_1-\sigma_3)$-ε_a 双曲线；(b)$\varepsilon_a/(\sigma_1-\sigma_3)$-$\varepsilon_a$ 线性关系

邓肯(Duncan J. M.)和张(Chang C. M.)根据上述关系推导了弹性模量的公式，由于在常规三轴压缩试验中，施加的围压保持不变，$d\sigma_2=d\sigma_3=0$，结合公式(5-11)，可得增量的弹性模量 E_t：

$$E_t=\frac{d(\sigma_1-\sigma_3)}{d\varepsilon_a}=\frac{a}{(a+b\varepsilon_a)^2} \tag{5-13}$$

式中　E_t——切线变形模量。

在试验中的起始点，$\varepsilon_a=0$，$E_t=E_i$，则：

$$E_i=\frac{1}{a} \tag{5-14}$$

式中　E_i——初始变形模量。

这表明 a 代表的是三轴试验中的初始变形模量 E_i 的倒数。由公式(5-13)可得，当 $\varepsilon_a \to \infty$ 时，有：

$$(\sigma_1-\sigma_3)_{ult}=\frac{1}{b} \tag{5-15}$$

这表明 b 代表的是双曲线的渐近线所对应的极限偏差应力 $(\sigma_1-\sigma_3)_{ult}$ 的倒数。由公式(5-11)可得，

$$\varepsilon_a=\frac{a}{\dfrac{1}{\sigma_1-\sigma_3}-b} \tag{5-16}$$

式中 a——三轴试验中的初始变形模量 E_i 的倒数；

b——双曲线的渐近线对应的极限偏差应力 $(\sigma_1-\sigma_3)_{ult}$ 的倒数。

将式(5-16)代入式(5-13)可得：

$$E_t=\frac{1}{a}[1-b(\sigma_1-\sigma_3)]^2 \tag{5-17}$$

需要指出，在试验中，ε_a 不可能趋于无限大。根据《土工试验方法标准》(GB/T 50123—2019)可知，可取应力-应变关系中的峰值偏应力，或者无峰值时，取一定的轴向应变值(如 $\varepsilon_a=15\%$)对应的偏应力作为破坏时的偏应力，表示为 $(\sigma_1-\sigma_3)_f$。可以看出，$(\sigma_1-\sigma_3)_f<(\sigma_1-\sigma_3)_{ult}$。定义破坏比 R_f 为：

$$R_f=\frac{(\sigma_1-\sigma_3)_f}{(\sigma_1-\sigma_3)_{ult}} \tag{5-18}$$

式中 R_f——破坏比；

$(\sigma_1-\sigma_3)_f$——土的试样破坏时的偏差应力；

$(\sigma_1-\sigma_3)_{ult}$——双曲线的渐近线对应的极限偏差应力。

将式(5-18)代入式(5-15)，可得：

$$b=\frac{1}{(\sigma_1-\sigma_3)_{ult}}=\frac{R_f}{(\sigma_1-\sigma_3)_f} \tag{5-19}$$

将式(5-14)和式(5-19)代入式(5-17)，可得：

$$E_t=\left[1-R_f\frac{(\sigma_1-\sigma_3)}{(\sigma_1-\sigma_3)_f}\right]^2E_i=(1-R_fs)^2E_i \tag{5-20}$$

上式中，定义应力水平为 $s=(\sigma_1-\sigma_3)/(\sigma_1-\sigma_3)_f$。

已有研究表明：三轴试验的初始变形模量 E_i 与围压 σ_3 有关，在双对数坐标下(图 5.2)，$\lg(E_i/p_a)$ 与 $\lg(\sigma_3/p_a)$ 的关系近似呈直线关系。p_a 为大气压力，引入它是为了使纵横坐标无量纲化，直线斜率为 n，直线截距为 $\lg K$，由此可得：

$$\frac{E_i}{p_a}=K\cdot\left(\frac{\sigma_3}{p_a}\right)^n \tag{5-21}$$

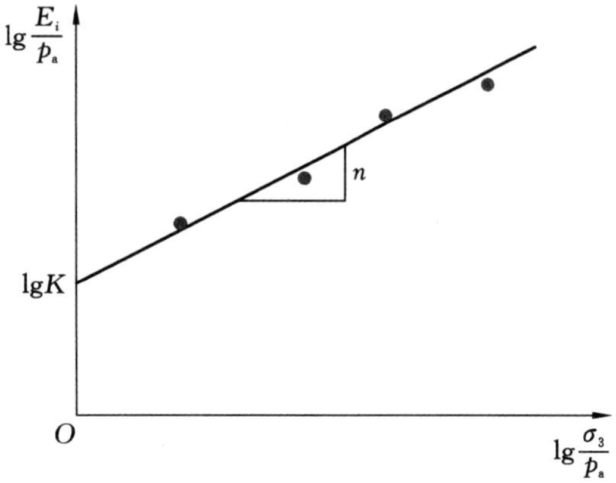

图 5.2　$\lg(E_i/p_a)$与$\lg(\sigma_3/p_a)$间的关系图

式中　σ_3——三轴试验中施加的围压；

p_a——大气压，$p_a=101.4$ kPa 或近似等于 100 kPa，量纲与 σ_3 相同；

K,n——试验常数，分别代表 $\lg(E_i/p_a)$与 $\lg(\sigma_3/p_a)$直线的截距与斜率。

此外，根据莫尔-库仑（Mohr-Coulomb）准则，土样破坏时的偏差应力可表示为：

$$(\sigma_1-\sigma_3)_f=\frac{2c\cos\varphi+2\sigma_3\sin\varphi}{1-\sin\varphi} \tag{5-22}$$

式中　c,φ——土的黏聚力和内摩擦角。

将式(5-22)代入应力水平表达式，可得：

$$s=\frac{(\sigma_1-\sigma_3)}{(\sigma_1-\sigma_3)_f}=\frac{(\sigma_1-\sigma_3)(1-\sin\varphi)}{2c\cos\varphi+2\sigma_3\sin\varphi} \tag{5-23}$$

式中　s——应力水平。

将式(5-21)和式(5-22)代入式(5-20)，可得：

$$E_t=Kp_a\left(\frac{\sigma_3}{p_a}\right)^n\left[1-\frac{R_f(\sigma_1-\sigma_3)(1-\sin\varphi)}{2c\cos\varphi+2\sigma_3\sin\varphi}\right]^2 \tag{5-24}$$

可见，在邓肯-张的 E-ν 模型中，切线弹性模量 E_t 的公式中共包括有 K、n、φ、c、R_f 五个模型参数。为了确定切线泊松比 ν_t，基于三轴排水剪的剪切过程中，试样的轴向应变 ε_a 与侧向应变 ε_r 的负数呈双曲线关系[图 5.3(a)]，可得：

$$\varepsilon_a=\frac{-\varepsilon_r}{f+D(-\varepsilon_r)} \tag{5-25}$$

式中　ε_a——三轴压缩试验的轴向应变，$\varepsilon_a=\varepsilon_1$；

ε_r——三轴压缩试验的侧向应变，$\varepsilon_r=\varepsilon_3$；

f,D——试验常数。

若采用$-\varepsilon_r/\varepsilon_a$为纵坐标，$-\varepsilon_r$为横坐标，则可以得到一条直线，如图 5.3(b)所示。该直线的斜率记作 D，该直线在纵坐标上的截距记为 f。由式(5-25)可知，当$-\varepsilon_r\to\infty$时，$D=1/\varepsilon_a$，可知 D 是 ε_a 和 $-\varepsilon_r$ 关系曲线渐进线的倒数。由式(5-25)可知：

$$\frac{-\varepsilon_r}{\varepsilon_a}=f+D(-\varepsilon_r) \tag{5-26}$$

当$-\varepsilon_r\to 0$ 时，

$$f=\left(\frac{-\varepsilon_r}{\varepsilon_a}\right)_{\varepsilon_r\to 0}=\nu_i \tag{5-27}$$

ν_i 即为土的初始泊松比，试验表明初始泊松比 ν_i 与围压 σ_3 大小有关，邓肯-张模型认为 ν_i 与 $\lg(\sigma_3/p_a)$呈线性关系。如图 5.3(c)所示，以 ν_i 为纵坐标，$\lg(\sigma_3/p_a)$为横坐标作图并采用线性拟合，直

线的截距为 G，直线的斜率为 F。

$$\nu_i = G - F\lg\left(\frac{\sigma_3}{p_a}\right) \tag{5-28}$$

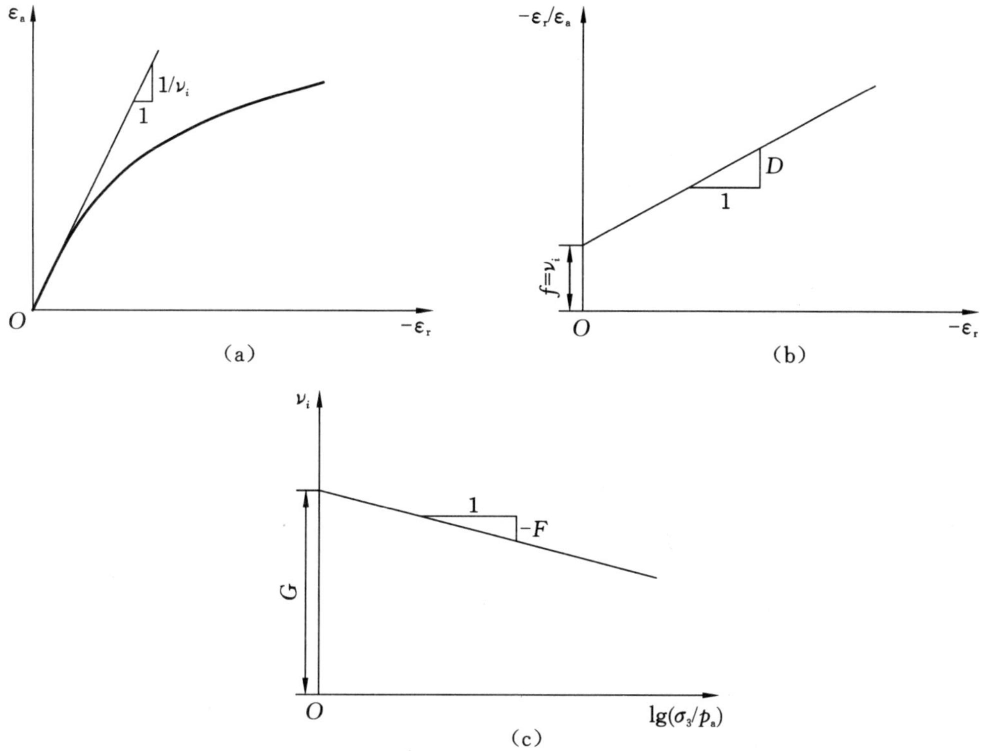

图 5.3 切线泊松比有关参数

(a)ε_a-$-\varepsilon_r$ 双曲线；(b)$-\varepsilon_r/\varepsilon_a$-$\varepsilon_r$ 线性关系；(c)ν_i-$\lg(\sigma_3/p_a)$关系

由式(5-25)可得：

$$-\varepsilon_r = \frac{f\varepsilon_a}{1 - D\varepsilon_a} \tag{5-29}$$

邓肯-张的 E-ν 模型中切线泊松比 ν_t 的计算公式为：

$$\nu_t = \frac{\Delta(-\varepsilon_r)}{\Delta\varepsilon_a} = \frac{d(-\varepsilon_r)}{d\varepsilon_a} \tag{5-30}$$

将式(5-29)代入式(5-30)，结合式(5-14)、式(5-16)、式(5-19)、式(5-21)、式(5-22)，可得：

$$\nu_t = \frac{f}{(1 - A)^2} \tag{5-31}$$

其中，A 的表达式为：

$$A=\frac{D(\sigma_1-\sigma_3)}{Kp_a\left(\frac{\sigma_3}{p_a}\right)^n\left[1-R_f\frac{(\sigma_1-\sigma_3)(1-\sin\varphi)}{2c\cos\varphi+2\sigma_3\sin\varphi}\right]}=\frac{D(\sigma_1-\sigma_3)}{Kp_a\left(\frac{\sigma_3}{p_a}\right)^n(1-R_f s)} \tag{5-32}$$

联立式(5-27)、式(5-28)、式(5-31)，得到切线泊松比 ν_t 的表达式为：

$$\nu_t=\frac{G-F\lg\left(\frac{\sigma_3}{p_a}\right)}{(1-A)^2}=\frac{G-F\lg\left(\frac{\sigma_3}{p_a}\right)}{\left[1-\frac{D(\sigma_1-\sigma_3)}{Kp_a\left(\frac{\sigma_3}{p_a}\right)^n\left[1-R_f\frac{(\sigma_1-\sigma_3)(1-\sin\varphi)}{2c\cos\varphi+2\sigma_3\sin\varphi}\right]}\right]^2} \tag{5-33}$$

可以看出，对于 E-ν 模型，需用到 φ,c,K,n,R_f,G,F,D 共 8 个参数。式(5-33)计算得到切线泊松比 ν_t 可能大于 0.5。试验中由于土可能存在剪胀性，测定值可能超过 0.5。然而，若 $\nu\geqslant0.5$，刚度矩阵 $\boldsymbol{D}$ 会出现异常，因此，实际计算中，当 $\nu>0.49$ 时，取 $\nu=0.49$。

在土体的应力、变形有限元分析中，需要一个反映土体积变化的参数。起初，邓肯-张模型中采用切线泊松比 ν_t，后来发现不太理想，继而采用切线体积模量 B_t 作为计算参数代替切线泊松比 ν_t。采用切线体积模量时，习惯上将邓肯-张模型称作邓肯-张 E-B 模型。对于邓肯-张 E-B 模型，包含 φ,c,K,n,R_f,K_b 和 m 共 7 个参数，其中 K_b 和 m 是材料常数，分别为 $\lg(B/p_a)$ 与 $\lg(\sigma_3/p_a)$ 直线关系的截距和斜率。各参数大致数值范围列于表 5.1 中。

表 5.1　邓肯-张(Duncan-Chang)双曲线模型参数的取值范围

参数	数值范围	说明	参数	数值范围	说明
φ(内摩擦角)	20°～55°	软土取较低值，砂土取中等值，堆石取较高值	G	0.2～0.6	E-ν 模型参数
c(黏聚力)	0～0.5 MPa	—	F	0.01～0.2	
K	50～2500	软土取较低值，砂土取中等值，堆石取较高值	D	1～20.0	
n	0～1.0	—	K_b	(0.3～3.0)K	E-B 模型参数
R_f	0.5～0.95	—	m	0～1.0	

邓肯-张(Duncan-Chang)模型能较好地反映土体的主要变形特性，考虑了土体非线性变形中加载模量和卸载模量的不同，模型中参数的物理意义明确，可以通过常规三轴试验确定其模型参数，因而在工程中得到了广泛的应用。同时也要注意到其不足：①邓肯-张(Duncan-Chang)模型建立在广义胡克定律之上，因此只适用于土体破坏之前的受力变形特性的描述；②模型不能反映土的剪胀性，也不能反映中主应力对模量的影响；③模型把总变形中的塑性变形部分也当作弹性变形处理，通过弹性常数的调整来近似地考虑这部分塑性变形，理论上不够严谨；④模型没有反映固结压力增加与降低的差

别，也没有反映加荷、卸荷对泊松比的影响，不能反映平均主应力对剪应变的影响；⑤模型只考虑硬化，不考虑软化；⑥模型不反映各向异性，不能反映中主应力对弹性模量的影响；⑦模型采用的是切线模量，只能用增量法求解，而不能用迭代法求解，但可以在每级荷载范围内进行迭代。

5.3 弹塑性本构模型

建立在塑性理论基础上的弹塑性本构模型是土的本构模型中发展得较完善的一类。塑性理论主要包括刚塑性理论和弹性-理想塑性理论两种。刚塑性理论假定土体在达到屈服条件之前不计变形，一旦应力状态达到屈服条件，土体的应变就趋于无限大或者只能根据边界条件确定。弹性-理想塑性理论假定土体达到屈服之前是线弹性的应力应变关系，一旦发生屈服，则呈现理想塑性，亦即应变趋于无限大或者根据边界条件确定，所以两种塑性理论中的屈服与破坏具有相同的意义。弹塑性理论模型假定土的总应变 ε_{ij} 及其增量 $d\varepsilon_{ij}$ 分为可恢复的弹性变形和不可恢复的塑性变形两部分，其中弹性部分用广义胡克定律来计算，塑性变形部分用塑性理论来计算。

$$\varepsilon_{ij}=\varepsilon_{ij}^{e}+\varepsilon_{ij}^{p} \tag{5-34}$$

$$d\varepsilon_{ij}=d\varepsilon_{ij}^{e}+d\varepsilon_{ij}^{p} \tag{5-35}$$

式中 ε_{ij}^{e}，$d\varepsilon_{ij}^{e}$——弹性应变及弹性应变增量；

ε_{ij}^{p}，$d\varepsilon_{ij}^{p}$——塑性应变及塑性应变增量。

弹塑性模型包含三个要素：一是屈服和破坏准则(Yield and failure criteria)，即各应力分量的组合达到何值时产生塑性变形；二是硬化规律(Hardening law)，即给出屈服面大小和位置的变化规律，包括等向硬化(Isotropic hardening)、运动硬化(Kinematic hardening)和完全无硬化的理想塑性(Perfect plasticity)；三是流动法则(Flow rule)，即给出屈服后塑性应变增量的方向，包括相关联流动法则和不相关联流动法则。

(1) *屈服和破坏准则*

塑性变形并不是在任何荷载下都发生，而是加载到一定条件下才发生，这就需要一个判别准则来判定土体达到什么状态时才发生塑性变形，这个标准称为屈服准则，即是否存在塑性变形的准则。需要指出，屈服就是发生了塑性变形，但此时仍然有一部分弹性变形，当荷载逐步增加，变形逐步发展，达到某种状态时，土体破坏，判别是否达到这样一种极限的应力状态的准则，称为破坏准则。可以说，屈服是发生塑性变形的下限应力状态，破坏则是其上限应力状态。

由于实际土体的受力情况复杂，屈服需要综合考虑三个方向的应力，相应的屈服准则可以表示为：

$$f(\sigma_{ij})=k \tag{5-36}$$

上式表明土中各应力分量的某种函数组合达到一个临界值 k 时，才会发生屈服，f 称为屈服函数，与坐标轴方向的选取无关。屈服函数一般是三个应力不变量的函数，如 σ_1、σ_2、σ_3 或 I_1、I_2、I_3 或 J_1、J_2、J_3。

需要指出，k 是与应力历史有关的常数。对某一个 k 值，屈服函数 f 在应力空间对应一个确定的曲面，此曲面称为屈服面。理想弹塑性材料在未发生屈服时，仅有弹性变形，一旦屈服，就产生塑性变形，且不断发展至破坏，此时破坏准则就是屈服准则。k 是一个不变的常数，屈服面是一个固定的曲面（即破坏面）。对于岩土体材料，屈服和破坏是不同的，破坏时剪应力达到抗剪强度，而在剪应力远小于抗剪强度时就可能发生屈服，甚至完全不受剪应力，只有体积应力作用时，也会产生塑性变形，也会发生屈服。

现有的屈服面大体上可以分为两类：一类为单一开口的屈服面，也称锥体屈服面；另一类就是目前广泛采用的闭合屈服面，也称帽子屈服面。锥体屈服面主要是反映塑性剪切变形，大多数经典屈服面都属于这一类型，如 Tresca（屈雷斯卡）准则、Von Mises（冯·米塞斯）准则、Mohr-Coulomb（莫尔-库仑）准则、Druker-Prager（德鲁克-普拉格）准则等。但岩土材料不同于金属材料的显著特点之一就是单纯的静水压力也可能产生塑性体积应变，而单一开口的屈服面不能反映这种塑性体积应变。

（2）硬化规律

当材料达到屈服后，屈服标准将发生变化，即式(5-36)中的 k 发生变化，描述 k 发生变化的规律称为硬化规律。屈服后 k 增大的情况称为硬化，k 减小的情况称为软化，k 不变的情况称为理想塑性变形。这三种情况统称为硬化，是一个广义的概念。硬化与应力历史有关，只有应力状态达到屈服标准后才会发生进一步硬化。由于达到屈服后发生塑性变形，或做了塑性功，因此可以用塑性变形或塑性功（硬化参数）衡量硬化发展的程度。硬化参数，用 H_a 表示，即 $k=F(H_a)$，结合式(5-36)可得到屈服准则的一般形式：

$$f(\sigma_{ij}, H_a)=0 \tag{5-37}$$

上式中，一个确定的 H_a 值在应力空间对应一确定的屈服面，对于理想塑性材料，取 $H_a=0$。H_a 与塑性变形或加载历史有关，可以是塑性变形的各个分量，塑性体应变、塑性剪应变、塑性功或其他的某些内变量的函数。硬化规律包括等向硬化、运动硬化和完全无硬化的理想塑性，其中等向硬化假定屈服面的中心不变，形状不变，其大小随硬化参数而变化；运动硬化假定屈服面的大小和形状都不变，硬化只改变其位置。

（3）流动法则

屈服函数和硬化规律给出了判别屈服的标准和这个标准如何发展，没有给出达到屈服后应变增量各分量之间按什么比例变化，即没有给出应变增量的方向。流动法则是关于塑性应变增量方向的假定准则。1928 年 Von Mises（冯·米塞斯）提出了经典塑性位势理论，假定塑性应变增量方向满足正交流动法则，即塑性应变增量 $d\varepsilon_{ij}^{p}$ 的方向与塑性势函数的梯度方向或塑性势面的外法线方向一致。为确定塑性应变增量方向，假设在应力空间中存在一个势函数 $g(\sigma_{ij})$，且塑性势面法线方向即为塑性应变增量方向，则存在以下关系：

$$d\varepsilon_{ij}^{p}=d\lambda\frac{\partial g}{\partial\sigma_{ij}} \tag{5-38}$$

或写成矩阵的形式：

$$\{d\varepsilon^{p}\}=d\lambda\left\{\frac{\partial g}{\partial\sigma}\right\} \tag{5-39}$$

式中 $d\lambda$ 是一个非负的标量因子，表示塑性应变增量的大小。如果假定塑性势函数等于屈服函数，即 $f(\sigma_{ij})=g(\sigma_{ij})$，这样塑性势函数与屈服函数相关联，称为相关联的流动规则，塑性势函数唯一；如果使 $f(\sigma_{ij})\neq g(\sigma_{ij})$，则 $d\varepsilon_{ij}^{p}$ 的方向与加载面或屈服面不正交，但仍与塑性势面正交，这时称为不相关联的流动规则，这样塑性势函数的选取就非唯一。

根据以上的流动法则、屈服函数及硬化规律，则可推导得到用于有限元等数值分析的弹塑性应力应变关系式，即：

$$\{d\sigma\}=\boldsymbol{D}_{ep}\{d\varepsilon\} \tag{5-40}$$

其中：

$$\boldsymbol{D}_{ep}=\boldsymbol{D}-\frac{\boldsymbol{D}\left\{\frac{\partial g}{\partial\sigma}\right\}\left\{\frac{\partial f}{\partial\sigma}\right\}^{T}\boldsymbol{D}}{A+\left\{\frac{\partial f}{\partial\sigma}\right\}^{T}\boldsymbol{D}\left\{\frac{\partial g}{\partial\sigma}\right\}} \tag{5-41}$$

$$A=-\frac{\partial f}{\partial H_{a}}\cdot\left\{\frac{\partial H_{a}}{\partial\varepsilon^{p}}\right\}^{T}\left\{\frac{\partial g}{\partial\sigma}\right\} \tag{5-42}$$

式中 $\{d\sigma\}$——总应力增量；

$\boldsymbol{D}_{ep}$——弹塑性的刚度矩阵；

$\boldsymbol{D}$——弹性的刚度矩阵。

加载时土体所发生的总应变增量 $\{d\varepsilon\}$ 可以分解为弹性应变增量 $\{d\varepsilon^{e}\}$ 与塑性应变增量 $\{d\varepsilon^{p}\}$ 之和，用矩阵表示即为：

$$\{d\varepsilon\}=\{d\varepsilon^{e}\}+\{d\varepsilon^{p}\} \tag{5-43}$$

其中，弹性应变增量 $\{d\varepsilon^{e}\}$ 可由广义胡克(Hooke)定律确定：

$$\{d\varepsilon^{e}\}=\boldsymbol{D}^{-1}\{d\sigma\}=\boldsymbol{C}\{d\sigma\} \tag{5-44}$$

基于不同的屈服准则、硬化规律和流动法则，国内外学者提出了许多不同形式的弹塑性模型，再结合平衡方程与连续方程，从而求解实际岩土工程相关问题。以下介绍几种有代表性的模型。

5.3.1 莫尔-库仑(Mohr-Coulomb)理想弹塑性模型

莫尔-库仑(Mohr-Coulomb)模型是一种理想弹塑性模型，其应力-应变关系曲线由两条直线来近似，这两条直线分别代表弹性阶段和理想塑性阶段。

Mohr-Coulomb 模型采用 Mohr-Coulomb 屈服准则，当剪应力达到某一特定值时，土体就进入屈服状态，即：

$$f=\tau-c-\sigma\tan\varphi=0 \tag{5-45}$$

式中　f——屈服函数；

σ——剪切面上的正应力或法向应力；

τ——剪切面的剪应力；

c——黏聚力；

φ——内摩擦角。

三维应力状态时，Mohr-Coulomb 屈服准则可以写成：

$$f=\frac{1}{2}(\sigma_1-\sigma_3)-\frac{1}{2}(\sigma_1+\sigma_3)\sin\varphi-c\cos\varphi=0 \tag{5-46}$$

式中　σ_1——大主应力；

σ_3——小主应力。

将 Mohr-Coulomb 屈服准则代入理想弹塑性模型的普遍本构方程即可得到 Mohr-Coulomb 模型。Mohr-Coulomb 模型采用 Mohr-Coulomb 屈服准则，描述了剪切面上剪应力 τ 与该面上正应力 σ 的关系，反映了土体作为散体材料摩擦强度的基本特点，比较合理。同时，Mohr-Coulomb 模型只有五个参数，即 E、ν、c、φ、ψ(剪胀角)，应用较为简单。但是，该模型未计入中主应力对土体抗剪强度的影响；强度包线常假设为直线，与围压无关，这些假设在应力水平高时可能引起较大误差。另外，其屈服面及在 π 平面上轨迹存在导数不连续的角点，给数值计算带来不便。

5.3.2　剑桥(Cam-clay)模型

在弹塑性模型中，具有代表性的是罗斯科(Rosco)等人 1963 年提出的剑桥(Cam-clay)模型，他们在正常固结黏土和超固结黏土试样的排水和不排水三轴试验的基础上，完善了 Rendulic 在 1937 年提出的饱和黏土有效应力和孔隙比呈唯一关系的概念，提出了完全状态边界面的思想。他们假定土体是加工硬化材料，服从相关联流动法则，并根据能量方程，建立了剑桥(Cam-clay)模型，又称为临界状态模型。这个模型从理论上阐明了土体弹塑性变形特征，标志着土的本构理论发展新阶段的开始。

由三轴压缩试验结果可整理出 q-p 和 e-p 关系曲线(图 5.4)，其中 e 为孔隙比，应力 p、q 指的是有效应力。在 e-p 平面内，破坏时的点也落在同一曲线 CD 上。图 5.4(b)中实线表示排水剪试验，虚线为固结不排水试验。施加各向等压的应力 p，令 $q=0$，应力路径与图 5.4(a)中横轴重合，则 e 的变化如图 5.4(b)中的曲线 AB 所示，线 AB 即为初始等向压缩曲线。施加偏应力 q 使土体达到破坏时，不管是排水试验还是固结不排水试验，破坏应力都落到图 5.4(a)中的同一直线 $C'D'$ 上，其方程为：

$$q=Mp \tag{5-47}$$

式中　M——试验常数；

q——广义剪应力；

p——平均有效应力。

式(5-47)也可以表示为：

$$q=\frac{1}{\sqrt{2}}\sqrt{(\sigma_1-\sigma_2)^2+(\sigma_2-\sigma_3)^2+(\sigma_3-\sigma_1)^2} \tag{5-48}$$

$$p=\frac{1}{3}(\sigma_1+\sigma_2+\sigma_3) \tag{5-49}$$

在三轴压缩试验条件下，$\sigma_2=\sigma_3$，因此 $q=\sigma_1-\sigma_3$，$p=1/3(\sigma_1+2\sigma_3)$。在 e-p 平面内，破坏时的点也落在图 5.4(b)中同一曲线 CD 上。设想将 e、p、q 坐标结合在一起形成一个三维空间，则初始等向压缩曲线为地面(e-p 面)上的曲线 AB，达到破坏时对应于一空间曲线 CD，称为临界状态线，如图 5.5 所示。

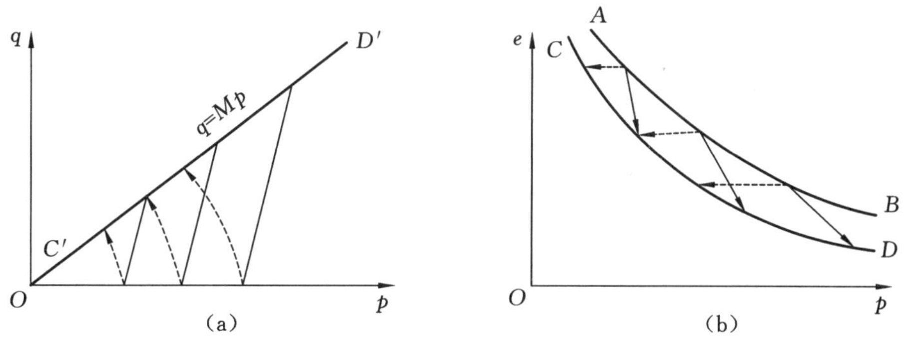

图 5.4 三轴试验应力-应变关系

(a)q-p 曲线；(b)e-p 曲线

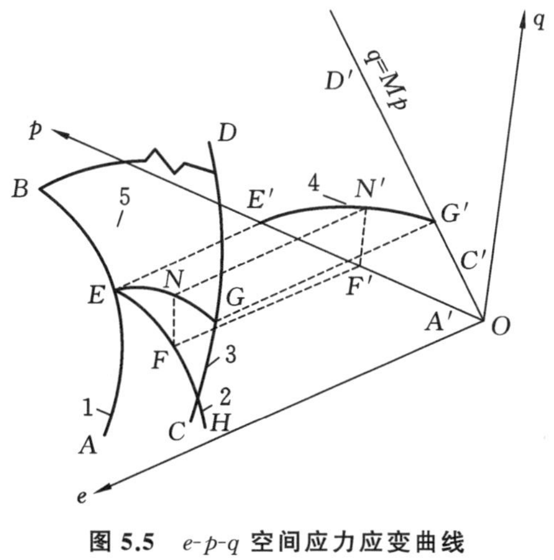

图 5.5 e-p-q 空间应力应变曲线

1—等向压缩曲线；2—等向膨胀曲线；3—临界状态线；4—屈服轨迹；5—状态边界面 $ABCD$

试验表明，不管哪种应力路径，在加荷过程中同一有效应力状态(p,q)大体上有相同的孔隙比 e，即在 e-p-q 空间落在同一点上。此空间点移动形成一个从 AB 到 CD 的空间曲面，这个空间曲面叫状态边界面。它是加荷过程中应力应变关系的描述。沿着状态边界面，将发生塑性变形，如果退荷，无论 p 还是 q 降低，都落到该面以下。该面以下是弹性区，该面以上是不可能达到的区域。因此，e、p 和 q 的关系是处于状态面上还是处于状态面以下，是区别加载还是卸载的标志，或是否屈服的标准。由此可进而建立屈服准则。剑桥模型假定屈服只与 p 和 q 两个应力分量有关，与第三应力不变量无关。

在图 5.5 中，N 是状态边界面上的一点，它在 p-q 面上的对应点 N' 处在一屈服轨迹 $E'G'$ 上。该轨迹与 p 轴的交点 E' 的横坐标为 p_0，设想应力状态由 N' 点[即(p,q)]变化到 F' 点[即(p,0)]。沿着两条路径，一条为竖线 $N'F'$，即保持 p 不变只降低 q 到零；另一条沿屈服轨迹 $G'E'$ 或其内部任一曲线，经 E' 点(p_0,0)再变化到 F' 点。两条路径都在弹性区，应力改变所产生的变形与应力路径无关，具有同一孔隙比 e_0。当应力从 E' 点变化到 F' 点时，孔隙比是沿等向膨胀曲线 EF 变化的。图 5.5 中状态边界面与“地面”的交线 AB 是等向压缩曲线，等向膨胀线就是“地面”上的回弹曲线。而沿路径 $N'F'$ 时 p 不变化，则 e 不变化。因为 q 的减小不引起弹性体积应变，这样 $N'F'$ 在空间所对应的线 NF 是一条竖线。由此可见，在状态边界面上与屈服轨迹相对应的线 EG 上的所有的点都在同一膨胀线 EH 的正上方。曲面 GEH 为竖向柱面，该面以内只有弹性变形，此面称为弹性墙。墙顶在状态边界面上，墙顶在 p-q 面上的投影就是屈服轨迹 $E'G'$。剑桥模型基于传统塑性位势理论，采用单屈服面和相关联流动法则，基于能量理论提出屈服面形式。屈服面方程为：

$$\frac{q}{Mp}+\ln p=\ln p_0 \tag{5-50}$$

后来 Burland 等人在 1968 年提出了修正的屈服方程，即：

$$\left(1+\frac{q^2}{M^2p^2}\right)p=p_0 \tag{5-51}$$

屈服方程中含有变量 p_0，一个确定的 p_0 值对应一条屈服轨迹，p_0 增加，屈服轨迹由一条曲线扩展到另一条曲线。p_0 隐含了硬化的意义。p_0 与体积应变有关。可以取塑性体积应变 ε_v^p 为硬化参数，将 p_0 表示成 ε_v^p 的函数。

剑桥模型能反映剪缩，但不能反映剪胀，这对正常固结或弱超固结黏土还是合适的。剑桥模型开创了土力学的临界状态理论，而“临界状态土力学”也成为理论土力学领域中的一个重要的分支。随后很多学者提出的土的弹塑性模型，其屈服轨迹均为椭圆。例如魏汝龙等人根据正常固结黏土的三轴不排水压缩试验的应力路径资料，将椭圆形屈服面的位置推广到更一般的情况。黄文熙等人建议直接从试验资料确定塑性势轨迹，并通过选取合适的硬化参数，使屈服函数和塑性势函数相等，建立了清华弹塑性模型。该模型除了德鲁克公设外，未作任何假设，并可以反映剪胀和剪缩，因而具有更大的适应性。后来，李广信等人根据三维流动法则的推导，建立了其三维的弹塑性模型。

在砂土的本构模型研究方面，1975 年 Lade 和 Duncan 在砂土的试验基础上建立了具有代表性的莱特-邓肯(Lade-Duncan)模型。该模型采用非关联的流动规则，并以塑性功 W_p 为硬化参数，能够较好地反映砂土的破坏和砂土的剪胀性，成为适用于砂土应力变形分析的代表性弹塑性模型。但由于该模型的屈服面和塑性势面是开口的锥形，只会产生塑性体胀，即剪胀；只有弹性体变为正的，亦即加载有弹性体缩。此外，在该模型中，土的破坏面、屈服面和塑性势面的子午线都是直线，这不能反映围压或平均主应力对土的破坏面和屈服面的影响。为此，后来 Lade 等对该模型进行了修正，用曲线锥形屈服面描述剪切屈服和用一球形帽盖屈服面描述体积屈服，即在开口曲边锥面上加一个球形的“帽子”屈服面。修正后的莱特-邓肯模型在理论上比较全面，并可反映塑性体缩和应变软化及围压或平均主应力的影响，但模型趋于复杂，参数增加。

为了反映各向异性和周期荷载作用，国内外学者又提出了一些非等向硬化模型，其中最常见是边界面模型。边界面模型最初用于金属材料的循环加载特性研究，后来，Dafalias 等人将边界面模型理论应用于土体变形特性研究，并发展了各种边界面模型，其中比较有代表性的是 Dafalias-Herrrnann 边界面模型。这类模型通过塑性模量场插值的方法来反映土体变形的非线性，适用于小应变情况下的土体非线性变形的模拟；它还适用于动力荷载作用下的土体响应的模拟，可以反映动力荷载作用下土体变形的非线性、滞后性及累积性。此外，剑桥(Cam-clay)模型基于等向固结土样的试验结果，而试验结果表明 K_0 固结土的屈服面与等向固结土的屈服面不同，是绕 K_0 固结线旋转。针对 K_0 固结土，Ohta 等提出以 K_0 线为中心的屈服面形式。Mouratidis 等提出了反映天然软黏土各向异性的 Melanie 模型，与剑桥模型的区别在于，Melanie 模型采用的是以 K_0 线为中心的屈服轨迹以及非关联流动法则。

5.3.3 软土模型

软土模型非常适合软土地基的排水固结分析，包括堆载预压排水固结和真空预压排水固结。软土模型基于固结压缩试验和三轴试验得到，参数取值经验丰富。

在软土模型中，体积应变 ε_v 和平均有效应力 p 之间的关系用下式描述：

$$\varepsilon_v-\varepsilon_v^0=-\lambda^*\ln\frac{p}{p^0}\text{（初始压缩）} \tag{5-52}$$

为了保证式(5-52)的有效性，p 的初始值(最小值)p^0 被设置成等于一个单位应力(1 kPa)。参数 λ^* 是修正的压缩指标，它用于确定土体加载下的可压缩性。应注意的是，λ^* 与 e-$\ln p$ 曲线中压缩曲线的斜率 λ 不同。λ^* 是与体积应变有关的量[图 5.6(a)中体积压缩曲线的斜率]，而 λ 是关于孔隙比的函数[图 5.6(b)中孔隙比压缩曲线的斜率]。

在卸载回弹和再加载阶段，体积应变 ε_v 和平均有效应力 p 之间的关系表示为：

$$\varepsilon_v^e-\varepsilon_v^{e0}=-\kappa^*\ln\frac{p}{p^0} \tag{5-53}$$

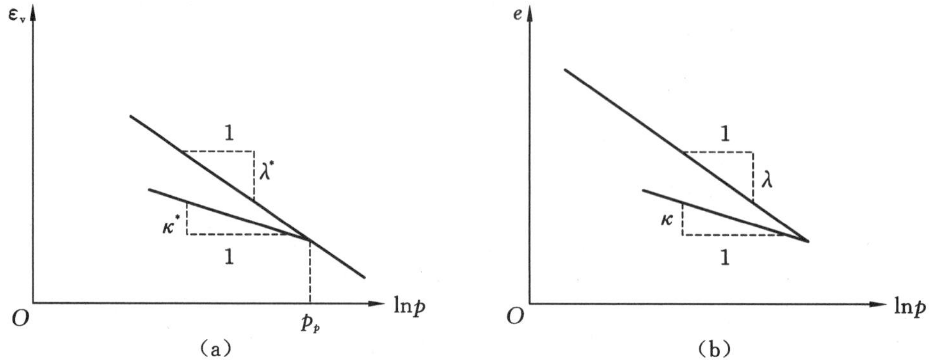

图 5.6　压缩与卸载再压缩曲线

(a)ε_v 和 $\ln p$ 关系曲线；(b)e 和 $\ln p$ 关系曲线

式中　κ^*——修正的回弹指标，它确定材料在卸载回弹以及再加载时土体的压缩性。

同样，指标 κ^* 与指标 κ 不同，κ^* 是与体积应变有关的量[图 5.6(a)中体积卸载回弹的斜率]，而 κ 是关于孔隙比的函数[图 5.6(b)中回弹曲线的斜率]，两者满足比值 $\lambda^*/\kappa^*=\lambda/\kappa$。

式(5-53)中体积应变的上标 e，表明卸载回弹和再加载阶段土体变形是弹性的，采用胡克定律可描述这种弹性行为。由此，切线体积模量与应力之间的关系如下：

$$K_{ur}=\frac{E_{ur}}{3(1-2\nu_{ur})}=\frac{p}{\kappa^*} \tag{5-54}$$

式中　K_{ur}——卸载再加载阶段弹性体积模量，下标 ur 表示卸载/再加载；

E_{ur}——弹性模量；

ν_{ur}——泊松比。

弹性体积模量 K_{ur} 和弹性模量 E_{ur} 都可以根据 ν_{ur} 和 κ^* 计算得到。

图 5.6 中可有无限多条卸载/再加载线，每一条都对应着先期固结应力 p_p 的某个特定值。先期固结应力代表土体经历过的最大应力水平。在卸载/重新加载过程中，先期固结应力保持为常数。而在主加载过程中，先期固结应力随着应力水平的增加而增加，引起了不可逆的(塑性)体积应变。

软土模型可以模拟土在一般应力状态下的行为。为了清楚起见，仅考虑常规三轴加载条件，即 $\sigma_2=\sigma_3$。在这种应力状态下，软土模型的屈服函数定义如下：

$$f=f^*-p_p \tag{5-55}$$

式中　f^*——应力状态(p,q)的一个函数；

p_p——先期固结应力，是塑性体积应变的函数。

$$f^*=\frac{q^2}{M^2(p+c\cot\varphi)}+p \tag{5-56}$$

$$p_p=p_p^0\exp\left(\frac{-\varepsilon_v^p}{\lambda^*-\kappa^*}\right) \tag{5-57}$$

式中 ε_v^p——塑性体积应变；

λ^*——修正的压缩指标；

κ^*——修正的回弹指标；

p——平均有效应力，三轴条件下 $p=\dfrac{\sigma_1+2\sigma_3}{3}$；

q——广义剪应力或偏应力，三轴条件下 $q=\sigma_1-\sigma_3$。

如图 5.7 所示，屈服函数 f 描述了 p-q 平面上的一个椭圆。式(5-56)中的参数 M 确定了椭圆的高度。这个椭圆的高度与一维主压缩中水平应力和竖直应力之间的比值有关。参数 M 在很大程度上决定了侧向土压力系数 K_0 的值。在软土模型中，破坏并不一定与临界状态相关。Mohr-Coulomb 破坏准则是参数 φ 和 c 的一个函数，并不一定对应着 M 线。

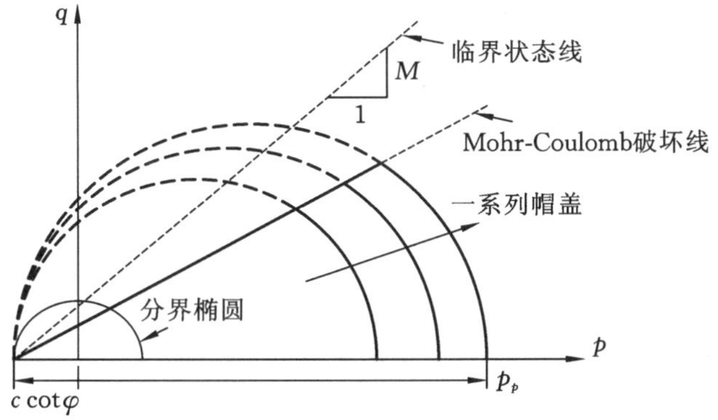

图 5.7 软土模型在 p-q 平面上的屈服函数

p_p 的值由体积塑性应变确定，遵从式(5-57)的硬化关系。式(5-57)说明先期固结应力随着体积塑性应变(收缩)的减小呈指数增长。p_p^0 可以被当作是先期固结应力的初始值，此时初始体积塑性应变为零。先期固结应力 p_p 确定了椭圆沿着 p 轴的长度。在加载过程中，可能存在无穷多个椭圆(图 5.7)，每一个都对应着一个特定的 p_p 值。拉力状态下($p<0$)，椭圆伸长到 $c\cot\varphi$，为了确保椭圆的帽盖能保留在压缩区($p>0$)，p_p^0 取成 $c\cot\varphi$。当 $c=0$ 时，将 p_p^0 取成一个应力单位。

在软土模型中，屈服函数方程(5-35)描述了压缩中不可逆的体积应变，并形成了屈服轮廓的帽盖，如图 5.7 所示。为了模拟破坏状态，软土模型使用了一种完全塑性的 Mohr-Coulomb 型屈服函数。这种屈服函数表示 p-q 平面上的一条直线。破坏线的坡度小于临界状态线的坡度。图 5.7 中粗体线所示总的屈服轮廓是弹性应力区域的边界。破坏线是固定的，但是帽盖会在压缩中增大。边界内的应力路径只有弹性应变增量，超出边界的应力路径则既有弹性应变增量又有塑性应变增量。

5.4　流变本构模型

5.4.1　土体流变概念

土体变形与应力和时间有关的现象称为土体的流变现象。土体的流变变形分为压缩和剪切两大类。在沉降分析中主要考虑土体受压时的流变特性，强度问题则主要研究土体受剪时的流变特性。土体的流变性质首先与土体的结构有关，无论是砂性土还是黏土都具有一定程度的流变性质。土的流变性质还与应力大小和温度有关。

5.4.2　土体流变模型

土体的流变模型是对土体在受力过程中应力-应变-时间的数学描述。正如土的本构关系在土力学中所起的重要作用，土的流变本构关系也是研究土的流变性的关键。在长期的研究工作中，人们曾提出过多种适合岩土材料的流变本构模型，这些模型可归纳为元件模型、屈服面流变模型、损伤流变模型和经验本构模型。

(1) 元件模型

元件模型由牛顿黏壶N、胡克弹簧H和圣维南塑性S等基本元件反映材料的性质，通过这些基本元件的“串联”和“并联”来描述岩土介质的流变特性，建立反映岩土应力-应变-时间关系的本构模型。

元件模型中著名的二元件模型有Bingham模型、Maxwell模型和Kelvin模型；多元件模型有村山模型、修正的考马母拉-黄模型、西原模型、Burges模型、广义Maxwell模型、广义Kelvin模型、中村模型、刘宝琛模型、马明军模型和索费尔德模型等。

上述模型无论元件如何多，模型如何复杂，都只能反映岩土线性的黏弹塑性性质，然而，自然界的岩土更多地表现出非线性特性，于是谢宁、邓荣贵、金丰年等提出了各种非线性元件模型，将弹性元件用非线性弹性元件代替。夏才初对各种元件模型进行了统一，提出了能描述岩土体最复杂流变性态的流变模型。而元件越多，模型越复杂，参数就越多，模型的数值计算也就越困难，如何选择模型，如何确定相应的参数，简洁又全面地描述岩土的流变性态是元件模型研究中的重要课题。

(2) 屈服面流变模型

屈服面流变模型是研究屈服面、关联准则和硬化规律弹塑性理论三要素随时间变化规律的模型。Olszak和Perzyna首先提出流动面模型，其理论基础是弹塑性理论中的屈服面的概念，流动面的位置与当前应力、黏塑性应变表示的应变历史和时间等因素有关。流动面模型通常为帽子型模型。

张军辉、缪林昌将广义Bingham模型和椭圆-抛物线双屈服面模型相结合，建立了双屈服面流变模型来描述其流变特性，并用连云港海相软土验证了该模型的适用性。袁静等以试验为基础，建立了新的各向异性三屈服面流变模型，新模型由一个固结屈服面 F 和两个准 Drucker-Prager 剪切屈服面 G_1 和 G_2 组成，剪切屈服面位于固结屈服面内且内接于屈服面。新模型不仅可以考虑 K_0 固结引起的土的各向异性，而且可以模拟软土的流变，考虑土体变形的发散，很好地描述土体的蠕变破坏。李兴照等以修正剑桥面作为边界面建立边界面流变模型，该模型不仅可以描述正常固结土的流变，还可以描述超固结土的流变，且模型参数物理意义明确，数量较少。

基于等效时间概念和流动面理论，Yin 和朱俊高等提出了一个三维弹黏塑性(3D-EVP)模型。模型假定土体满足小应变，且总应变率可分为弹性应变率和塑性应变率两部分，弹性应变率由广义胡克定律得到，塑性应变率由相关联流动法则确定，同时假定塑性势函数 Q 等于流动面函数 F，引入等效时间的概念并通过等效时间来控制黏塑性变形的发展速率。该模型的形式比较简单，模型参数较少，且各模型参数均可由常规试验确定。

(3) 损伤流变模型

损伤流变模型是根据损伤力学基础理论，考虑土的力学参数随时间等效应变的损伤劣化，建立损伤演化方程，将损伤变量引入流变本构模型中建立流变本构模型。对不同的材料属性、受力状态，以及不同研究方法、研究目的，学者们提出了很多适用于岩土材料的损伤流变模型。根据材料损伤变量研究方法的不同，可将这些模型分为宏观损伤流变模型、微细观损伤流变模型和统计损伤流变模型。

宏观损伤流变模型是从宏观角度进行分析得到结构操作变量，将结构损伤变量引入本构模型中得到的。为了平等地将结构损伤变量引入双屈服面黏弹塑性模型，建立了黏弹-黏塑性损伤本构模型。该模型考虑了土体的流变特性和施工扰动对土体结构强度以及土体结构逐步破损等因素的影响，能较好地与实际情况吻合。

微细观损伤流变模型是从微观的角度分析得到结构损伤变量，并将其引入本构模型。李建红、沈珠江对结构性土的微观破损机理进行了研究，以土颗粒之间的胶结和组构为基本研究对象，建立微观接触力与宏观应力之间的关系式，在二元介质理论框架内推导出结构性土破损规律，从颗粒之间的胶结情况判断土体的破坏情况。

统计损伤流变模型采用统计分析的方法确定结构损伤变量，并将其引入本构模型。谢星等通过考虑损伤与塑性应变的耦合来描述非线性黏塑性，在考虑损伤门槛值的统计损伤量及土黏弹塑性组合模型的基础上，应用应变等效原理，建立了考虑瞬时损伤的统计损伤流变模型。并将损伤耦合到流变方程中，分析和计算土体的流变问题，使得计算结果更加接近实际情况。但流变方程中将力学参数与损伤变量进行耦合，所以分析和计算更加复杂。

(4) 经验本构模型

对于岩土流变的经验本构模型，一般是根据实际工程测试或室内流变试验数据直接给出流变方程的函数表达式。经验本构模型一般可分为应力-应变关系的经验函数型函数或应力-应变率关系的经验函数型(即速率型本构关系式)函数，后者又分为时间显式出现在本构关系中和时间隐式(包含在应变率中)出现在本构关系中两种模型。土体流变的经验本构关系反映的只是流变的外部表现,无法对流变的内部特性及机理进行反映,而且通用性差,需要分类给出土的本构关系式。

比如 Singh 和 Mitchell 提出的一种针对土体蠕变的本构方程,可以描述各种土体的蠕变速率行为:

$$\dot{\varepsilon}=A\mathrm{e}^{\bar{\alpha}\bar{D}}\left(\frac{t_1}{t}\right)^m \tag{5-58}$$

式中　A——给定条件下蠕变速率 $\dot{\varepsilon}$ 的一个数量级,反映的是土体的性质,可由 $\ln\dot{\varepsilon}$-$\bar{D}$ 关系曲线的截距得到;

$\bar{\alpha}$——对数应变率与剪应力比的线性部分的斜率,可由 $\ln\dot{\varepsilon}$-$\bar{D}$ 关系曲线的斜率得到;

t_1——任意参考时间;

m——对数应变率与对数时间曲线的直线斜率的绝对值,可由蠕变速率随时间双对数曲线的斜率得到。

5.5　其他本构模型

建立土的本构模型的核心问题就是通过土体在试验中所表现出的力学行为来反演其内在的本构关系。近年来,由于科学技术的发展,大量非线性科学理论,如分形几何、突变论、人工神经网络和生物竞争理论等被引入土本构模型的研究中,不少学者借助先进的数学理论和数值算法去探索土体本构模型研究的新途径,它们从不同层次、不同角度揭示出复杂现象中的本质,为岩土本构模型的进一步研究提供了理论支持。所提出的这些方法主要依据实验资料,通过模型本身的运算来建立合理的本构关系,有较高的应用价值,但模型的准确性和适用范围还有待深入探讨。

参考文献

[1] 李广信.高等土力学[M]. 2 版. 北京：清华大学出版社，2016.
[2] 沈珠江. 理论土力学[M]. 北京：中国水利水电出版社，2000.
[3] 钱家欢,殷宗泽. 土工原理与计算[M]. 2 版. 北京：中国水利水电出版社，1996.
[4] 殷宗泽. 土工原理[M]. 北京：中国水利水电出版社，2007.
[5] 龚晓南. 工程材料本构方程[M]. 北京：中国建筑工业出版社，1995.
[6] 卢廷浩. 高等土力学[M]. 北京:机械工程出版社，2008.
[7] 温勇. 基于广义位势理论的土的本构模型及其初步应用[D].武汉:武汉大学，2014.
[8] 张本一. 基于结构性的土体本构模型[D].大连:大连理工大学，2006.
[9] 周葆春. 黏土本构建模理论与试验研究[D].武汉:华中科技大学，2007.

[10] 曾军军. 土体结构性弹塑性本构模型研究[D].南京:河海大学，2005.

[11] 魏汝龙. 正常压密粘土的本构定律[J]. 岩土工程学报，1981，3(3):10-18.

[12] 黄文熙,濮家骝,陈愈炯. 土的硬化规律和屈服函数[J]. 岩土工程学报，1981，3(3):19-26.

[13] 李广信. 土的三维本构关系的探讨与模型验证[D].北京:清华大学,1985.

[14] 谢宁,孙钧. 土体非线性流变的有限元解析及其工程应用[J]. 岩土工程学报，1995(4):95-99.

[15] 邓荣贵,周德培,张倬元,等. 一种新的岩石流变模型[J]. 岩石力学与工程学报，2001，20(6):780-784.

[16] 金丰年,钱七虎. 岩石的单轴拉伸及其本构模型[J]. 岩土工程学报，1998，20(6):5-8.

[17] 张军辉,缪林昌,黄晓明. 连云港软黏土次固结变形研究[J]. 水利学报，2005，36(1):116-119.

[18] 袁静,龚晓南,刘兴旺,等. 软土各向异性三屈服面流变模型[J]. 岩土工程学报，2004，26(1):88-94.

[19] 李兴照,黄茂松,王录民. 流变性软黏土的弹黏塑性边界面本构模型[J]. 岩石力学与工程学报，2007，26(7):1393-1401.

[20] 殷建华,朱俊高. 软土弹粘塑性固结模拟[J]. 岩土工程学报，1999，21(3):104-109.

[21] 李建红,沈珠江. 结构性土的微观破损机理研究[J]. 岩土力学，2007，28(8):1525-1532.

6 土中水及渗流

岩土材料实际上是非连续的，是由多相组成的，其孔隙中存在着气、液相介质。当孔隙连通时，这些流体可在不平衡的势能情况下发生流动（渗流）。土中水可以分为两部分，一部分位于地下水位以下，被称为地下水（ground water），包括上层滞水、潜水和承压水，这些地下水可认为处于饱和状态，且其孔隙水压力大于大气压力，可在重力的作用下运动。另一部分存在于地下水位以上，包括入渗水、由于毛细作用或者植物根系作用向上运动的水，这些向上运动的水的孔隙水压力小于大气压。除局部毛细区的水在土中接近饱和外，大多数处于非饱和状态。

土中各部分的水一般是可运动的；它们具有不同的饱和度、不同的势能和不同的运动方向。土中水对于土的工程性质有重要影响；土中水的运动对于人类生活及环境也有很大的影响。例如，土中水会影响土本身的强度和变形性质；孔隙水压力改变了土中有效应力，也进一步影响了土体的强度和变形。水入渗后可补给地下水，也可能将地表污染带入地下水。渗流产生的渗透力可影响土坡的稳定，且渗透力又可引发土的渗透破坏。

地球表面的干旱区和半干旱区占很大面积。这时地下水位通常很深，气候变化引起地表附近土的含水率变化。在碱性环境下生成的一种高塑性土——膨胀土，其含水率增高会引起土体积膨胀，当它的变形受限时，会产生膨胀力。对于一些孔隙较大的粉土，例如湿陷性黄土，含水率增高，又可能引起湿陷，在荷载作用下湿陷更明显。暴雨使非饱和区的土达到饱和，使原来的负孔压消失，随后在土中渗流的渗透力作用下，可引起土体的崩塌、土坡的滑动及产生泥石流。

土中水的渗流使大气降水补给地下水，或者增加土壤含水率，这对于地球上蓬勃生长的草木等植物是至关重要的，土中水是地球生命的源泉之一。同时土中水的渗流也使宝贵的水资源得以存储，使大地充满了生机。可是渗流也会引发许多严重的工程问题。例如，美国的提顿（Teton）坝，1976 年由于渗透破坏而引起垮坝，总损失达 2.5 亿美元。我国在 1998 年长江洪水期间，堤防出险 5000 余处，其中60％～70％是管涌等渗透变形引起的。堤防工程中的主要险情如管涌、散浸、脱坡、崩岸等都与渗透有关。

在其他领域中，土中水的渗流也有重要意义。高层建筑深基坑发生事故的比例很高，其中主要原因在于土中水引起的水土压力变化和渗透变形。在采矿与石油工程中，渗流也是一个重要课题。近年来，环境工程受到世界各国的重视。其中有毒生活废水和工业废水的排放，固体垃圾堆放引起的地下水的污染，放射性核废料的通过地下水的污染与扩散，成为重大环境课题。这些都促使学者们对渗流问题进行深入的研究。

6.1 土 中 的 水

6.1.1 土中水的类型

土中水除了极少一部分以结晶水的形式紧紧吸附于固体颗粒的晶格内部外，绝大部分以吸着水(adsorbed or hydroscopic water)和自由水(free water)的形式存在于土体中。通常情况下，结晶水以固体方式存在，与土体内部其他类型的水交换作用极小(通常认为没有交换)，对其土体的物理性质的影响一般按照其结合的结晶矿物来考虑，也就是说将其归结到固体颗粒中。初等土力学中通常所指的土中水一般不包括结合在土体颗粒中的结晶水。一般来讲，土中水即为土中的液相成分，吸着水和自由水的比例及其变化对土的工程性质影响极大，工程上对土中水的分类见表 6.1。

表 6.1 土中水的类型

水的类型		主要性质
吸着水	强吸着水	与固相部分结合较强，冰点很低，沸点较高，弱交换，压力传递不能按照液体压力简单计算
	弱吸着水	不能自由流动，可以转移交换，压力传递不能按照液体压力简单计算
自由水	毛细管水	仅在非饱和土体中存在，可与其他液相部分交换，受限流动，受表面张力及重力作用较明显
	重力水	可自由流动，传递静、动水压力，主要受水压力与重力作用

土中水处于不同位置和温度条件下，可具有不同的物理状态即固态、液态和气态。广义而言，矿物内部的化学结合水也属于土中水，包括以 OH^- 和 H^+ 存在于晶格固定位置上的结构水以及以水分子形式存在于晶格中的结晶水。

(1) 吸着水

吸着水(adsorbed water，也叫结合水)是指被土颗粒表面的电荷产生的静电引力吸附在土粒表面的水。通常，黏土颗粒的表面都带有静负电荷，其周围产生电场。因水分子是极化分子，水溶液中的钠、钙、铝等阳离子与水分子组成水化阳离子团，被土粒表面电场吸引，从而在土颗粒表面外侧吸附了一层与自由水不同的水膜，这水膜称为吸着水，如图 6.1(a)所示。与自然界中的液态水相比，吸着水有较大的黏滞性、较小的能动性和较高的密度。距土颗粒表面愈近，静电引力愈强；愈远，引力愈弱。吸着水层按照吸引力大小又可分为强吸着水和弱吸着水。强吸着水受到土颗粒的吸附力可高达几千个大气压，牢固地结合在土颗粒表面，其性质接近于固体。强吸着水在温度达 −78 ℃以下时才冻结，在温度达 110 ℃以上时才可被蒸发，能够承受剪力作用，但不传递液体压力，在常温下这些水是矿物

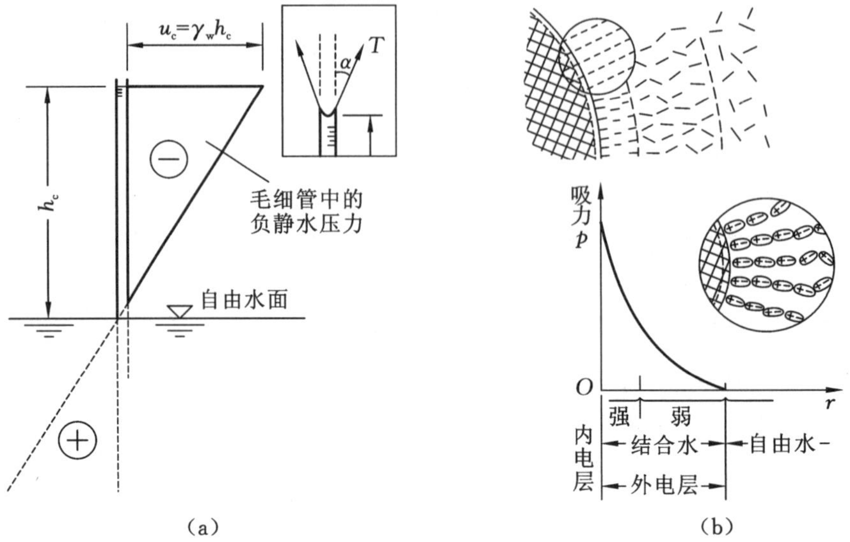

图 6.1　土中水示意图

(a)吸着水示意图;(b)自由水示意图

u_c—毛细管中的负静水压力;γ_w—水的容积密度;

h_c—毛细管水上升高度;T—表面张力;α—接触角;p—吸力;r—半径

的组成部分,只在矿物成分改变后才影响土的性质。

弱吸着水也称为薄膜水,由于距颗粒表面较远,电分子力对它作用较小,不能传递液体压力,也不能在孔隙中自由流动,但它可以因电场引力的作用从水膜厚的地方向水膜薄的地方转移,也会在压力作用下析出变成自由水,这时吸着水膜变薄。弱吸着水的存在,使土具有塑性、黏性和流变特性,影响土的压缩性和强度,并使土的透水性变小。

(2) 自由水

离开土颗粒表面较远,不受土颗粒的电作用力影响,可在重力作用下自由移动的水被称为自由水。土中自由水的性质和普通水无异,能传递静水压力,标准大气压时冰点为 0 ℃,有溶解能力。自由水又可分为毛细水(capillary water)和重力水(gravitational water)两种。

① 毛细水

土体内部相互贯通的弯曲孔隙通道,可以看成是许多形状不一、大小不同、彼此连通的毛细管。由于水、气界面上的表面张力,地下水将沿着这些毛细管被吸引上来,在地下水位以上形成一定高度的毛细水带。这一高度称为毛细水上升高度。毛细水上升高度与土的孔隙大小和形状,土粒矿物成分以及水的性质有关。对于孔隙较大的粗粒土,毛细水几乎不存在。土颗粒愈细,毛细水上升愈高,黏性土的毛细水上升较高,可达 1 米乃至几米。在毛细水带内,靠近地下水位的部分土的孔隙才可能被水基本充满,这一部分称为毛细水饱和带。

在毛细水带内，由于水、气界面上弯液面和表面张力的存在，使孔隙水的压力小于大气压力，如取大气压 $p_a=0$，则毛细区的孔隙水压力为负。在潮湿的粉、细砂中毛细水仅存在于土粒接触点周围，彼此是不连续的。孔隙中的气与大气连通，因此，孔隙中的水压力亦将小于大气压力。水压力有使相邻土粒相互挤紧的作用，这个压力称为毛细水压力。

毛细水压力的存在，增加了粒间错动的摩擦阻力。这种由毛细水压力引起的摩擦阻力犹如给予砂土以黏聚力，以致在潮湿的砂土中能开挖一定高度的直立坑壁。但若砂土被水浸饱和或风干，则弯液面消失，毛细水压力变为零，这种黏聚力也就不再存在。所以通常把这种毛细水产生的黏聚力称为假黏聚力。

② 重力水

在土体中，仅受重力作用控制，在重力或水位差作用下能在土中流动的自由水称为重力水。它与普通水一样，具有溶解能力，能传递静水和动水压力，对土颗粒有浮力作用。它能溶蚀或析出土中的水溶盐，改变土的工程性质。

必须指出，水是三相土的重要组成部分，一般认为它不能承受剪力，但能承受压力和一定的吸力；同时，水的压缩性很小，在通常所遇到的工程压力范围内，它的压缩量可忽略不计。

(3) 固态水

固态水即冰，温度降到 0 ℃以下时，孔隙中的水会凝结成冰。水结冰后体积将膨胀，同时由于水分迁移和补给，在土层中会形成冰层或冰透镜体。固态水在土中起着暂时的胶结作用，提高土的力学强度，降低透水性。但温度升高后，冰层解冻为液态水，使土的强度急剧降低，压缩性增大，土的性质显著恶化，如处于地下水以上的某些公路路面，在开春后的翻浆现象就是固态水融化引起的。寒冷地区季节性冻土的冻融现象使土的性质发生很大变化，因此，冻土力学已经成为土力学中专门的研究课题。

6.1.2 土中水的形态及对土性的影响

(1) 水分子结构及其相互作用

水分子为 H_2O，可以看出，水分子的正负电荷是平衡的，但分布并不均匀，正电荷集中在一角，负电荷在另一角，构成了偶极子。分子的正角吸引另一个分子的负角，导致临近四个水分子间键接，形成四面体结构。水分子间的键接可能有两种方式，一是氢键结合，二是范德华(Van der Waals)键。

(2) 黏土颗粒表面的电荷

黏土颗粒表面带有负电荷，这种现象可由如下试验得到证实。在潮湿黏土中插入两个直流电极，通电后阳极周围的土变干，而阴极周围的土变得更湿。这是因为土颗粒带负电荷，向阳极移动，这种电动现象称为电泳，而水分子向阴极移动，称为电渗。这个试验原理被用于电渗降水，即将竖直插入软土地基的排水板接阴极，在电渗作用下，孔隙水流向排水板并导出地面，以加速渗透系数很小的软黏土地基固结。

(3) 黏土颗粒表面的双电层与结合水

带负电的黏土薄片在其周围形成电场，周围水中的水分子偶极子，以及阳离子，如 Na^{+} 和 Ca^{2+} 等，因静电吸引而收附于土粒表面，离土粒表面愈近，吸附愈紧。带有负电荷的黏土片和周围的极化水分子、带有正电荷的阳离子云等组成的扩散层被称为扩散双电层，简称双电层。土颗粒与水发生物理化学作用，对于黏土矿物，其离子易溶于水，且黏土颗粒扁平，比表面积大，与水充分接触，相互作用力可能与颗粒的重力处于相同量级，因此研究黏土颗粒与水的相互作用是重要的。水分子具有不均匀分布的电荷和偶极子特性，它能吸引溶液中的离子成为氢氧化物，即水化作用。正离子吸附于水分子负电的一端，从而破坏了水的结构。未溶离子虽没有发生水化作用，但仍占据空间，也影响到水的扩散性和黏滞性。大量证据表明水被土的矿物(特别是黏土矿物)吸附。黏土颗粒与水间相互作用力可包括氢键作用、可交换阳离子的水化作用、渗析作用、静电力作用和范德华力作用。

黏土颗粒与水之间相互作用，在土粒表面形成双电层，或称为扩散层。双电层内的水被称为结合水。结合水又分为强结合水和弱结合水。如图 6.2 所示，不同学者测量了钠基蒙脱石结合水密度随含水率的变化关系。同样，越接近黏土颗粒表面，水冻结温度越低，在双电层中水的冻结温度可能比孔隙中心的水低几度。结合水的黏滞性大、比热大、介电常数也较低。

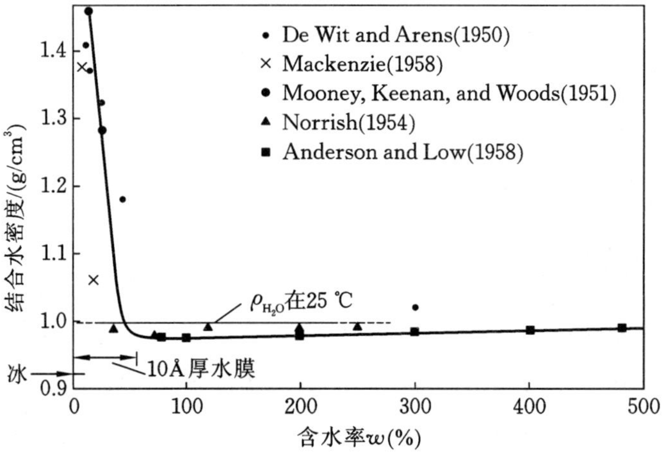

图 6.2　结合水密度与含水率的关系图

(4) 黏土颗粒双电层的厚度

扩散层的厚度可假设为从土粒表面到离子浓度达水溶液中正常离子浓度的点的距离。黏土颗粒表面带负电荷，并在周围形成电场。电场强度可以用电位来表示，正常离子浓度的点即为电位为零的点，如图 6.3 所示。

在图 6.3(a)中，用一无限范围的薄片表示黏粒表面，假定其上负电荷均匀分布，距其 x 处一微分

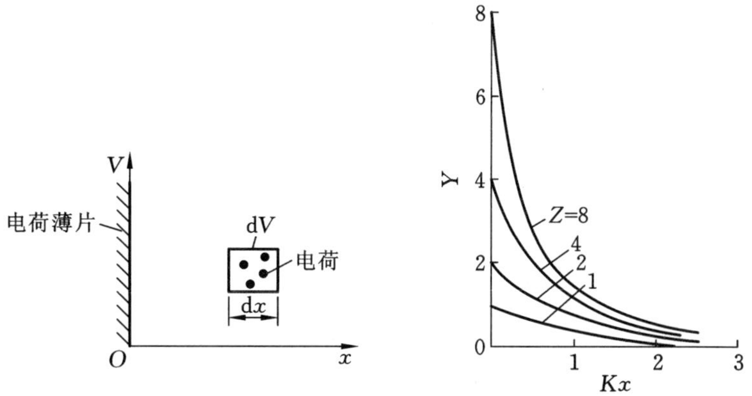

(a) (b)

图 6.3 双电层中电位和电荷分布

体 dV，包含有电荷的密度 $\rho=vEn$，根据波尔兹曼(Boltzmann)公式和古衣-察普门(Guoy-Chapman)方程，可推导出微分方程：

$$\frac{d^2\psi}{dx^2}=-\frac{4\pi}{\lambda}vEn_0\exp\left(-\frac{vE\psi}{kT}\right) \tag{6-1}$$

式中 ψ——扩散层中离土粒表面 x 处的电位，土粒表面电位记作 ψ_0；

λ——扩散层介质的介电常数；

v——电荷的离子价；

E——电荷的静电单位；

n——离子的浓度，其中 n_0 为零电位时的离子浓度；

k——波尔兹曼常数；

T——绝对温度。

图 6.3(a)的边界条件为：$x=0$，$\psi=\psi_0$，$x=\infty$，$\psi=0$，可以求得微分方程的解，并可近似表示为：

$$\psi=\frac{4kT}{vE}\exp(-Kx) \tag{6-2}$$

式中，

$$K=\left(\frac{8\pi n_0E^2v^2}{\lambda kT}\right)^{\frac{1}{2}}$$

因此，扩散层电位随离土粒表面的距离呈指数关系衰减，如图 6.3(b)所示。在图 6.3(a)中，$z=vE\psi_0/(kT)$，$Y=vE\psi/(kT)$。当 $x=\dfrac{1}{k}$时，$\psi=\dfrac{4kT}{vE}$，视为电位近似于零，即扩散层厚度近似为 $1/k$：

$$\frac{1}{k}\equiv\frac{1}{Ev}\left(\frac{\lambda kT}{8\pi n_0}\right)^{\frac{1}{2}} \tag{6-3}$$

从式(6-3)可见,扩散层厚度与介电常数 λ 和绝对温度 T 的乘积的平方根成正比,和正常溶液中离子浓度 n_0 的平方根成反比,同时与离子价成反比。即采用高价离子和增加浓度可减小土粒周围的电位。

研究黏土和水的分子结构,以及相互作用具有一定的理论和实践意义。土的塑性是黏性土的主要特性,它主要取决于土粒的矿物成分和黏土矿物的片状结构。试验表明,对原生矿物如长石、石英等,即使将其研磨成小于 2 μm 的微粒,也不具塑性。黏土矿物的片状结构,使其具有较厚的扩散层,颗粒间靠结合水连接,因而表现出塑性。改变悬液中离子的浓度和价数,可以改变扩散层的厚度,从而改变颗粒间的排列,起到絮凝或分散作用。加分散剂可使沉积黏土排列紧密,获得较少的渗透系数和较高的强度,加絮凝剂则获得更开敞的结构,以利于排水,例如颗粒分析比重计试验中的分散剂,护壁泥浆中的膨润土。此外,其他研究成果也能用于指导工程实践,例如,不同化学物质的吸附特性、离子交换特性可应用于废弃物和有害废物的填埋,以保证黏土垫层的防渗性和长期安全运行。再例如通过研究水对黏土矿物的影响,可以开发出合适的土体改良方法。

6.2　土的渗透

6.2.1　土中水的势能

水总是从能量高的状态流向能量低的状态。土中水的渗流速度通常较慢,其动能部分往往可以忽略,所以决定土中水的运动主要是其势能。土中水的势能可以分为重力势、压力势、基质势和溶质势。势能的单位是焦耳,即 kN · m。如果是单位体积水的能量,单位为 kPa;如果是单位重量水的能量则单位为 m。

(1) 重力势 ψ_g

重力势即水的位能,单位体积的水的重力势可表示为:

$$\psi_g = z\gamma_w \tag{6-4}$$

式中　ψ_g——重力势;

z——所考虑点相对于基准面的竖向距离,在基准面以上取正值,之下取负值;

γ_w——水的容积密度。

(2) 压力势 ψ_p

压力势由水受到的压力,即土中的孔隙水压力所决定。它又可分为静水压力势、渗流压力势和超静水压力势。某点的压力势可以通过与该点连通的测压管中水位确定。三种压力势在图 6.4 中被给出了定性的表示。

在静止的地下水位以下,土中各处的孔隙水总势能是相等的,因而水是不会流动的。这时孔隙水

总势能为重力势 ψ_g 和静水压力势 ψ_p。

对于图 6.4(a)中 B 点：

$$\psi_B=\psi_g+\psi_p=0+0=0$$

式中 ψ_B——B 点的孔隙水总势能。

对于图 6.4(a)中 A 点：

$$\psi_A=\psi_g+\psi_p=-\gamma_u h+\gamma_u h=0$$

式中 ψ_A——A 点的孔隙水总势能。

在各向同性土中渗流时，土中水总是沿着势能梯度(最大水力坡降)方向向着总势能低的地方流动。所以这时某点的压力势并不等于该点与其上自由水面间的高差，而是用通过与该点连通的管内的静水位来度量。图 6.4(b)中 A 点的静水压力势为：

$$\psi_p=\gamma_w h \tag{6-5}$$

式中 γ_w——水的容积密度；

h——考虑点的连通管内的静水位。

在稳定渗流的情况下，静水压力势和渗流压力势都不随时间而变化，所以土体不会有体积的变化。超静水压力势属于由荷载在水中引起的高于静水压力的那部分，如图 6.4(c)和 6.4(d)所示。图 6.4(c)所示为由外加荷载 p 引起的超静水压力势，这时 ψ_p 最大可达到：

$$\psi_p=\Delta h\gamma_w=p \tag{6-6}$$

式中 Δh——连通管内水位与水平面的高差。

图 6.4(d)中超静水压力势是由土体自重而引起。当饱和松砂振动完全液化时，超静水压力势最

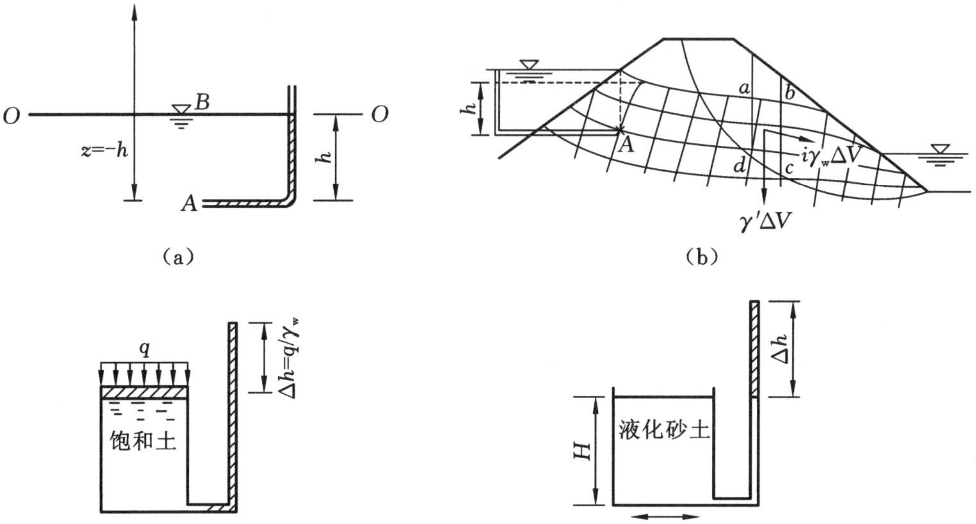

图 6.4 土中水的势能

大可达到：

$$\psi_p = \Delta h \gamma_w = (\gamma_{sat} - \gamma_w) H \quad (6\text{-}7)$$

式中　γ_{sat}——砂饱和容积密度；

H——考虑点以上砂土厚度。

欠固结土中超静水压力势有类似的情况。在有渗流条件下，超静水压力势一般是随时间的变化而变化，它会逐渐消散，这种消散过程称为固结，并伴随着土的体积变化。

6.2.2　达西定律

达西定律揭示了单位面积渗流量 q 与水头坡降 i 成正比，比例常数为渗透系数 k。很多人致力于建立渗流的物理模型，用理论进行推导，其中较成功的是毛细管模型。该模型用毛细管代替孔隙通道，分析其中的一根毛细管，半径为 R，截面面积为 a，截面上流速 $v(r)$ 呈抛物线分布。

假设在 L 长度上有水头损失 h，即水力坡降 $i=h/L$，渗透力 $j=\gamma_w h/L$，则半径为 r 的管流水体所受总渗透力 $=L\pi r^2\gamma_w h/L=\pi r^2\gamma_w h$。该力为周边的水体的阻力所平衡，阻力 $=2\pi rL\tau$，其中 τ 为水的黏滞力，对于牛顿黏滞流体，$\tau=-\eta \mathrm{d}r/\mathrm{d}v$，$\eta$ 为动力黏滞系数。

经过推导可得

$$k = \frac{\gamma_w R^2}{8\eta} \cdot n \quad (6\text{-}8)$$

式中　k——渗透系数；

η——动力黏滞系数；

R——毛细管半径；

γ_w——水的容积密度；

n——孔隙率。

对于饱和土，渗透系数 k 取决于流体的性质 η，而 η 又与温度、介质浓度和水中气泡等因素有关，γ_w 与可溶性盐的含量有关，此外，R 和 n 受土粒的颗粒大小、级配等因素影响，这些因素也是影响土的渗透系数的因素。

式(6-8)只是定性理解土渗透系数主要影响因素的公式。实际上已有研究推导建立了各种初步确定土渗透系数的经验公式。除以上因素外，土颗粒的形状、矿物组成等也会影响渗透系数。对于高塑性黏土，黏土颗粒表面存在双电层，在一定范围内形成结合水，受双电层影响，对孔隙水中的 η、R、n 都会产生影响。结合水的性质虽然与一般状态的水存在很大区别，但实践表明，达西定律对于黏性土在一定范围内也是适用的。

6.2.3　达西定律的适用范围

达西定律表明，土的渗透流速与其水力坡降间呈线形关系，比例常数是渗透系数 k。这是在流体处于层流和流体的流变方程符合牛顿定律的前提下才成立的,即剪应力与剪应变的速率成正比。对于大颗粒土,存在大孔隙通道,在高水力坡降下可能会使渗透变成紊流;在黏土中,水与颗粒表面相互作用也可能使流变方程偏离牛顿定律。这分别成为了达西定律适用情况的上、下限。

(1) 粗粒料的渗透性

水在较粗颗粒土(砾石、卵石)的孔隙中流动时,水流形态可能发生变化,随流速增大,呈紊流状态,渗流不再服从达西定律,类似于管道水流,此时用雷诺数 Re 判断粗粒土中的流态。

$$Re=\frac{vd_{10}}{\eta} \tag{6-9}$$

式中 v——流速;

d_{10}——土的有效粒径;

η——动力黏滞系数。

当 $Re<5$ 时,层流,$v=ki$;

当 $200\geqslant Re\geqslant 5$ 时,过渡区,$v=ki^{0.74}$;

当 $Re>200$ 时,紊流,$v=ki^{0.5}$。

也可不计流动形态,用统一公式模拟试验结果,例如:

$$i=aq+bq^2 \tag{6-10}$$

或

$$i=aq^m \quad (m=1\sim 2) \tag{6-11}$$

式中 q——单位面积断面流量;

a,b——由试验确定的常数。

(2) 黏土的渗透性

一般认为达西定律对于黏性土也是基本适用的。可是在较低的水力坡降下,某些黏土的渗透试验表明,v 与 i 之间偏离直线。对于这一现象有不同解释,但是一般认为这是黏土颗粒表面与孔隙水间物理化学作用的结果,亦即双电层内的结合水与一般流体不同,是半固体状态,有较大黏滞性,不服从牛顿黏滞定律,只有在较大起始坡降下,达到其屈服强度,才开始按线性关系流动。

(3) 非达西渗透

达西定律是在层流假定条件下提出的,认为水的渗透速度 v 与水力梯度 i 成正比[图 6.5(a)],但它并不是对于任何情况都适用。密实黏土的颗粒比表面积较大,孔隙大部分或全部充满着吸着水,由于受吸着水的影响,其渗流规律会偏离达西定律,具有与砂土不同的渗透性能。如图 6.5(b)中曲线所示,当水力梯度较小时,密实黏土的渗透速度与水力梯度不呈线性关系,甚至不发生渗流,只有在水力梯度增大至某一值,克服了吸着水的阻力后,水才开始渗流。一般常把黏土的这一渗流特性简化为图 6.5(b)中虚直线的线性关系:$v=k(i-i_b)$,i_b 称为黏土的起始水力梯度(initial hydraulic gradient)。试验表明,密实黏土的起始水力梯度有时会达到较大的数值。

许多试验研究指出，在粗颗粒的土中(如砾、卵石地基或填石坝体)，随着渗透速度增大，达西定律会显示出它的局限性。如图6.5(c)所示，当渗流速度超过临界流速 v_{cr} 时($v_{cr}\approx0.3\sim0.5$ cm/s)，渗流速度 v 与水力梯度 i 的关系，即表现为非线性的规律，渗流已非层流而呈紊流状态，此时达西定律不再适用。

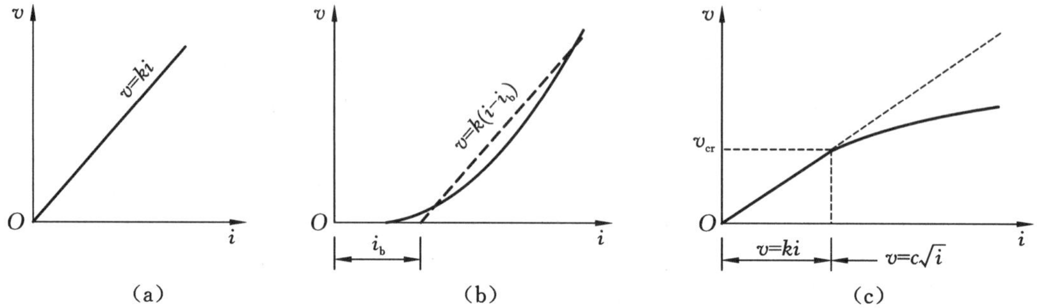

图6.5　土的渗透速度与水力梯度的关系

(a)砂土；(b)密实黏土；(c)砾土

需要指出的是，水在土中的渗透不是通过土的整个截面，而仅仅是通过该截面内土粒间的孔隙，孔隙形状是不规则的，因而要直接测定水在土体内部实际的速度十分困难，所以常用的渗透速度是指整个土体断面上的平均流速，而不是通过孔隙的实际流速。水在孔隙中的实际速度要比计算的渗透速度大，在工程设计中，除特别指出外，在渗流计算中一般采用平均渗流速度 v。

6.2.4　影响土渗透系数的因素

(1) 颗粒骨架对土渗透系数的影响

① 土颗粒的组成

黏土和粗粒土间渗透系数及其影响因素的机理不同。黏土颗粒表面存在结合水和可交换阳离子，其渗透系数很低；不同黏土矿物之间渗透系数相差极大，其渗透性大小如下：

高岭石＞伊利石＞蒙脱石

黏土矿物的片状颗粒也使黏土渗透系数呈各向异性，有时水平向渗透系数会比垂直向大几十倍、上百倍。

对于粗粒土，影响渗透系数的因素有颗粒的大小、形状和级配。一般认为，存在一个特征粒径，它与渗透系数间存在如下关系：

$$k=cd \tag{6-12}$$

式中　k——渗透系数；

d——特征粒径。

其中特征粒径一般取 d_{10}。这表明在粗粒土中的细颗粒含量对土的渗透性有较大影响。

② 土的状态

影响土的渗透性的另一个重要因素是其密度。一般情况下，可以建立渗透系数 k 与土孔隙比 e

之间的经验公式，k 随 e 减小而减小。比如可认为 e-lg$k$ 间关系表示为直线。

③ 土的结构

土的结构对黏性土的渗透系数影响更大一些。如果黏性土先形成粒组、团粒结构，则团粒间的大孔隙决定了渗透性，使其渗透性明显加大。已有研究表明，在最大干密度（亦即最小孔隙比 e_{min}）下土的渗透系数最小，这时对应击实时土处于最优含水率状态。如击实时 $w<w_{op}$，在击实时容易形成絮状结构，易形成相对较大的孔隙，渗透系数就大。对于 $w>w_{op}$，击实土形成分散结构，易形成较多的小孔隙，即使孔隙量相同，渗透系数也比 $w<w_{op}$时小得多。

(2) 渗透流体对土渗透系数的影响

从式(6-8)可见流体的黏滞系数 η 和液体（水）的容积密度 γ_w 是渗透系数 k 的主要影响因素，而渗透流体受到的压力、温度和流体内电解质的浓度对这两项都有影响。当水中含有封闭小气泡时，即使含量很小，也会对其渗透性产生较大影响。在黏土中由于双电层的影响，电解质溶质的成分对其渗透性起主要作用。其中渗透流体的极性增大，介电常数减小，k 随之减小。这既与对黏土的结构有关，也与渗透流体本身的性质有关。溶液中盐含量提高（或价位提高），渗透系数加大，这是黏土中结合水膜的厚度所导致的。

(3) 温度对土渗透系数的影响

学者们很早就注意到温度对软土渗透性的影响，一些学者对此开展了研究。试验研究手段主要有两种：一种是通过对土样开展热固结试验来间接计算出土体的渗透系数。例如，Habibagahi 发现热固结试验中的计算渗透系数会随着温度的升高而增大，并认为这是因为加热会使土体孔隙水的黏度降低，故土体的表观渗透系数增大。Towhata 等发现膨润土在 20 ℃时的渗透系数和 90 ℃时的渗透系数相差巨大，后者是前者的 5 倍。Tsutsumi 和 Tanaka 发现水的黏滞系数和土体的表观渗透系数存在一定的相关性，并提出用下式来表示两者之间的关系：

$$\frac{k_T}{k_{20}}=\frac{\eta_{20}}{\eta_T} \tag{6-13}$$

式中　k_{20}，k_T——土体在温度为 20 ℃和 T 时的渗透系数；

η_{20}，η_T——土中孔隙水在温度为 20 ℃和 T 时的黏滞系数。

另外一种研究手段是直接在高温条件下开展渗透试验测定土体的渗透系数。Morin 和 Silva 对钙质软泥展开不同温度的恒水头渗透试验，发现土样在消除水黏滞性的前提下，其绝对渗透系数仅和土体的孔隙比有关，和压力及温度无关。Delage 等人在 20～90 ℃的膨润土恒压渗透试验中发现土体的绝对渗透系数仅和孔隙率有关，试样在从 20 ℃加热到 90 ℃过程中出现收缩现象（孔隙率从 39%下降到 37.2 %），绝对渗透系数则从 2.5×10^{-12} m/s 增加到 6.2×10^{-12} m/s。

温度对土体渗透性机理方面的研究有：王先锋系统地论述了温度变化对土体力学性质的影响，并认为饱和土体的孔隙水黏滞系数会随着温度的升高而显著降低，由此影响土体渗透系数；Wang 等人基于试验也得出了上述结论，具体试验结果见表 6.2；随着温度的升高，土体孔隙率由 42.55%下降至

41.30%，而黏滞系数从 0.89 MPa·s 下降到 0.47 MPa·s，降幅度达到 47.19%。以上研究表明，随着温度的升高，软土的孔隙水黏滞系数减小，土体因膨胀变形导致孔隙增大，综合作用导致土体的表观渗透系数增大；但变温常水头渗透试验表明土体的绝对渗透系数在消除水黏滞性的影响后，几乎不受温度和应力的影响，仅和土体的孔隙比有关。

表 6.2　各温度下的孔隙率、黏滞性和电势能

温度 T/℃	25	35	50	60
孔隙率 n/%	42.55	41.63	41.40	41.30
黏滞系数 η/(MPa·s)	0.89	0.72	0.55	0.47
电势能ζ/mV	−13.5	−12.2	−10.9	−10.1

6.3　渗流与流网

6.3.1　势函数与流函数

引入速度势的定义，设势函数 $\Phi=kh$，则有 $v_x=ki_x=-\dfrac{\partial\Phi}{\partial x}$，$v_z=-\dfrac{\partial\Phi}{\partial z}$，即势函数的一阶导数为流速，负号代表流速指向 Φ 减小的方向。根据势流理论中的柯西-黎曼(Cauchy-Riemann)方程：

$$\left.\begin{aligned}\frac{\partial\psi}{\partial z}&=-\frac{\partial\Phi}{\partial x}\\\frac{\partial\psi}{\partial x}&=\frac{\partial\Phi}{\partial z}\end{aligned}\right\}\tag{6-14}$$

可知必存在一个流函数 ψ，ψ 的一阶偏导数为：

$$\frac{\partial\psi}{\partial z}=v_x,\frac{\partial\psi}{\partial x}=-v_z\tag{6-15}$$

将式(6-14)中的前一式两边对 x 微分，再减去第二式两边对 z 微分得：

$$\frac{\partial^2\Phi}{\partial x^2}+\frac{\partial^2\Phi}{\partial z^2}=0\tag{6-16}$$

将式(6-14)中的前一式两边对 z 微分，再加上第二式两边对 x 微分得：

$$\frac{\partial^2\psi}{\partial x^2}+\frac{\partial^2\psi}{\partial z^2}=0\tag{6-17}$$

可见势函数和流函数为共轭调和函数，其解为两簇曲线——流网。

对于二维渗流，若土体和水不可压缩，水流连续性方程可表示为：

$$\frac{\partial v_x}{\partial x}+\frac{\partial v_y}{\partial y}=0 \tag{6-18}$$

根据高等数学知识，其充要条件是存在某函数 ψ，满足 $d\psi=-v_y dx+v_x dy$，则有：

$$v_x=\frac{\partial \psi}{\partial y}, v_y=-\frac{\partial \psi}{\partial x} \tag{6-19}$$

这里称 ψ 为流函数(stream Function)，流函数相等的线即形成了流线(streamline)。

引入速度势 $\phi=kh$，则有

$$v_x=-\frac{\partial \phi}{\partial x},\quad v_y=-\frac{\partial \phi}{\partial y} \tag{6-20}$$

将上式代入连续性方程，得：

$$\frac{\partial^2 \phi}{\partial x^2}+\frac{\partial^2 \phi}{\partial y^2}=0 \tag{6-21}$$

式(6-21)即为拉普拉斯(Laplace)方程，ϕ 为势函数(Potential Function)。流函数与势函数并不是两个孤立的函数，而是彼此相关的，当一组曲线求得后，另一组曲线也就确定了。从微分学的运算可以得到这两个函数的关系为：

$$v_x=-\frac{\partial \phi}{\partial x}=\frac{\partial \psi}{\partial y}\quad v_y=-\frac{\partial \phi}{\partial y}=\frac{\partial \psi}{\partial x} \tag{6-22}$$

将上式两项相乘可以得到：

$$\frac{\partial \phi}{\partial x}\frac{\partial \psi}{\partial x}+\frac{\partial \phi}{\partial y}\frac{\partial \psi}{\partial y}=0 \tag{6-23}$$

对于确定的一条等势线和流线，其斜率为：

$$\left(\frac{dz}{dx}\right)_\phi=-\frac{\partial \phi}{\partial x}\Big/\frac{\partial \phi}{\partial y}\quad \left(\frac{dz}{dx}\right)_\psi=-\frac{\partial \psi}{\partial x}\Big/\frac{\partial \psi}{\partial y} \tag{6-24}$$

可知在等势线与流线的交点上有：

$$\left(\frac{dz}{dx}\right)_\phi=-\frac{1}{\left(\frac{dz}{dx}\right)_\psi} \tag{6-25}$$

两组曲线的斜率互为倒数，说明等势线与流线相互正交。上述拉普拉斯方程描述的渗流问题，应满足以下几个条件：①渗流为稳定流；②渗流符合达西定律；③土体为均匀介质或分块均匀介质。

6.3.2 流网的性质及绘制

(1) 等势线和流线正交

将式(6-14)中前一式除以第二式，得：

$$\frac{\partial \Phi}{\partial x}\Big/\frac{\partial \Phi}{\partial z}=-\frac{\partial \psi}{\partial z}\Big/\frac{\partial \psi}{\partial x} \tag{6-26}$$

在等势线 Φ 上，因为：

$$\frac{\partial \Phi}{\partial x}=\frac{\partial \Phi}{\partial z}\left(\frac{\mathrm{d}z}{\mathrm{d}x}\right)_{\Phi} \tag{6-27}$$

所以斜率为：

$$\left(\frac{\mathrm{d}z}{\mathrm{d}x}\right)_{\Phi}=\frac{\partial \Phi}{\partial x}\Big/\frac{\partial \Phi}{\partial z} \tag{6-28}$$

在流线 ψ 上，因为

$$\frac{\partial \psi}{\partial x}=\frac{\partial \psi}{\partial z}\left(\frac{\mathrm{d}z}{\mathrm{d}x}\right)_{\psi} \tag{6-29}$$

所以斜率为：

$$\left(\frac{\mathrm{d}z}{\mathrm{d}x}\right)_{\psi}=\frac{\partial \psi}{\partial x}\Big/\frac{\partial \psi}{\partial z} \tag{6-30}$$

在等势线与流线交点处：

$$\left(\frac{\mathrm{d}z}{\mathrm{d}x}\right)_{\Phi}\left(\frac{\mathrm{d}z}{\mathrm{d}x}\right)_{\psi}=\left(\frac{\partial \Phi}{\partial x}\Big/\frac{\partial \Phi}{\partial z}\right)\left(\frac{\partial \psi}{\partial x}\Big/\frac{\partial \psi}{\partial z}\right) \tag{6-31}$$

据式(6-26)可知：

$$\left(\frac{\mathrm{d}z}{\mathrm{d}x}\right)_{\Phi}\cdot\left(\frac{\mathrm{d}z}{\mathrm{d}x}\right)_{\psi}=-1 \tag{6-32}$$

故流线与等势线正交，参见图 6.6。

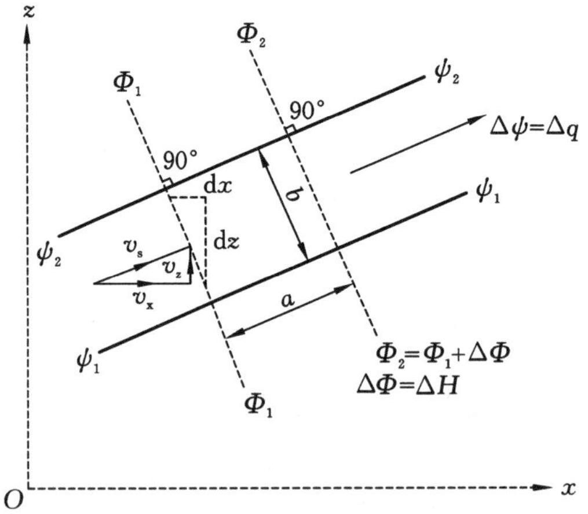

图 6.6　流网的网格

(2) 网格形状

若流网中各等势线间差值相等，且各流线间隔也相等，则各网格的长宽比为常数。设流网中有 m 条等势线间隔和 n 条流槽，网格沿流线方向长度为 a，沿等势线方向长度为 b，若等势线间隔相等，则

两等势线间差值为 $\Delta h = H/m$，H 为总水头差。若流线间隔相等，各流槽的流量为 $\Delta q = q/n$，q 为总单宽渗流量。

网格中水力坡降 $i = \frac{\Delta h}{a} = \frac{H}{am}$，则：

$$q = kib = k\frac{b}{a}\frac{H}{m} \tag{6-33}$$

式中 i——水力坡降；

k——渗透系数。

因为各网格 H/m 和 Δq 相等，故由式(6-33)可知，长宽比 a/b 为常数。

应用正交性和 a/b 为常数可绘制流网，并计算出总单宽渗流量 q 为：

$$q = n\Delta q = kH\frac{b}{a}\frac{n}{m} \tag{6-34}$$

若网格为正方形，即 $a=b$，则 $q = kHn/m$。

(3) 边界条件

在绘制流网中各种边界条件常常是十分有用的。

第①类边界条件为水头相等的边界条件，即等势线。如水位以下土的透水边界上总水头相等，为一条等势线，如图 6.7(a)中的 GH 线和 DF 线和图 6.7(b)中 AA' 和 KK' 线，以及图 6.7(c)中的 PS 和 RT 线。

第②类边界条件为流线。例如流场中的不透水边界线，如图 6.7(a)的 UU 线和 HAA' 线，图 6.7(b)中的 UU 线和 AJK 线，以及图 6.7(c)中的 ST 线。若边界条件为 $V_n = 0$，即只能发生沿此边界的渗流。

第③类边界条件为浸润线，即自由水面线，其特点是 $h = z$，$V_n = 0$，可见它本身为一条流线，如图 6.7(c)中 PQ 线。

第④类边界条件为水流的渗出段(逸出段)。水流渗出段的特点是和大气连通，压力水头为零，同时满足两个条件：$h = z$，即测管水头等于位置水头；$V_n \leqslant 0$，表明渗流方向和渗出面相交，且渗透流速指向渗流域的外部。

(4) 流网的绘制

根据前述的流网特征可知，绘制流网时须满足以下几个条件：①流线与等势线必须正交。②流线与等势线构成的各个网格的长宽比应为常数，即 l/s 为常数。为简便起见，一般取 $l = s$，此时网格应呈曲边正方形，这是一种常见的流网绘制图形。③必须满足流场的边界条件，以保证解的唯一性。

绘制流网的步骤包括：①根据渗流场的边界条件，确定边界流线和边界等势线；②根据绘制流网的另外两个要求，初步绘制流网；③一般初绘的流网总是不能完全符合要求，必须反复修改，直到大部分网格满足曲边正方形为止。应注意的是，流线之间、等势线之间不能交叉。当存在对称性时，可只绘制其中一半[图 6.7(a)]。

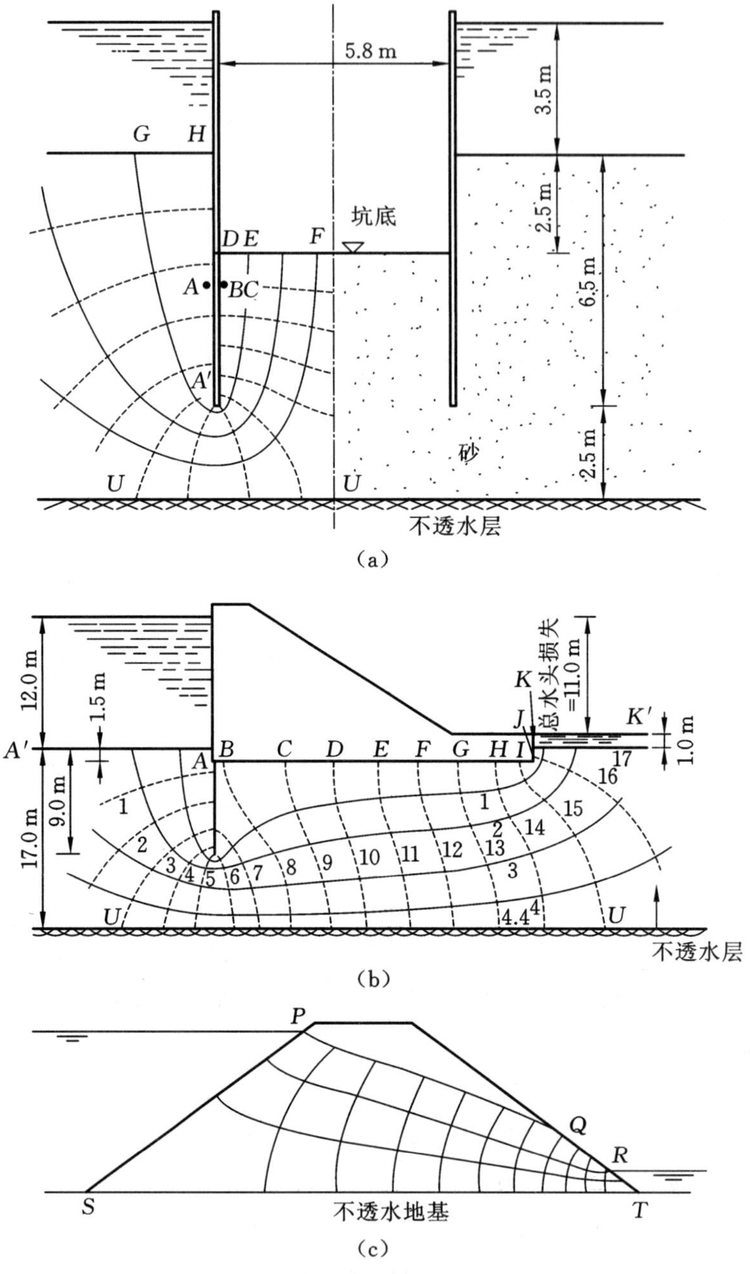

图 6.7　流网图

(a)基坑开挖排水流网；(b)坝基断面上流网；(c) 不透水地基上的土坝渗流

6.3.3 流网的应用

流网的主要应用包括：

(1) 计算渗流量、渗流速度和水力坡降

在各向同性渗流场中，若同一网带内水头差值相等，则每个网格的流量相等。因此，整个渗流区单位宽度的流量应等于各个流线间所夹条带（流带）的流量之和。根据流网特征，任意两条相邻等势线间的势能差相等，即水头差（损失）相等。若这两条等线间的水头差已知，则可以计算出该点的水力坡度和渗流速度。

(2) 计算水工建筑物基底的孔隙压力分布

用流网可以计算出水工建筑物（水坝、堤岸等）基底的孔隙压力分布。根据流网性质可计算流网各点的孔隙水压力，并绘制竖向水压力分布图，沿着底部的长度积分或叠加，即可求得建筑物的场压力。

此外，在岩土工程中，流网可以用于帮助设计合理的排水系统，降低基坑内的水位，避免土体坍塌。通过分析地下水流的分布对土体的影响，流网可以用于判断土体的稳定性。特别是在考虑水头变化对滑坡、沉降等问题的影响时，流网分析显得尤为重要。流网还可用于研究土体中的水分迁移，帮助分析渗透性土体中水流的行为，这对于坝体、隧道、地下结构等的设计与安全评估至关重要。在处理污染土与地下水的过程中，流网分析可以帮助预测污染物的扩散路径，为污染治理措施提供依据。

6.4 渗流工程问题

6.4.1 渗透力

土体渗流过程中会发生渗透破坏，归根结底是因为水流对土颗粒的拖曳力超过了某一临界值，这种渗透水流施加在土体颗粒上的拖曳力叫作渗透力（seepage force，亦称渗流力）。

从水平渗流的土体中沿渗透方向取出一微单元体，其面积为 $\mathrm{d}A$，长度为 $\mathrm{d}l$。在两端的水头差 $\mathrm{d}h$ 作用下，土中水发生水平渗流。如果以孔隙中的水体作隔离体，分析在流动方向上力的平衡，则：

$$\Delta P = A\,\mathrm{d}h\gamma_{\mathrm{w}} = F \tag{6-35}$$

式中 ΔP——两端孔隙水上的压力差；

F——土颗粒形成的骨架对孔隙水流的总的阻力。

由于这个阻力均匀分布在微单元中，所以单位体积土中颗粒产生的阻力为：

$$f = \frac{F}{\mathrm{d}A\,\mathrm{d}l} = \gamma_{\mathrm{w}}\frac{\mathrm{d}h}{\mathrm{d}l} \tag{6-36}$$

式中　f——单元体积土体中土颗粒对水的阻力，与流动方向相反，其实际是流动水对土颗粒的拖曳力的反作用力。

所以单位体积土体中，渗透水流对于土颗粒骨架的拖曳作用力为：

$$j=f=\gamma_w \frac{dh}{dl}=\gamma_w \cdot i \tag{6-37}$$

式中　j——渗透力；

f——单元体积土体中土颗粒对水的阻力；

γ_w——水的容积密度；

i——水力梯度。

渗透力 j 是一种体积力，它作用于单位体积土骨架上，其大小和水力坡降成正比，对于各向同性渗流，其作用方向与渗流场的水力坡降方向相一致。与浮力是作用于土颗粒表面上的静水压力差一样，渗透力是源于作用在土颗粒上沿渗流方向上的渗流水压力不等，所以它与浮力一样，在客观上表现为体积力，以 N/cm^3 或 kN/m^3 为其单位。可以看出，渗透力的大小随水力梯度 i 的增加而增大。

图 6.8 表示渗流对透水坝基的作用情况。若渗流方向是自上而下，即与土重的方向一致时（如图 6.8 中的 1 点），渗透力将起压密土的作用。反之，若渗流方向是自下而上（坝基下游），与土重的方向相反（如图 6.8 的 4 点），渗透力将起拖曳土颗粒的作用。渗透力愈大，拖曳作用愈大，土体将愈不稳定。一旦向上的渗透力大于土的浮容积密度，就会出现土粒被渗流水挟带向上涌出的现象，这就是渗透变形现象的本质。闸坝地基、土坝和基坑的边坡内常有可能出现渗流，在进行稳定分析时必须考虑渗透力的影响，分析发生渗透变形的机理。

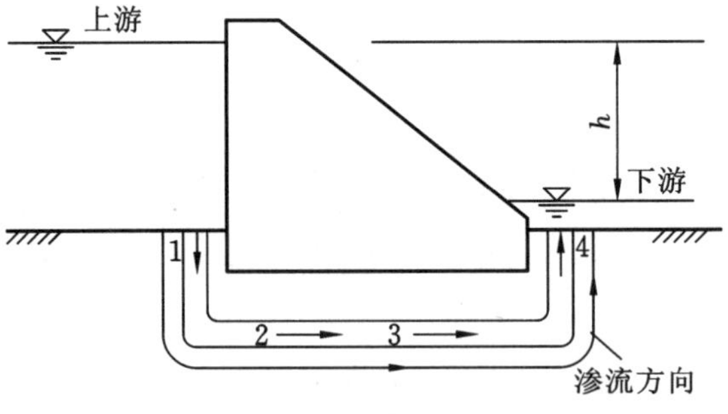

图 6.8　渗流对坝基的作用示意图

6.4.2　渗透变形

渗透力是作用在土骨架上的力，所以它将产生有效应力，这会对土的变形和稳定性产生影响。其中渗透变形（或称渗透破坏）是较为严重的工程问题，许多堤防的险情都是渗透变形引起的。

(1) 渗透变形的类型

按照渗透水流所引起的局部破坏的特征，渗透变形可分为流土和管涌两种基本形式。

① 流土

流土是指在向上渗流作用下，局部土体表面隆起，或者颗粒群同时起动而流失的现象。它主要发生在地基或土坝下游渗流溢出处。基坑或渠道开挖时所出现的流砂现象是流土的一种常见形式。一般来说，无论是无黏性土还是黏性土，只要水力坡降达到一定的大小，都会发生流土破坏。

② 管涌

管涌是渗透变形的另一种形式，它是指在渗流作用下土体中的细颗粒在粗颗粒形成的孔隙道中发生移动并被带走的现象。管涌的形成主要取决于土本身的性质。某些土即使在很大的水力坡降下也不会出现管涌，而另一些土(如缺乏中间粒径的砂砾料)却在不大的水力坡降下就可以发生管涌。

管涌破坏一般有时间发育过程，是一种渐进性质的破坏。按其发展的过程，管涌土可分为两类：一旦发生渗透变形就不能承受较大的水力坡降的土被称为危险性管涌土；当出现渗透变形后仍能承受较大的水力坡降，最后试样表面出现许多大泉眼，渗透量不断增大，或者发生流土，这种土称为非危险性管涌土。一般来说，黏性土仅发生流土而无管涌，无黏性土是否出现流土或者管涌主要取决于颗粒级配曲线的形状，其次是土的密度。

(2) 土的临界水力坡降

① 流土型的临界水力坡降

现从渗流溢出处取一单位土体，则该单位土体上有土体本身的有效容积密度 γ' 以及竖直向上的渗透力 $j=\gamma_w i$。其中：

$$\gamma'=\rho' g=\frac{(G_s-1)\gamma_w}{1+e} \tag{6-38}$$

式中 γ'——土体的有效容积密度；

ρ'——土的有效密度；

e——孔隙比；

G_s——土粒比重。

当竖向渗透力等于土体的有效重量，即 $\gamma'=j$ 时，土体就处于流土的临界状态。若设这时的水力坡降为 i_{cr}，则根据上述条件可求得：

$$i_{cr}=(G_s-1)(1-n) \quad 或 \quad i_{cr}=\frac{G_s-1}{1+e} \tag{6-39}$$

式中 i_{cr}——水力坡降；

n——孔隙率。

由式(6-39)可知，流土临界水力坡降取决于土的物理性质(G_s, n)，流土一般发生在渗流的溢出处。因此，只要我们将渗流溢出处的水力坡降(即溢出坡降 i_c)求出，就可判别流土的可能性。

若 $i_c < i_{cr}$，则土体处于稳定状态；若 $i_c = i_{cr}$，则土体处于临界状态；若 $i_c > i_{cr}$，则土体处于流土状态。

溢出坡降 i_c 实际上是不可能求出的，通常是把渗流溢出处的流网网格的平均水力坡降作为溢出坡降：

$$i_c = \frac{\Delta h}{\Delta l} \tag{6-40}$$

在设计时，为保证建筑物安全，通常要求将溢出坡降 i_c 限制在容许坡降 $[i]$ 之内，即：

$$i_c \leqslant [i] = \frac{i_{cr}}{F_s} \tag{6-41}$$

式中　F_s——流土安全系数，常取 1.5～2.5。

② 管涌型土的临界水力坡降

发生管涌的临界水力坡降目前尚无合适的公式可循，主要根据试验时肉眼观察细颗粒的移动现象和借助于水力坡降 i 与流速 v 之间的变化来判断管涌是否出现。

(3) 临界水力坡降的试验资料

① 临界水力坡降与不均匀系数的关系

根据理论分析并结合一定的试验资料，可以获得黏性土的临界水力坡降与不均匀系数的关系曲线，土的不均匀系数越大，临界水力坡降越小。

② 临界水力坡降与细料含量的关系

当土的级配不连续时，土的渗透变形性主要取决于细料的含量，或者说取决于细料充填粗料孔隙的程度。当细料填不满粗料的孔隙时，细料容易被渗透水流带走，这种土属于管涌土。当细料含量增大并足以填满粗料孔隙时，粗细料组成一整体，共同抵抗渗透变形，其抗渗能力加强，这种土属于流土型土。

③ 临界水力坡降与渗透系数的关系

无黏性土的渗透性与渗透变形特性有着直接的关系。对于不均匀土，如果透水性强，渗透系数就大，抵抗渗透变形的能量差，如果透水性弱，渗透系数就小，抵抗渗透变形的能力则强。一般来说，渗透系数越大，临界水力坡降越小。

(4) 渗透变形的防治

渗透变形是堤坝、基坑和土坡失稳的主要原因之一，设计时应予以足够的重视。防止渗透变形的根本措施包括：采用不透水材料阻断土中的渗流路径；设法增长渗透路径，以减小水力坡降；在渗流出口处布置减压、盖重及反滤层防止流土和管涌的发生，亦即“上游挡，下游排”。

① 堤身心墙、斜墙和堤基垂直截流墙

防渗墙材料可用黏土、混凝土、塑性混凝土、自凝灰浆和土工膜等。其中塑性混凝土具有足够的强度和较低的弹性模量，可适应较大变形而保持不开裂，曾成功用于三峡工程二期围堰，其配比经反复试验后确定，一般成分为每立方米含水泥 70～220 kg，膨润土 80～105 kg，骨料(砂石)1600 kg，常掺入粉煤灰 50～80 kg。

土工膜的渗透系数一般小于 10^{-11} cm/s,防渗性好,施工方便,已得到迅速推广。模袋混凝土具有便于水下施工的优点,主要用于岸坡防护,同时也兼有防渗功能。截流墙成槽的方法有开挖、钻孔、链斗、抓斗或射水法成槽等,也可采用高喷、旋喷、劈裂灌浆和搅拌的方法形成地下截流墙。

② 水平铺盖

水平铺盖防渗层一般用黏土铺筑,要求土料的渗透系数 $k<10^{-5}$ cm/s,铺盖的厚度为 0.5～1.0 m,允许水力坡降为 4～6。土工膜也常被用作防渗铺盖。

③ 背水侧压渗盖重

如图 6.9 所示,在迎水侧防渗铺盖长度为 x_1,在背水坡用透水材料铺设压渗盖重,长度为 x_2。定义允许水力坡降:

$$[i]=\frac{h}{x_1+L+x_2} \tag{6-42}$$

式中 $[i]$——容许坡降,$[i]$的最大值和堤基材料有关;

L——堤身底部的宽度;

h——堤身顶与水面的高差。

④ 排水减压井

对于双层地基,上层相对不透水,下层透水,两层土均较厚。为防止堤的背水坡脚的上层承受较大的水力坡降,常用减压井将下层承压水引出上层土,以避免流土破坏。

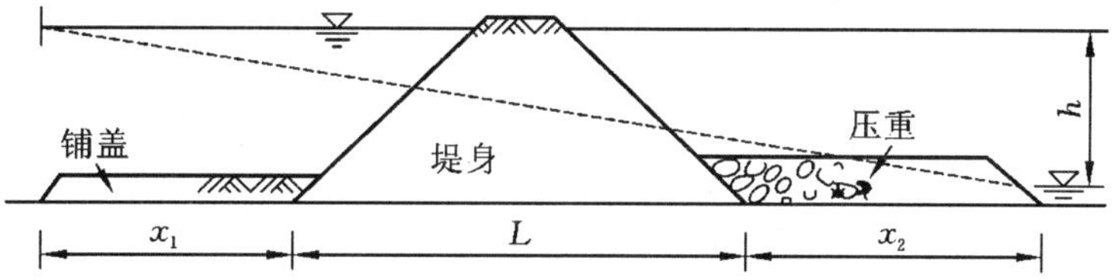

图 6.9 防渗铺盖和压重

⑤ 贴坡排水

为避免背水坡渗流出逸处的渗透变形,同时不致采用太缓的坡面,可以采用贴坡反滤排水层处理,贴坡排水也减小了渗水对背水坡面的冲刷。施工时应清除坡面的草皮、杂物,清除深度 10～20 cm,贴坡排水层的高度应高出最高的渗流出逸点 0.5～1.0 m。根据所选材料不同,可分为砂砾料贴坡排水和土工织物贴坡排水。

⑥ 基坑流土的防治

基坑流土的防治措施与堤坝的相似:增加板桩墙插入透水地基的深度或在透水地基不太厚时将板桩墙插入下卧不透水层;也可采用高压喷射注浆的方法形成防渗帷幕或水平封底隔渗层;用透水材料(如砂砾石)铺设在坑底形成压渗盖重,也可有效地防止坑底的流土破坏。压渗盖重是由一层或几层不同粒径的材料组成的滤层,一方面要求渗透水不会在滤层产生过大的水头损失;另一方面,能保护坑底土，不使细颗粒流失或堵塞在滤层孔隙中。

(5) 挡土构造物上的土压力和水压力

在进行挡土结构的设计时，首先须计算作用在结构上的土压力和水压力。力的大小主要取决于挡土结构的高度、土的性质和地下水性质。例如基坑支护结构，墙后土体常常是饱和的，存在静水压力、渗流和超静孔压力的影响，经典的土压力理论常常不能给出符合实际的结果。除了水的影响外，还存在下列一些因素，如开挖应力路径和三维效应的影响等。本节只考虑土中水对挡土结构上土压力和水压力的影响。

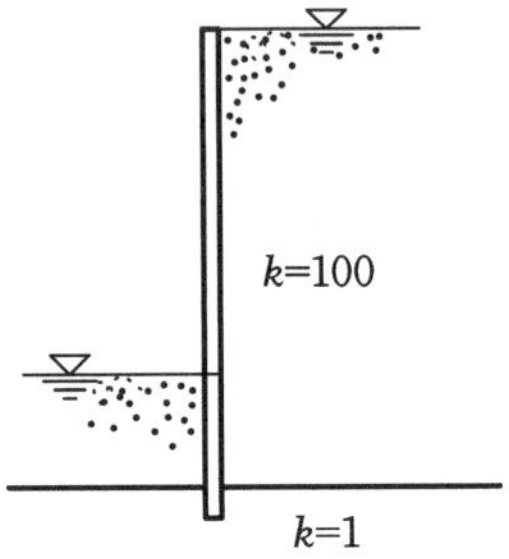

图 6.10　板桩上作用的静水压力

根据有效应力原理，$\sigma_z=\sigma_z'+u$，其中 u 可以是静水压力、渗流情况下的水压力和超静孔压力。首先考虑在静水压力作用下，挡土结构上土压力和水压力的计算。这里涉及目前我国土力学基础工程界争议的一个焦点问题，即水土分算和合算问题。根据图 6.10 所示情况可近似认为板桩两侧作用静水压力。

① 水土分算

水土分算是作用在挡土结构上的水压力和土压力分开计算，即有效自重应力 σ' 将在挡土结构上产生土压力，而孔隙水压力 u 是各向等压的，故直接作用在挡土结构上。

根据朗肯(Rankine)土压力理论：

$$\left.\begin{aligned}p_a&=\sigma'K_a-2c'\sqrt{K_a},\quad K_a=\tan^2\left(45^\circ-\frac{\varphi'}{2}\right)\\p_p&=\sigma'K_p+2c'\sqrt{K_p},\quad K_p=\tan^2\left(45^\circ+\frac{\varphi'}{2}\right)\end{aligned}\right\}\tag{6-43}$$

式中　p_a——土体内某点达到主动极限平衡状态时，该点的主动土压力强度，kPa；

p_p——土体内某点达到被动极限平衡状态时，该点的被动土压力强度，kPa；

K_a——主动土压力系数；

K_p——被动土压力系数；

c'——土的有效黏聚力，kPa；

φ'——土的有效内摩擦角。

由于实际工程中较难确定施工中的超静水压力和有效应力强度指标 c' 和 φ'，往往采用一般形式的水土分算，即：

$$\left.\begin{aligned}p_a&=\sigma_zK_a-2c\sqrt{K_a},\quad K_a=\tan^2\left(45^\circ-\frac{\varphi}{2}\right)\\p_p&=\sigma_zK_p+2c\sqrt{K_p},\quad K_p=\tan^2\left(45^\circ+\frac{\varphi}{2}\right)\\p_w&=u=\gamma_wz\end{aligned}\right\}\tag{6-44}$$

式中 σ_z——深度 z 处的自重总应力；

c——黏聚力；

φ——内摩擦角；

p_w——孔隙水压力；

u——静水压力；

γ_w——水的容积密度；

z——深度。

式(6-44)中 u 只是包含静水压力，而将难以确定的超静孔隙水压力的影响包含在 c 和 φ 中，可采用固结不排水或不排水强度指标。

② 水土合算

水土合算计算土压力时考虑土体自重的总应力 σ_z，例如只有自重应力作用的情况，$\sigma_z=\gamma_{sat}z$，而不再计及任何水压力影响。

$$\left.\begin{aligned}&p_a=K_a\gamma_{sat}z-2c\sqrt{K_a},\quad K_a=\tan^2\left(45°-\frac{\varphi}{2}\right)\\&p_p=K_p\gamma_{sat}z+2c\sqrt{K_p},\quad K_p=\tan^2\left(45°+\frac{\varphi}{2}\right)\\&p_w=0\end{aligned}\right\}\tag{6-45}$$

式中 γ_{sat}——饱和容积密度。

在水土合算时，采用固结不排水或不排水的总应力强度指标，水土合算一般用于黏性土。

综上所述，水土分算与水土合算的主要区别在于孔隙水压力部分计算方法不同。在水土合算中由于将静水压力部分也乘以主动土压力系数(计算荷载时)或被动土压力系数(计算抗力时)，缺乏理论基础。两种算法计算自重应力和抗剪强度指标不同，其结果是不会相同的。即使对于软黏土，取 c_u 和 $\varphi_u=0$，使 $K_a=K_p=1.0$，两种算法得到的总水土压力的分布和大小也是不同的。关于在黏土中水土合算是否有理论基础尚有待研究。但工程中实际工程情况比较复杂，很少是静水压情况。水土分算更能合理反映水土的作用。在对支护结构和地下结构进行稳定分析时，水土合算无法反映水的浮力，显然是不合理的。

(6) 基坑的井点降水

当地下水位较高影响基坑开挖，或坑底不透水土层下方有高承压水层会引起坑底土流土时，应考虑人工降水。

① 轻型井点降水

该方法广泛用于降水深度较小的基坑开挖。井点管中的水靠真空泵产生的真空吸至集水箱，再用水泵排出，故降水深度不超过 10 m，一般为 3～6 m。根据抽真空的设备的不同，轻型井点可分为三类:干式真空泵轻型井点、射流泵轻型井点和隔膜泵轻型井点。轻型井点一般布在基坑外缘 0.5～1.0 m 处,井点间距 1.0～2.0 m,呈封闭形状。当降水面积很大,降水浸润线在基坑中心不能满足降水深度要求时,可在基坑内增设井点,该措施还能加速降水。

当降水深度较大,超过单层轻型井点降水深度 4.5～5.0 m 时,应沿坑边不同高程设置双层(或称双级)甚至多层井点,阶梯状布置接力抽水,以降低地下水位。

② 喷射井点降水

该方法用于弱透水层中降水深度较大的降水工程,其井点管分内外两管。工作原理为,高压水泵将压力工作水经进水总管压入内外管间环形空间,向下经喷嘴使水流速度加快,一般可达 30 m/s,从而产生负压、卷吸地下水一起沿内管上升,从而达到深层降水的目的。

③ 电渗井点降水

对于渗透系数小于 0.1 mm/d 的饱和黏土,尤其是在淤泥质黏土中降水,上述方法往往效果很差,这时应施加直流电压于地基土,利用电渗现象与电泳特性,配合轻型井点或喷射井点,促使地下水流动并排出。电渗井点排水的结构和原理为:利用井点管作阴极,在其内侧平行布设直径 38～50 mm 的钢管或直径大于 20 mm 的钢筋(不得与井点管相碰)作阳极;接通直流电(可用 9.6～55 kW 的直流电焊机),在电势作用下促使带正电荷的孔隙水向阴极井点管方向流动(电渗),使带负电荷的黏土微粒向阳极方向移动(电泳),从而加速地下水位的下降。

④ 管井和深井降水

管井法是围绕基坑每隔 10～30 m 设置一个井管,可采用直径大于 200 mm 的钢管、铸铁管、水泥管(包括水泥砾石滤水管)或塑料管制作,其下部为过滤段。每个管井采用一台水泵(离心泵、潜水泵)抽水。降水深度可为小于 10 m(安装于管顶的离心泵)或大于 100 m。当降水深度大时,采用的是深井泵,即为深井降水。单井抽水量可为小于 10 m^3/d 或大于 1000 m^3/d。

(7) 计算基坑涌水量

涌水量的计算以水井理论为依据,基坑(井点系统)的涌水量和基坑面积、形状、降水深度、渗透系数、地下水压力以及井的深度等因素有关。根据地下水的压力不同,水井可分为无压井(潜水井)和承压井,如图 6.11 所示。水井布置在两层不透水层之间的含水层内,且含水层内水头高于上部不透水层底板时为承压井;井底到达不透水层的称为完整井,否则为非完整井。

根据杜布依(Dupuit)假设,在均质各向同性的含水层中有一完整井,水流沿径向轴对称流入井内,渗流符合达西定律,抽水前地下水位水平,抽水后井周围水平面变成弯曲的水面,最后趋于稳定,形成降落漏斗,漏斗为一旋转曲面,其轴线和井轴重合。

取井轴为 z 轴,径向为 ρ 轴。根据达西定律,单井的涌水量 Q_0 可以表示为:

$$Q_0 = kiA = k\frac{dz}{d\rho}2\pi\rho z \tag{6-46}$$

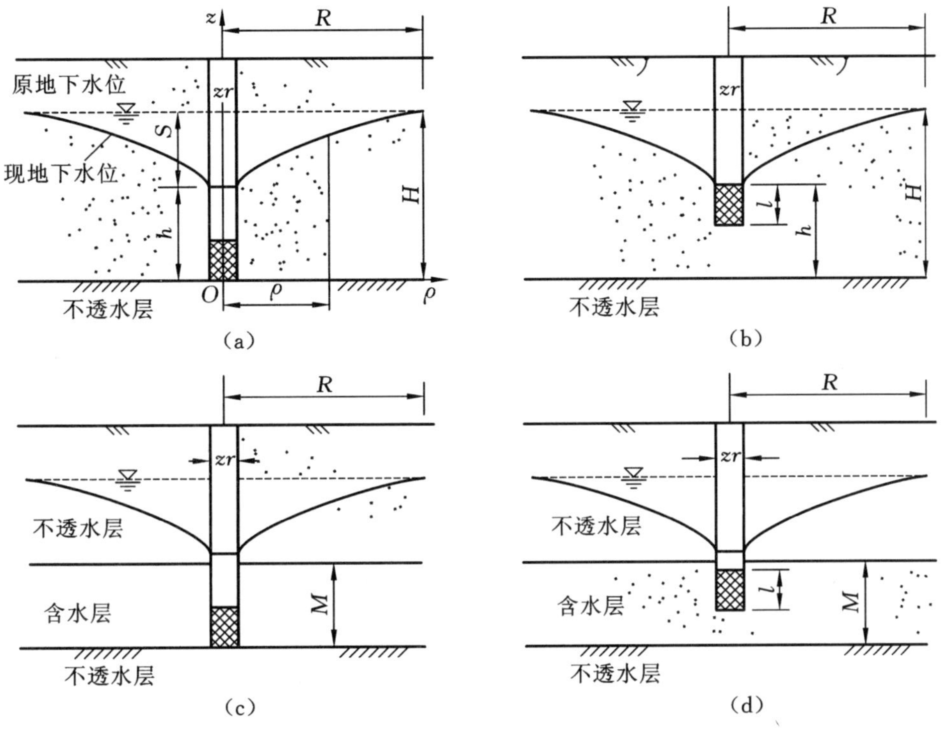

图 6.11 水井的分类

(a)潜水完整井;(b)潜水非完整井;(c)承压完整井;(d)承压非完整井

式中 Q_0——单井涌水量;

k——渗透系数;

i——水力坡降;

A——过水面积。

将式(6-46)积分得:

$$z^2=\frac{Q_0}{\pi k}\ln\rho+c \tag{6-47}$$

将边界条件 $\rho=r, z=h$ 代入式(6-47)得:

$$h^2=\frac{Q_0}{\pi k}\ln r+c \tag{6-48}$$

将边界条件 $\rho=R, z=H$ 代入式(6-48)得:

$$H^2=\frac{Q_0}{\pi k}\ln R+c \tag{6-49}$$

上列两式相减消去积分常数 c 得:

$$H^2-h^2=\frac{Q_0}{\pi k}\ln\frac{R}{r} \tag{6-50}$$

$$Q_0=\pi k\frac{H^2-h^2}{\ln\frac{R}{r}} \tag{6-51}$$

将 $\pi=3.14$，$H-h=S$，$H+h=2H-S$ 代入上式，并用常用对数代换自然对数得：

$$Q_0=1.366k\frac{(2H-S)S}{\lg\frac{R}{r}} \tag{6-52}$$

式中　H——原地下水位至底部不透水层距离；

S——水位降深；

R——影响半径；

r——水井半径。

参考文献

[1] 李广信. 高等土力学[M]. 2 版. 北京：清华大学出版社，2016.

[2] 钱家欢，殷宗泽. 土工原理与计算[M]. 2 版. 北京：中国水利水电出版社，1996.

[3] 龚晓南. 高等土力学[M].杭州：浙江大学出版社. 1996.

[4] 殷宗泽，等. 土工原理[M]. 北京：中国水利水电出版社，2007.

[5] 卢廷浩. 高等土力学[M]. 北京：机械工程出版社，2008.

[6] 刘杰. 土的渗透破坏及控制研究[M]. 北京：中国水利水电出版社，2014.

[7] DAS B M. Advanced Soil Mechanics[M]. 3rd Edition. Abingdon：Oxfordshire Taylor & Francis Inc，2005.

[8] MITCHELL J K，Soga K. Fundamentals of Soil Behavior[M]. 3rd Edition. Hoboken：John Wiley&Sons，2005.

[9] HABIBAGAHI K. Temperature effect and the concept of effective void ratio[J]. Indian Geotechnical Journal，1977，7(1)：14-34.

[10] TOWHATA I，KUNTIWATTANAKU P，SEKO I，et al. Volume change of clays induced by heating as observed in consolidation tests[J]. Soils and Foundations，1993，33(4)：170-183.

[11] TSUTSUMI A，TANAKA H . Combined effects of strain rate and temperature on consolidation behavior of clayey soils[J]. Soils & Foundations，2012，52(2)：207-215.

[12] MORIN R，SILVA A J. The effects of high pressure and high temperature on some physical

properties of ocean sediments[J]. Journal of Geophysical Research: Solid Earth, 1984, 89(B1): 511-526.

[13] DELAGE P, SULTAN N, CUI Y J. On the thermal consolidation of Boom clay[J]. Canadian Geotechnical Journal, 2000, 37(2): 343-354.

[14] 王先锋. 耦合温度场的饱和软土地基排水固结有限元分析[D]. 杭州:浙江大学, 2016.

[15] ZAGORAK R, SEDIGHI M, THOMAS H R . Effects of thermo-osmosis on hydraulic behaviour of saturated clays[J]. International Journal of Geomechanics, 2017(4): 1-38.

[16] WANG S, ZHU W, QIAN X, et al. Temperature effects on non-Darcy flow of compacted clay[J]. Applied Clay Science, 2016, 135(1):521-525.

7 土的压缩与地基变形

土是矿物颗粒的松散堆积体。当作用在土体中的应力发生变化时，土的体积随之改变，这一现象称为土的压缩(Compression)。土的压缩是土中水和土中气所占体积缩小，土粒调整位置、重新排列的结果。对于饱和土，当荷载增加时，土体逐渐压缩，孔隙水从土体中排出，孔隙水压力相应地转为土粒间的有效应力，直至变形趋于稳定，这一变形的全过程称为固结(Consolidation)。土的压缩与荷载变化和土的压缩性有关；土的固结则还取决于土体排水的快慢(与渗透性有关)，它是时间的函数。土的固结和压缩的规律相当复杂，不仅取决于土的类别和性状，也与边界条件、排水条件和受荷方式等有关。

正是因为土体有压缩性，所以地基土体受到荷载等作用后，产生地基变形。地基变形可分为竖向变形和侧向变形(或剪切变形)，前者主要包括沉降(地表沉降和深层土体的沉降)、回弹，后者包括水平位移、倾斜、滑移等。在土力学和高等土力学范畴，地基变形问题研究的主要对象是地基沉降。地基变形的计算方法主要有弹性理论法、分层总和法和斯肯普顿-比伦法。上述方法用来计算地基的最终沉降；地基沉降过程则需要用到固结理论来描述和分析。

7.1 土 的 压 缩

7.1.1 土的变形机理

天然土体一般由三相组成，即包括构成土骨架的土颗粒、充填在土骨架孔隙内的水和空气。土体受到外力后，土颗粒和孔隙中的流体均将发生位移。由于土颗粒的移动速度与流体流动速度相比，数值很小，为了分析方便，常忽略土颗粒的移动速度。因而，常假设土体变形是孔隙流体体积变化的结果。

现假设从变形的土体中取出单元土体，由于不考虑土粒位移，故土体中的土粒重量 W_s 保持不变(即为常数)。由此，土体的变形速率由其含水重量 W_w 的变化率(或称储水率)确定。

根据土的三相组成的相关关系可知：

$$W_w = W_s w \tag{7-1}$$

$$w \cdot \gamma_{w0} \cdot G_s = S_r \cdot e \cdot \gamma_w \tag{7-2a}$$

$$w = \frac{S_r \gamma_w e}{\gamma_{w0} G_s} = \frac{S_r \gamma_w e}{\gamma_s} \tag{7-2b}$$

式中 w——土的含水率；

W_s——土粒重量；

W_w——孔隙水重量；

S_r——土的饱和度；

e——孔隙比；

γ_w——水容积密度；

γ_{w0}——水在 4 ℃时的容积密度；

G_s——土粒比重；

γ_s——土粒容积密度。

经过进一步推导，式(7-1)可写成：

$$\frac{\partial W_w}{\partial t}=W_s\frac{\partial}{\partial t}\left(\frac{S_r\gamma_w e}{\gamma_s}\right)=W_s\left(e\gamma_w\frac{1}{\gamma_s}\frac{\partial S_r}{\partial t}+S_r\gamma_w\frac{1}{\gamma_s}\frac{\partial e}{\partial t}-S_r e\gamma_w\frac{1}{\gamma_s^2}\frac{\partial \gamma_s}{\partial t}\right) \tag{7-3}$$

式(7-3)表明，引起土中孔隙水重量变化的原因包括：饱和度变化、孔隙比变化、水容积密度变化、土粒容积密度变化。水容积密度 γ_w 与土粒容积密度 γ_s 的变化通常可以忽略，因此可以仅考虑前两项导致的孔隙水重量变化。土的孔隙比 e 与饱和度 S_r 的变化可能有以下四种组合情况：

① e 与 S_r 均为常量；

② S_r 为常量，e 变化；

③ e 为常量，S_r 变化；

④ e 与 S_r 均变化。

这四种情况中：第①种情况属于稳定渗流，涉及本书第六章内容；第②、③、④种情况都属于土体中的非稳定流。其中第②种如果孔隙比 e 减小，则为本章将要研究的固结问题；如果 e 增大，则为土的膨胀。第③种情况是土体积恒定时的排水(S_r 减小)或吸水(S_r 增大)。第④种情况则为非饱和土的压缩与膨胀问题。

为了较深入地定量分析土中水重变化率，可以进一步用土骨架的应力-应变关系、土颗粒与水的物性方程等将式(7-2)细化，并将常见的一些土性指标代入，可得到关于土体变形的下列特点：土颗粒的压缩量比水的压缩量小得多，可以忽略；在饱和土中，水的压缩量与土骨架的压缩量相比，数值极小，所以土的骨架压缩控制着土的压缩；砂土和一些粉土的压缩量比黏土的小得多，故对于黏土与砂土相间的地基，黏土层的沉降量是主要的；对于非饱和土，饱和度变化对土固结有重要作用，须加以考虑。

7.1.2 土的压缩特性

土体在压力、温度及周围环境发生变化时将引起压缩，其中压力改变是引起压缩最常见的原因。研究土的压缩常用压缩试验直接测定土的应力-应变关系。由于试验时不允许试样侧向变形，故称为侧限压缩试验，又称 K_0 压缩试验。在需要探讨土的三向变形特性时，一般要进行三轴压缩试验。此外，原位地基的载荷试验也能得到土体的压缩特性。

用侧限压缩试验测得的土的应力-应变关系曲线称为压缩曲线，可将它们绘在算术坐标或半对数坐标图上，即 e-p 曲线和 e-$\lg p$ 曲线。e-p 曲线越陡，表明土体压缩性越高；反之则压缩性低。压缩过程曲线也称为固结曲线。固结曲线的形状一般是中段与末段在半对数坐标图中近似为直线，两直线延长线的交点 t_c 将曲线分为两部分，前段为主固结曲线，后段为次压缩曲线。根据上述压缩曲线和固结曲线可以求得供沉降量和沉降速率计算用的各项指标，此处不再赘述。其中，e-p 曲线和 e-$\lg p$ 曲线得到的指标存在换算关系。例如，压缩指数 C_c 与压缩系数 a_v 间有下列关系：

$$\left.\begin{aligned} C_c &= \Delta p \cdot \lg \frac{p_1}{p_2} \cdot a_v \\ a_v &= \frac{1}{\Delta p} \lg \frac{p_1}{p_2} \cdot C \end{aligned}\right\} \tag{7-4}$$

在次压缩研究方面，20 世纪 40 年代 Taylor & Merchant 就发现软土主固结完成后有一个次固结阶段，并可用恒定的次固结系数 C_α 来描述次固结或蠕变属性的大小。次固结本质上是软黏土本身随时间而缓慢增长的压缩，其变形大小与许多因素有关，比如土骨架结构形态，颗粒间凝聚力大小，颗粒形状和大小以及强度、密实程度、渗透性质等，特别是对于沿海的淤泥类软土地基，其量值不可忽略，这一发现被视为经典土力学的一个组成部分。后来进一步的研究表明：对于某一土样来说，主次固结的压缩特性指标存在某种关联，即 C_α/C_c＝恒量，即土体的次固结系数在一般情况下是不变的。

Walker 等在 1969 年首先发现 C_α 与 C_c 之间的关系近似满足 $C_\alpha/C_c=0.025$。Mesri 等在 1977 年总结了 22 种黏土次固结试验后指出，对于同一种原状黏土，C_α/C_c 基本为一常数，其值为 0.025～0.10。随后，Mesri 于 1987 年进一步指出，对于多数无机质软黏土，$C_\alpha/C_c=0.04\pm0.01$；对于高塑性有机质软黏土，$C_\alpha/C_c=0.05\pm0.01$。表 7.1 给出了我国部分地区土体 C_α/C_c 成果统计。要说明的是，土体次固结性状也会表现出一定的非线性特征；次固结系数会受固结时间、固结压力、应变速率和温度等诸多因素的影响。

表 7.1　我国部分地区软土的 C_α/C_c 值

地区	C_α/C_c
深圳湾黏土	0.010～0.021
天津黏土	0.0098～0.0109
广州南沙黏土	0.027～0.037
连云港黏土	0.0406～0.0468

续表7.1

地区	C_α/C_c
福州黏土	0.023～0.041
江苏海相软土	0.042
郑州黏土	0.056
温州黏土	0.022～0.041
宁波黏土②-1	0.0126～0.0238
宁波粉质黏土③-2	0.0177～0.0312

基于侧限压缩试验得到的土体模量为压缩模量 E_s。土体在无侧限条件下的应力应变比值为土的变形模量 E_0(可通过荷载试验测试得到,参见第 2 章)。基于弹性力学的内容可得两者之间的换算关系:

$$E_0=\frac{(1+\nu)(1-2\nu)}{1-\nu}E_s \tag{7-5}$$

式中 ν——泊松比。

由于泊松比 ν 值在 0～0.5 之间,不难得出 $E_0<E_s$。实际上,根据两者之间的物理意义很容易得到这一结论。即:在相同的应力增量作用下,无侧限情况下的压缩应变大,完全侧限情况下的压缩应变小,再根据应力-应变-模量关系,可得到 $E_0<E_s$。

通过三轴试验可得到土体三维应力状态下的压缩特性,具体见第 3 章。基于三轴试验可得到土体的弹性模量 E。土的弹性模量定义是土体在无侧限条件下瞬时压缩的应力应变模量,或土体在弹性变形阶段应力与应变之比,其值为三轴试验应力应变曲线上的初始切线模量 E_i。

根据已有研究,弹性模量 E 与不排水三轴试验所得的强度有关系,两者之间的经验式如下:

$$E=(250\sim500)(\sigma_1-\sigma_3)_f \tag{7-6}$$

式中 $(\sigma_1-\sigma_3)_f$——不排水三轴试验土样破坏时的主应力差(kPa)。

基于弹性模量的定义容易得到其与变形模量 E_0 之间的关系。土体通常为弹塑性体,其在荷载作用下的应变 ε 包含了可以恢复的弹性应变 ε^e 和不可恢复的塑性应变 ε^p 两部分。应力增量与应变 $\varepsilon(=\varepsilon^e+\varepsilon^p)$之间的比值为 E_0;而应力增量与弹性应变 ε^e 之间的比值为 E。由此可得,$E_0<E$。对于软土和松砂而言,弹性应变远小于塑性应变,因此可得 $E_0\ll E$。

至此可知,土力学三大模量(即弹性模量 E、压缩模量 E_s 和变形模量 E_0)之间的大小关系如下:$E_0<E_s<E$。

7.1.3 主要影响因素

土的变形特性和其他材料的变形特性类似,土的压缩性首先取决于土的组成和结构状态;其次还受到外界环境影响。而在计算地基沉降时,要考虑土体所受荷载及其所处边界条件等因素。

(1) 土体粒度、成分与结构

天然土的土粒尺寸极为分散,从粗粒的砾到微粒的黏粒与胶粒,粒径粗细在很大程度上也反映了土粒的矿物成分。当土体经受力时,土粒可能产生滑动、滚动、挠曲或被压碎。

粗粒土基本上是单粒结构。在压力作用下,土粒发生滑动与滚动,位移到比较密实、更稳定的位置。土的级配越好,密度越高,压缩量越小。粗粒土的压缩一般比细粒土的要小。但是,在高压时,粗粒土的压缩量也能达到相当的量级。细粒土土粒大多呈扁平鳞片状,典型结构为絮凝结构与分散结构,天然沉积物是这两种结构的组合。细粒土的压缩来源于三种主要因素:颗粒间的水膜被挤薄,土粒间发生相对滑移达到较密实状态,以及扁平薄土粒具有弹性,在压力下产生挠曲变形。具有分散结构的黏土颗粒,接近于平行排列。这类土的压缩变形主要是颗粒间的水被挤出所引起。人工压密土的结构多属于此型。而疏松的、具有絮凝结构的沉积黏土的变形,则往往是颗粒滑移到新稳定位置和土粒发生弹性挠曲的结果。

当荷重施加到饱和黏性土上时,土开始固结,孔隙中的自由水受压而被挤出,随之粒间应力增大,使得粒间的部分结合水也逐渐被挤出,这部分水的排出速率远比自由水的慢。高塑性黏土与有机土的次压缩量较大,超固结黏土的次压缩量则很小。当先前施加的压力去除后,由于黏土颗粒弹性挠曲的卸荷回复和在电磁力作用下被挤出的部分结合水又被吸入,黏附于土粒表面,故黏土表现为回弹;无黏性土的回弹则很小。

(2) 有机质

土中有机质主要为纤维素和腐殖质,其存在使土体的压缩性与收缩性增大,因此,土中有机质对强度也有影响。随着有机质的成因、龄期和分解程度的不同,其物理性与化学性变化很大。

(3) 孔隙水

孔隙水对土的压缩性的影响,表现在水中阳离子对黏土表面性质(包括水膜厚度)的影响。如果土中含有膨胀性黏土矿物,则这种影响更为显著。当孔隙水中的阳离子性质和浓度,使黏结水膜厚度减薄时,土的膨胀性与膨胀压力均将减小;反之亦然。

(4) 应力历史

土的应力历史是指土体在历史上曾经受到过的应力状态与应力状态变化。如果土层在历史上曾经受到过较大压力作用,后来由于某种原因压力减小了,在这样的土层上修建建筑物时,该土层就处于卸荷再压缩状态,其压缩性会相对较低。在工程实践中,通常用 e-lg$p$ 曲线来推求土层的应力历史,把它反映到沉降计算中,使沉降计算更接近于实际。

试样经历的应力历史不同将使其具有不同的压缩特性。在土力学中,把土在历史上曾受到过的最大应力称为先期固结应力,以 p_c 表示;而把先期固结应力与现有应力 p_0 之比定义为超固结比(over-consolidation ratio),以 OCR 表示,即 $OCR=p_c/p_0$。对于天然土,当 $OCR>1$ 时,该土是超固结土；当 $OCR=1$ 时，则为正常固结土。如果土在重力所引起应力 p_0 的作用下尚未完全固结，则其现有应力小于现有固结应力 p_0，这种土称为欠固结土。

假设天然沉积具有相同的地面标高的三个均质土层，如图 7.1 所示。土层 A 沉积到现在的地面后，在自重作用下已固结稳定。土层 B 在历史上曾经沉积到更高的位置，并在其自重作用下固结稳定，后来由于洪水，上部土层被冲蚀至现有的地面。土层 C 是近代沉积起来的，由于沉积时间不长，在重力作用下尚未完全固结稳定。在 A、B、C 三个土层现有地面以下同一深度 z 处，土的现有固结应力虽然相同，均为 $p_0=\gamma z$（γ 为土的容积密度）。但是它们经历的应力历史不同，从而在压缩曲线上处于不同的位置。假定三种土在沉积初期都曾处于孔隙比为 e_0 的状态。那么，对于正常固结土，它在沉积过程中已从 e_0 开始在自重应力作用下沿现场压缩曲线至 A 点固结稳定。对超固结土，它曾经从 e_0 开始在自重应力作用下沿现场压缩曲线至 B 点，因上部土层被冲蚀或移去，现已回弹稳定在 B'点。对于欠固结土，由于在自重应力作用下尚未完全固结稳定，目前正处在现场压缩曲线上的 C 点。若对三种土施加相同的附加应力 Δp，那么，正常固结土和欠固结土将分别从 A 点和 C 点沿现场压缩曲线至 D 点固结稳定；而超固结土则由 B'点沿现场再压缩曲线至 D 点固结稳定。虽然这三者的压力增量相同，但是孔隙比的改变量不同，因此其压缩量是不同的。其中，欠固结土最大，超固结土最小。因此，在修建建筑物时，为了正确计算地基沉降，必须考虑地基应力历史的影响。

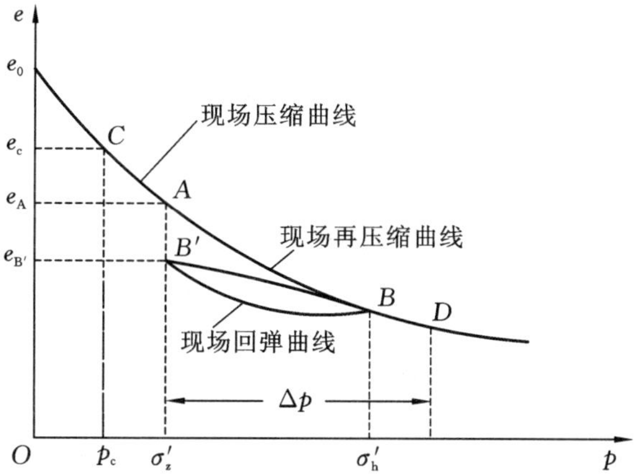

图 7.1 三种不同应力历史土层的压缩特性

e_0—初始孔隙比；e_c—先期固结压力所对应的孔隙比；e_A—有效自重应力下固结沉降稳定后的孔隙比；p_c—先期固结压力；Δp—土层所施加的附加应力；σ'_z—有效自重应力；σ'_h—超固结土有效应力

（5）温度

温度（加热）对土的压缩特性的影响较为复杂。土体的温度效应与土的成分、应力历史和应力水平等均有关。有限的试验成果表明：温度对有机质土的影响要比对无机质土的影响大；加热使正常固结土(如正常固结软黏土)产生沉降,使超固结土产生回弹。

基于温控固结压缩试验,可得不同温度条件下的 e-p 曲线或应力-应变曲线。Eriksson 研究了不同温度条件下典型软土的固结压缩过程,得到图 7.2 所示的应力应变曲线。

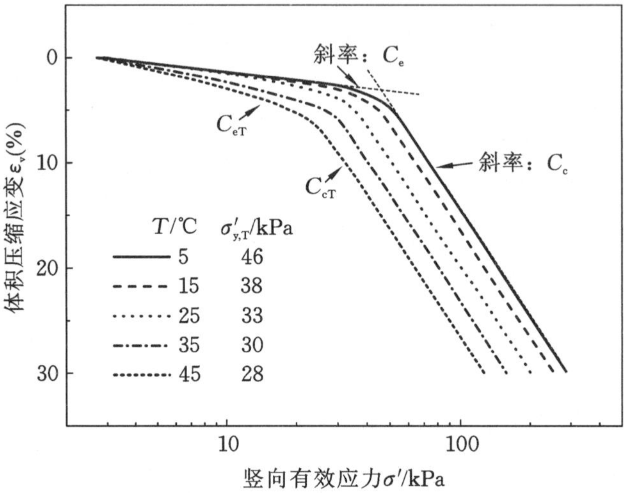

图 7.2　加热温度对压缩曲线的影响

T——试验温度;C_c、C_e——常温下的压缩指数和回弹指数;C_{cT}、C_{eT}——温度升高后的压缩指数和回弹指数

根据图 7.2 可知,土体加热升温后,ε_v-$\lg\sigma'$ 曲线上的初始段斜率增大,即回弹指数 C_{eT} 随温度 T 升高而增加,并可以得到下式:

$$\frac{C_{eT}}{C_e}=\frac{\lg(\sigma'_{y,T0}/\sigma'_0)}{\lg(\sigma'_{y,T}/\sigma'_0)} \tag{7-7}$$

式中　$\sigma'_{y,T0}$——土体在常温下的屈服应力,对应于一维固结条件下的先期固结压力 p_c;

$\sigma'_{y,T}$——土体在升温条件下的屈服应力,对应于升温情况下土体表观先期固结压力 p_{cT};

σ'_0——土体当前竖向压力,对于正常固结土,$\sigma'_0=\sigma'_{y,T0}$;

C_e——常温下土体回弹指数(超固结段压缩指数或回弹再压缩指数);

C_{eT}——T 温度下土体的回弹指数。

要说明的是,根据 e-$\lg\sigma'$ 与 e-$\ln\sigma'$ 曲线的相互关系,可得自然对数坐标系下的回弹参数指标 κ_T,即:$\kappa_T=C_{eT}/(\ln 10)$。

加热对土体屈服极限的影响表现为对土体表观先期固结压力的影响。已有研究已经得到较为一致的认识,即:随着温度升高,土骨架结构受到冲击,其弹性变形范围缩小,土体更容易屈服。一些学者基于固结压缩试验建立了相应的经验式。其中,Laloui & Cekerevac 的研究成果最具代表性,即:

$$\sigma'_{y,T}=\sigma'_{y,T0}(1-\gamma \lg T/T_0) \tag{7-8}$$

式中 T_0——初始温度或参考温度；

γ——土性参数，通常 $\gamma=0.3\sim0.4$。

加热对土体压缩指数 C_{cT} 或 λ_T 的影响还没有一致的结论。少量文献认为加热影响土体的压缩指数，但一般认为，加热对土体压缩指数影响很小，可以忽略不计。相对来说，加热对土的次压缩有较明显的影响。图 7.3 为法国某黏土试样的热固结试验结果。从图 7.3 可以看出，黏土次固结系数与固结压力和温度都有关。并且，次固结系数随温度升高而增大的规律较为明显。选取温度为 20 ℃和 50 ℃时的次固结系数进行比较，发现增幅较 5 ℃时也分别达到 3%和 7%。

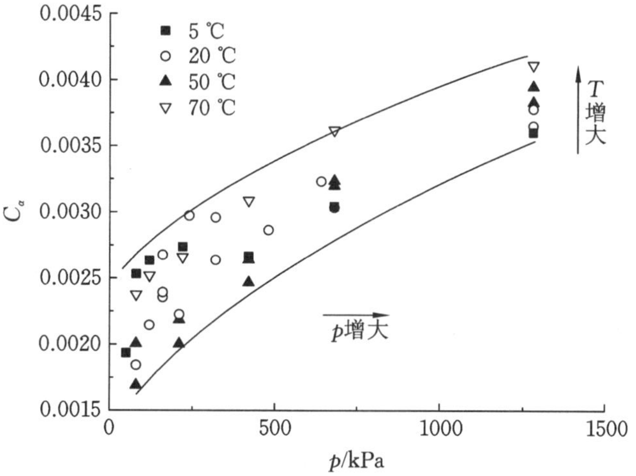

图 7.3 温度对次固结系数的影响

7.2 地 基 变 形

7.2.1 地基变形的原因及分类

由于地基土体的可压缩性，其在荷载作用下会发生变形，进而引起地基的变形。地基变形的结果使建(构)筑物各部位发生位移和相对位移，由此可能妨碍建(构)筑物的正常工作，或因相对位移衍生的次应力过大导致结构开裂甚至破坏。在堤坝和路基工程中，应防范地基变形所导致的坝体(路基)开裂和渗流破坏问题。另外，为了保持坝顶(路基)设计高程，需要事先估算堤坝(路基)施工完成后的可能沉降。

(1) 地基变形的原因

地基变形可能由多种原因引起。现在常用的计算方法基本上是针对由荷重引起的那部分沉降制定的。非直接由荷重导致的沉降，需要靠慎重选址、地基预处理或其他结构措施来预防或减轻其危害。

土体承受荷载后会发生变形。变形的性质和大小取决于荷载的大小、性质(静或动荷载)和持续的时间，也取决于土的性质、初始固结情况和应力历史等因素。土体的变形包括体积改变的压缩变形及颗粒和颗粒组成的结构单元相互滑移的剪切变形。当荷载不超过土的屈服强度时，以体积变形为主；当荷载超过屈服强度时，剪切变形成为主要部分。土体受力后立即产生的变形称瞬时变形。黏性土，尤其是当黏性土水饱和时，大部分变形是随着土中孔隙水被缓慢挤出而产生固结变形。黏性土在应力不变的条件下可产生持续而缓慢的蠕变。受力变形后的土体，当外力移去时，一般情况下，部分变形可以恢复，这部分变形称为弹性变形；相当一部分变形不能恢复，这部分变形称塑性变形。地基上的附加应力是产生地基压缩变形的主要原因。

(2) 地基变形的类型

可以从不同角度对地基沉降或变形进行分类。一方面，按时间先后将地基沉降分为三个阶段(分量)，即瞬时沉降、固结沉降和次压缩沉降。瞬时沉降 S_i 发生在加荷的瞬时，此时土体体积变形还未发生，仅发生了土体形状改变(不排水剪切变形)，因此，瞬时沉降又可称为初始沉降或不排水沉降。固结沉降 S_c 是土体在外荷载作用下产生的超静水压力不断消散，有效应力逐渐增长，从而引起土体孔隙减小，地基不断下沉形成的沉降。土中孔隙水排出需要时间，因此固结沉降 S_c 是时间的函数。次压缩沉降 S_s 与土骨架蠕变有关，它发生在土中超静水压力已经消散、有效应力变化基本稳定之后的长期缓慢压缩变形，是在恒定有效应力下的沉降。综上，一般情况下地基沉降量 S 可按下式计算：

$$S=S_i+S_c+S_s \tag{7-9}$$

上述三种沉降分量其实是相互搭接的，无法截然分开，只不过某时段以某一种分量为主而已。对于无黏性土(例如砂土)，瞬时沉降往往是主要的。对于饱和无机粉土与黏土，通常固结沉降所占比重最大。而对于高有机质土、高塑性黏土及泥炭等，次压缩沉降不容忽视。

另一方面，按变形方式不同，沉降可以分为单向变形的沉降、二向变形的或三向变形的沉降。当地基压缩土层厚度与基础宽度相比较小时，或压缩层埋藏较深，地基土层近似于受侧限的单向压缩时，对饱和土此时不产生瞬时沉降。但在厚土层上的单独基础，其地基的变形将具有明显的三向性质，即土体不仅在 Z 方向(竖直向)有变形，而且在 X、Y 方向均有变形，地基沉降若按单向压缩计算，将会得到低估值。Davis & Poulos 针对饱和土地基上的圆形基础沉降进行分析，得到以下结果：当地基土排水时的泊松比 $\nu>0.3$ 时，按单向压缩计算带来的误差随土层厚度加大而迅速增加；土层相对厚度与排水时的泊松比 ν 增大，瞬时沉降在总沉降中的比重增大；当基础荷载的长度比其宽度大得多，例如此比值大于 5 时，土的变形具有二向性质，即长度方向上的变形相对较小，可忽略不计。

沉降计算主要包括两方面内容：最终沉降量和沉降过程。事实上，沉降并无最终值，因为次压缩沉降随时间而增加。常说的最终沉降主要是固结沉降的最终值与瞬时沉降之和。沉降过程反映沉降随时间的发展，按后面的固结理论来确定。在一般情况下（忽略次压缩沉降），某时刻地基的沉降量 S_t 可按下式计算：

$$S_t = S_i + U_t \cdot S_c \tag{7-10}$$

式中 U_t——t 时刻地基的平均固结度，由固结理论计算得到。

(3) 沉降计算应考虑的要素

① 计算断面。应根据详细可靠的地基勘探成果和建筑物布置情况，确定具有代表性的供计算用的地基剖面，确定土层的垂直与水平分布、压缩层范围、排水层位置和有关边界条件等。

② 应力分析。包括沿深度的有效自重应力、外荷载分布和附加应力计算。

③ 计算参数。应采用有代表性的试样，通过试验实测所需计算参数。试验设备和方法应与计算方法相匹配。试验应尽量模拟土的实际压缩条件。

④ 计算模型。根据对材料性状的不同假设、变形维数、室内或现场变形指标等各种情况进行考虑，按计算需要和实际条件合理选用计算模型。

7.2.2 地基变形计算

现行计算方法很多，可归纳为以下几大类：弹性理论法、分层总和法、斯肯普顿-比伦法、原位土力学计算法和曲线拟合法。曲线拟合法是利用现场已经测到的初期沉降资料，绘制沉降过程曲线，预估后期沉降量的方法。因曲线拟合法依据的是实测资料，故计算结果有较高的可信度。

(1) 弹性理论法

弹性理论法是将土体视为弹性体，基于 Boussinesq 解答（弹性理论）计算土体中的应力与土的变形量。

根据 Boussinesq 解答，当在弹性半空间表面（O 点）作用一个竖向集中力 P 时，任意点（M 点）的附加应力为：

$$\sigma_z = K \cdot \frac{P}{z^2} \tag{7-11}$$

式中 K——系数，$K = \frac{3}{2\pi} \frac{1}{[1+(r/z)^2]^{5/2}}$；

r——M 点与集中力作用点 O 点的水平距离；

z——M 点的深度。

分布荷载作用时地基中的附加应力可以根据上述解答积分获得。

弹性半空间表面任意点的竖向位移 $w(x,y,0)$，即地基表面的沉降：

$$w(x,y,0)=\frac{P(1-\nu^2)}{\pi E_0 r} \tag{7-12}$$

式中　E_0——土体变形模量；

ν——土体泊松比。

弹性理论法将土体视为弹性体，首先测定土体的弹性常数，再用弹性理论计算土体中的应力与土的变形量。该方法在分析地基应力场时被广泛应用，如用于附加应力的计算等。但是，对于一般的地基，由于土的压缩特性与应力水平密切相关（非弹性和弹塑性），且边界条件比较复杂，所以用弹性理论法计算存在较大误差。此外，弹性理论法还无法求得土体变形随时间的变化。

（2）分层总和法

分层总和法将地基分为多个土层，先按弹性理论计算各土层应力，再根据土工试验提供土层变形参数，计算各分层沉降变形，最后叠加得到地基总体的变形。

设地基压缩层厚度为 h，土层自重应力为 p_1，由于建筑物荷载而产生的附加应力 Δp，则土层总应力增至 $p_2=p_1+\Delta p$。此时地基土层沉降按下式计算：

$$s=m_v\cdot\Delta p\cdot h \tag{7-13}$$

式中　m_v——压缩层土的体积压缩系数，其压力范围为 $p_1\sim p_2$，由土的压缩曲线 e-p 确定。

当利用 e-$\lg p$ 压缩曲线计算地基土层沉降时，土层沉降计算公式如下：

$$s=\left(\frac{C_r}{1+e_0}\lg\frac{p_c}{p_1}+\frac{C_c}{1+e_c}\lg\frac{p_2}{p_c}\right)h \tag{7-14}$$

式中　C_r,C_c——e-$\lg p$ 压缩曲线再压缩段（$p<p_c$）和压缩段（$p>p_c$）的斜率，即再压缩指数和压缩指数；

p_c——土的先期固结压力；

e_0——对应于 p_1 时的孔隙比；

e_c——先期固结压力 p_c 所对应的孔隙比。

上式是针对 $p_1<p_c$ 且 $p_2>p_c$ 情况而言。如果 $p_1\sim p_2$ 的荷载范围处于 e-$\lg p$ 曲线的再压缩段，则计算中仅需采用 C_r。例如，在考虑基坑开挖引起的地基回弹时，地基竖向变形计算只需要采用 C_r 指标。如果 $p_1\sim p_2$ 的荷载范围仅处于 e-$\lg p$ 曲线的压缩段，则计算中仅需采用 C_c。例如，对于正常固结土，$p_c=p_1$，土层沉降计算采用压缩指数。

当压缩层较厚或土层压缩性沿深度不均时（成层土），为计及压缩应力沿深度分布的非线性及土性不同，应先将整个土层按不均一性或习惯规定的厚度（一般取 $0.4B$，其中 B 为基础短边尺寸）划分为若干个土分层（1 至 n）。按以上介绍的方法，取每分层半厚处作为代表点，求各分层沉降，然后相加，即为整个土层的沉降。

当利用 e-p 压缩曲线计算地基土层沉降时，地基沉降 S 计算公式如下：

$$S=\sum_{i=1}^{n} m_{vi}\cdot\Delta p_i\cdot H_i \tag{7-15}$$

式中 H_i，m_{vi}，Δp_i——各土层厚度、压缩系数和附加应力增量。

当利用 e-lg$p$ 压缩曲线计算地基土层沉降时，地基沉降 S 计算公式如下：

$$S=\sum_{i=1}^{n}\left(\frac{C_{ri}}{1+e_{0i}}\lg\frac{p_{ci}}{p_{1i}}+\frac{C_{ci}}{1+e_{ci}}\lg\frac{p_{2i}}{p_{ci}}\right)H_i \tag{7-16}$$

式中 p_{1i}——各土层自重应力（初始应力）；

p_{2i}——各土层自重应力与附加应力之和，即 $p_{2i}=p_{1i}+\Delta p_i$；

C_{ri}，C_{ci}——各土层再压缩指数和压缩指标；

p_{ci}——各土层先期固结压力；

e_{0i}，e_{ci}——各土层 p_{1i} 和 p_{ci} 对应的孔隙比。

分层总和法为工程实用法，在实际工程中广泛应用。分层总和法可以方便地考虑到土层的非均质、应力应变关系的非线性以及地下水位变动等实际存在的复杂因素。要指出的是，分层总和法沉降计算采用的变形指标由室内侧限压缩试验得到，未考虑侧向变形。在大部分实际工程中，地基土体变形是三向的。为了计及地基土体变形的三向效应，可用经验系数予以修正。我国 GB 50007《建筑地基基础设计规范》中根据基础底面的附加压力和沉降计算深度范围内的压缩模量当量值来确定修正系数（介于 0.2 ～ 1.4）。修正系数最大值是最小值的 7 倍，表明分层总和法在理论上还无法精准计算地基沉降。

(3) 斯肯普顿-比伦法

斯肯普顿-比伦法将地基变形分为瞬时沉降 S_d、主固结沉降 S_c 和次压缩沉降 S_s。该方法主要用来计算黏性土地基表面最终沉降。

根据布辛奈斯克（Boussinesq）解答，地基表面瞬时沉降可由下式计算：

$$S_d=\omega(1-\nu^2)\frac{p_0 b}{E} \tag{7-17}$$

式中 E，ν——土的弹性模量和泊松比；

p_0——地表荷载；

b——基础宽度；

ω——沉降影响系数，按基础的刚度、基底形状及计算点位置而定。

ω_c、ω_o、ω_m、ω_r 可由表 7.2 查得。

表 7.2　沉降影响系数

<table>
<tr><td rowspan="3" colspan="2">计算点位置</td><td colspan="13">荷载面形状</td></tr>
<tr><td rowspan="2">圆形</td><td rowspan="2">方形</td><td colspan="11">矩形(l/b)</td></tr>
<tr><td>1.5</td><td>2.0</td><td>3.0</td><td>4.0</td><td>5.0</td><td>6.0</td><td>7.0</td><td>8.0</td><td>9.0</td><td>10.0</td><td>100</td></tr>
<tr><td rowspan="3">柔性荷载</td><td>ω_c</td><td>0.64</td><td>0.56</td><td>0.68</td><td>0.77</td><td>0.89</td><td>0.98</td><td>1.05</td><td>1.11</td><td>1.16</td><td>1.20</td><td>1.24</td><td>1.27</td><td>2.00</td></tr>
<tr><td>ω_o</td><td>1.00</td><td>1.12</td><td>1.36</td><td>1.53</td><td>1.78</td><td>1.96</td><td>2.10</td><td>2.22</td><td>2.32</td><td>2.40</td><td>2.48</td><td>2.54</td><td>4.01</td></tr>
<tr><td>ω_m</td><td>0.85</td><td>0.95</td><td>1.15</td><td>1.30</td><td>1.52</td><td>1.70</td><td>1.83</td><td>1.96</td><td>2.04</td><td>2.12</td><td>2.19</td><td>2.25</td><td>3.70</td></tr>
<tr><td>刚性基础</td><td>ω_r</td><td>0.785</td><td>0.886</td><td>1.08</td><td>1.22</td><td>1.44</td><td>1.61</td><td>1.72</td><td>—</td><td>—</td><td>—</td><td>—</td><td>2.12</td><td>3.40</td></tr>
</table>

注：ω_c 为角点沉降影响系数；ω_o 为中心沉降影响系数；ω_m 为平均沉降影响系数；ω_r 为刚性基础的沉降影响系数。

主固结沉降采用 e-p 曲线或 e-lg$p$ 曲线得到压缩性指标，再结合分层总和法计算公式[式(7-13)至式(7-16)]得到主固结沉降 S_c。考虑到压缩性指标是按单向固结压缩计算得到的，与工程实际情况有出入，斯肯普顿(Skempton)和比伦(Bjerrum)提出将固结沉降 S_c 乘上一个修正系数，即得到修正后的主固结沉降 S_c'：

$$S_c' = \lambda S_c \tag{7-18}$$

修正系数 λ 通过下式计算：

$$\lambda = \frac{\int_0^H m_v \cdot \Delta\sigma_1 \left[A + (1-A)\dfrac{\Delta\sigma_3}{\Delta\sigma_1}\right] \mathrm{d}z}{\int_0^H m_v \cdot \Delta\sigma_1 \mathrm{d}z} \tag{7-19}$$

式中　m_v——土体体积压缩系数；

A——孔隙压力常数，由三轴不排水试验测定；

$\Delta\sigma_1$，$\Delta\sigma_3$——主应力增量和围压增量；

H——土层厚度。

如果体积压缩系数 m_v 和孔隙压力系数 A 为常数，则有：

$$\lambda = A + (1-A)\alpha \tag{7-20}$$

而

$$\alpha = \frac{\int_0^H \Delta\sigma_3 \mathrm{d}z}{\int_0^H \Delta\sigma_1 \mathrm{d}z} \tag{7-21}$$

上式只适用于圆形基础或方形基础。对于条形基础，应考虑中间主应力增量的影响，并由此对系数 λ 进行修正；具体可参考有关文献。

次压缩沉降是地基土中超静水压力消散殆尽，土的主固结完成后继续产生的那部分沉降。以孔隙水压力消散为依据的经典太沙基固结理论，未考虑次压缩沉降。在 20 世纪 40 年代，Taylor & Merchant 发现软土主固结完成后有一个次固结阶段，并可用恒定的次压缩系数 C_α 来描述次固结或蠕变属性的大小。次压缩系数 C_α 定义式如下：

$$C_\alpha=\frac{\Delta e}{\lg t-\lg t_c} \tag{7-22}$$

式中　t, t_c——从固结过程开始起算的时间和主固结完成时的时间；

Δe——次压缩阶段的孔隙比变化。

次压缩本质上是软黏土本身随着时间而缓慢增长的压缩，其变形大小与许多因素有关，比如土骨架结构形态，颗粒间凝聚力大小，颗粒形状和大小以及强度、密实程度、渗透性质等，特别是对于沿海的淤泥类软土地基，其量值不可忽略，这一发现被视为经典土力学的一个组成部分。后来进一步的研究表明：对于某一土体来说，主次固结的压缩特性指标存在某种关联，即 $C_\alpha/C_c=$ 恒量；这一发现推动了次固结理论在实际工程中的应用。另外一些室内试验和现场试验表明，次压缩系数 C_α 主要与土体天然含水率 w 有关，近似计算时可取 $C_\alpha=0.018w$。

如果各压缩土层的厚度分别为 H_i，初始孔隙比为 e_{0i}，次压缩系数为 $C_{\alpha i}$，则地基的次压缩沉降可用下式计算：

$$S_s=\sum_{i=1}^{n}\frac{H_i}{1+e_{0i}}C_{\alpha i}\lg\frac{t}{t_c} \tag{7-23}$$

式中　n——压缩土层的层数。

(4) 原位土力学计算法

土的力学特性的认识都是基于土样室内试验而获得的。实际中发现，土是一种天然形成的材料，通常具有一定的结构性，土样经取样应力释放之后，结构性遭到破坏，与现场原位土的性质已不同。因此，通过室内试验获得的力学特性指标，有时不能真实反映现场原位土的力学特性，用这样的土样所得到的试验指标进行地基沉降变形等的计算就会与实际差异很大。杨光华提出采用现场原位试验来测定现场原位土的力学指标；例如，通过现场压板试验确定土的初始切线模量 E_t 和土体强度指标 c、φ。

现场平板载荷试验得到的成果曲线 p-s 如图 7.4 所示。其中：p_u 为极限承载力；k_0 为曲线初始切线模量。该曲线通常可以用双曲线方程(7-24)来表示。则拟合试验结果可以得到双曲线方程的两个参数 a、b。两个参数与地基极限承载力 p_u 和土的初始切线模量 E_{t0} 之间的关系如式(7-25)所示。

$$p=\frac{s}{a+bs} \tag{7-24}$$

式中

$$a=\frac{1}{k_0}=\frac{\omega(1-\nu^2)D}{E_{t0}} \tag{7-25a}$$

$$b=\frac{1}{p_u} \tag{7-25b}$$

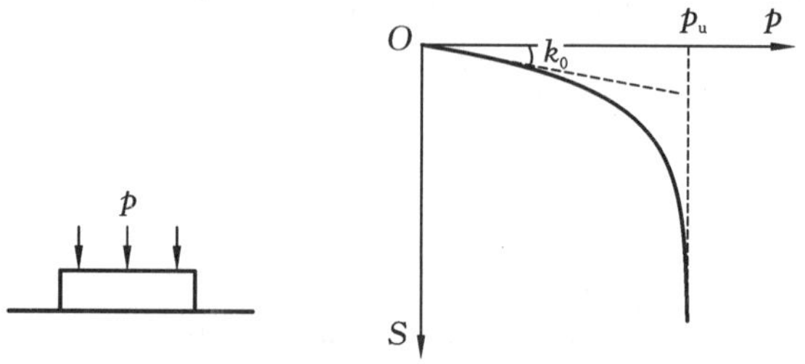

图 7.4　现场压板载荷试验曲线

式中　ω——沉降影响系数；

ν——泊松比；

D——基础的直径。

根据地基极限承载力理论，可由地基极限承载力 p_u 反算得到土的强度指标 c、φ。由此，不同荷载水平下土的切线模量方程可表示为：

$$E_t=\left(1-R_f\frac{p}{p_u}\right)^2E_{t0} \tag{7-26}$$

式中　E_t——切线模量；

R_f——破坏比，见式(5-18)，通常取 0.75～1。

综上，三个土力学参数 E_t、c、φ 均可通过现场原位平板载荷试验直接得到。采用式(7-26)的变形参数代替传统分层总和法的压缩模量来计算地基沉降，能更好地反映现场原状土的特性，计算结果更可靠。但是，平板载荷试验在地表开展，其成果曲线仅能反映表层土体的力学特性。因此，该方法的不足之处是无法考虑深层土体的力学特性。

(5) 曲线拟合法

在现今的各种沉降计算方法中，由于对压缩土层剖面、荷载条件以及在计算模型等方面都作了简化，所用的计算土性指标也未必具有真正的代表性，沉降计算结果与实测资料往往有不同程度的差异，尤其是对于沉降过程的预估。为此，人们提出了根据地基沉降前期观测资料推算沉降过程和最终沉降的经验方法。

众多实测沉降曲线表明，沉降过程曲线（沉降量 S_t 与相应的时间 t 的关系）接近于双曲线。可假设该曲线的数学表达式为：

$$S_t=\frac{t}{a+t}S_f \tag{7-27}$$

式中　a——待定系数；

S_f——地基最终沉降量；

t——时间。

假设在地基沉降过程中的时刻 t_1 与 t_2 分别测得沉降为 S_1 和 S_2，代入式(7-27)，联立求解，即可解得式中的未知量 S_f 和 a：

$$\left.\begin{aligned} S_f &= \frac{t_2 - t_1}{\dfrac{t_2}{S_2} - \dfrac{t_1}{S_1}} \\ a &= S_f \frac{t_1}{S_1} - t_1 = S_f \frac{t_2}{S_2} - t_2 \end{aligned}\right\} \tag{7-28}$$

将算得的 S_f 和 a 代回式(7-27)，即得到估算沉降过程的表达式。显然，实测资料的历时越长，测点越多，估算的最终沉降 S_f 愈接近实际。

7.3 一维固结理论

软土地基沉降变形一般要经历一段时间。当荷载增加时，土中产生超静孔隙水压力，孔隙水逐渐被挤出的过程中，超静孔隙水压力逐渐减小，土骨架上的有效应力逐渐增加，进而引起土体体积逐渐压缩，直至变形稳定，这一变形的全过程称为固结。

工程设计中，不但需要预估建筑物基础可能产生的最终沉降量，而且还常常需要预估建筑物基础达到某一沉降量所需的时间，或者建筑物完工以后经过一定时间产生的沉降量。解决这些问题都需要用到固结理论。

7.3.1 Terzaghi 一维固结理论

饱和土体在某一压力作用下，压缩随着孔隙水的逐渐向外排出而增长。如果孔隙水只沿一个方向排出，土的压缩也只在一个方向发生(一般为竖直方向)，那么这种固结称为单向固结。早在 1925 年，Terzaghi(太沙基)就建立了饱和土体的单向渗流固结微分方程，并获得了一定初始条件与边界条件下的解析解。太沙基一维固结理论解答目前仍被广泛应用。

(1) 一维固结控制方程

Terzaghi 一维固结理论分析的物理模型如图 7.5(a)所示。饱和土土地基厚度为 H；地表为透水边界；大面积荷载 p 在地表瞬时施加。

在推导过程中，为了便于分析和求解，Terzaghi 做了一系列简化假设，包括：

① 土体是均质、各向同性和完全饱和的；

② 土颗粒和孔隙水都不可压缩；

③ 土体的变形是由超孔隙水压力消散引起的；

④ 土中渗流服从达西定律；

⑤ 土中水的渗流和土的变形是一维的；

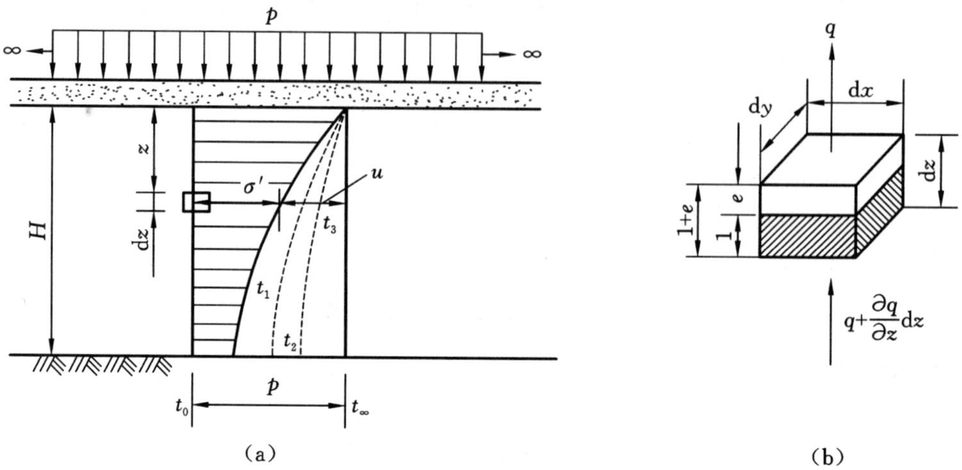

图 7.5　Terzaghi 一维固结理论示意图

(a)地基剖面;(b)土体单元

⑥ 固结过程中土的竖向渗透系数 k 和压缩系数 a 为常数;

⑦ 外荷载连续均布且一次性骤然施加。

基于以上假设,取任一深度 z 处的土体单元[图 7.5(b)]。设单位时间内从单元体顶面流入的水量为 q,流出的水量为 $q+\frac{\partial q}{\partial z}$,则 $\mathrm{d}t$ 时间内单元体内水量变化为:

$$\mathrm{d}Q=\left[q-\left(q+\frac{\partial q}{\partial z}\mathrm{d}z\right)\right]\mathrm{d}z=-\frac{\partial q}{\partial z}\mathrm{d}z\,\mathrm{d}t \tag{7-29}$$

根据达西定律:

$$q=vA=k_{\mathrm{v}}iA=k_{\mathrm{v}}\left(-\frac{\partial h}{\partial z}\right)\mathrm{d}x\,\mathrm{d}y \tag{7-30}$$

式中　v——孔隙水渗透速率;

k_{v}——竖向渗透系数;

h——该点的超静水头,$h=\frac{u}{r_{\mathrm{w}}}$;

i——水力梯度,$i=-\frac{\partial h}{\partial z}$。

将式(7-30)代入式(7-29)可得:

$$\mathrm{d}Q=\frac{k_{\mathrm{v}}}{r_{\mathrm{w}}}\frac{\partial^2 u}{\partial z^2}\mathrm{d}x\,\mathrm{d}y\,\mathrm{d}z\,\mathrm{d}t \tag{7-31}$$

$\mathrm{d}t$ 时间内土单元的体积变化为:

$$\mathrm{d}V=\frac{\partial V}{\partial t}\mathrm{d}t=\frac{\partial}{\partial t}\left[V_{\mathrm{s}}(1+e)\right]\mathrm{d}t=\frac{1}{1+e_0}\frac{\partial e}{\partial t}\mathrm{d}x\,\mathrm{d}y\,\mathrm{d}z\,\mathrm{d}t \tag{7-32}$$

式中 e_0——初始孔隙比；

V_s——土颗粒的体积。

土是饱和的且在固结过程中土颗粒和水都是不可压缩的，所以土单元的体积变化等于水量变化，即 $dV=dQ$，因此可得：

$$\frac{k_v}{r_w}\frac{\partial u^2}{\partial^2 z}=\frac{1}{1+e_0}\frac{\partial e}{\partial t} \tag{7-33}$$

根据有效应力原理和压缩系数定义：

$$de=-a\,dp=-a\,d\sigma_z' \tag{7-34a}$$

$$\sigma_z'=\sigma_z-u=p_0-u \tag{7-34b}$$

式中 a——压缩系数；

σ_z'——z 方向上的有效应力。

将式(7-34)代入式(7-33)整理得：

$$c_v\frac{\partial u^2}{\partial^2 z}=\frac{\partial u}{\partial t} \tag{7-35}$$

式中 c_v——竖向固结系数，$c_v=\dfrac{k_v(1+e_0)}{ar_w}$。

(2) 求解

对于上述一维固结微分控制方程，单面排水条件下可利用分离变量法求其解析解。过程如下：

令

$$u(z,t)=X(z)T(t) \tag{7-36}$$

则有：

$$\frac{\partial^2 u}{\partial z^2}=X''(z)T(t) \tag{7-37a}$$

$$\frac{\partial u}{\partial t}=X(z)T'(t) \tag{7-37b}$$

整理式(7-37)可得：

$$c_vX''(z)T(t)=X(z)T'(t) \tag{7-38}$$

分离变量并令其比值为$-\lambda$，则有：

$$c_v\frac{X''(z)}{X(z)}=\frac{T'(t)}{T(t)}=-\lambda \tag{7-39}$$

从而有：

$$c_vX''(z)+\lambda X(z)=0 \tag{7-40a}$$

$$T'(t)+\lambda T(t)=0 \tag{7-40b}$$

式(7-40a)为二阶常微分方程，其特解可直接得出：

当 $\lambda<0$ 时

$$X(z)=A\mathrm{e}^{\sqrt{\frac{-\lambda}{c_v}}}+B\mathrm{e}^{-\sqrt{\frac{-\lambda}{c_v}}} \tag{7-41}$$

边界条件：

$$\left.\begin{aligned}&u(0,t)=0\\&z=h,\frac{\partial u}{\partial z}=0\end{aligned}\right\} \tag{7-42}$$

代入边界条件后求得 $A=0,B=0$，此时 $X(z)\equiv0$，并不是理想解。

当 $\lambda=0$ 时

$$X(z)=A+Bz \tag{7-43}$$

代入边界条件得 $A=0,B=0$，此时 $X(z)\equiv0$，舍去。

当 $\lambda>0$ 时

$$X(z)=A\cos\sqrt{\frac{-\lambda}{c_v}}z+B\sin\sqrt{\frac{-\lambda}{c_v}}z \tag{7-44}$$

代入边界条件得：

$$\left.\begin{aligned}&A=0\\&\lambda=\frac{(\pi/2+n\pi)^2c_v}{h^2}\end{aligned}\right\} \tag{7-45}$$

代入式(7-44)得：

$$X_n(z)=B\sin\frac{\pi/2+n\pi}{h}z \tag{7-46}$$

将 λ 值代入式(7-45)，并求其微分方程的解得：

$$T_n(t)=C\cdot\mathrm{e}^{-\left(\frac{\pi}{2}+n\pi\right)^2T_v} \tag{7-47}$$

式中　T——竖向固结时间因子，$T_v=\frac{c_vt}{h^2}$；

C——未知量。

将式(7-46)、式(7-47)代入式(7-36)，并令 $D=B\times C$ 得：

$$u_n(z,t)=D_n\mathrm{e}^{-\left(\frac{\pi}{2}+n\pi\right)^2T_v}\cdot\sin\frac{\pi/2+n\pi}{h}z \tag{7-48}$$

式(7-48)是一维固结控制方程的特解，一般不满足初始条件。由于方程是线性齐次的，所有特解的和仍是方程的解，且满足初始条件，故有：

$$u(z,t)=\sum_{n=0}^{\infty}D_n\mathrm{e}^{-\left(\frac{\pi}{2}+n\pi\right)^2T_v}\cdot\sin\frac{\pi/2+n\pi}{h}z \tag{7-49}$$

代入初始条件 $u(z,0)=p_0$ 得：

$$D_n=\frac{2}{\frac{\pi}{2}+n\pi}p_0 \tag{7-50}$$

代入式(7-49)得：

$$u(z,t)=\sum_{n=1}^{\infty}\frac{2p_0}{n\pi-\frac{\pi}{2}}\cdot e^{-\left(n\pi-\frac{\pi}{2}\right)^2T_v}\cdot \sin\frac{n\pi-\frac{\pi}{2}}{h}z \tag{7-51}$$

以上解是 Terzaghi 一维固结方程在土压力均布和单面排水条件下的解。对于双面排水条件以及土压力分布不均的情况，计算时只需对土层厚度和初始条件做适当修正。

根据有效应力原理，可得任意深度和任意时刻土单元的有效应力为：

$$\sigma'(z,t)=p_0-\sum_{n=1}^{\infty}\frac{2p_0}{n\pi-\frac{\pi}{2}}\cdot e^{-\left(n\pi-\frac{\pi}{2}\right)^2T_v}\cdot \sin\frac{n\pi-\frac{\pi}{2}}{h}z \tag{7-52}$$

将上式对深度积分并除以计算深度，可得任意时刻的地基平均有效应力：

$$\sigma'(z,t)=p_0\left(1-\sum_{n=1}^{\infty}\frac{2p_0}{\left(n\pi-\frac{\pi}{2}\right)^2}\cdot e^{-\left(n\pi-\frac{\pi}{2}\right)^2T_v}\right) \tag{7-53}$$

根据平均固结度的定义：

$$U_z=\frac{S_t}{S_\infty}=\frac{\int_0^h\sigma'_z\mathrm{d}x}{\int_0^h\sigma_z\mathrm{d}x}=1-\sum_{n=1}^{\infty}\frac{2p_0}{\left(n\pi-\frac{\pi}{2}\right)^2}\cdot e^{-\left(n\pi-\frac{\pi}{2}\right)^2T_v} \tag{7-54}$$

对于 Terzaghi 一维固结方程，为了手算方便，通常 n 的值取 1，即只计算第一项的函数值。而 n 取值的不同会影响固结度的计算结果。已有研究表明：n 值大小只影响固结初期的土体固结度，且 n 值越小初期的固结度计算值越偏高，而固结后期的固结度基本不受 n 值影响。这也说明为什么规范中要求固结度大于 30%时，才能取级数首项计算地基固结度。

7.3.2 考虑次固结的一维固结理论

Terzaghi 一维固结理论假设地基土在压缩过程中压缩系数和渗透系数都保持不变，且没有考虑次固结对沉降的影响。

土体的固结沉降中，主固结指土体在受荷后孔隙水压力逐渐消散，有效应力增加，土体变形逐步发展的过程；次固结指土中超静孔压消散完后土体变形随时间继续缓慢发展的现象。根据次固结指数的定义：

$$e_a - e_c = C_\alpha \lg(t/t_c) \tag{7-55}$$

式中　e_a——次固结阶段的孔隙比(包括主固结影响);

e_c——主固结完成时的孔隙比;

C_α——次固结指数;

t——主固结完成后进入次固结变形阶段的时间($t>t_c$);

t_c——主固结完成的时间。

上式假定主固结阶段结束后才发生次固结压缩,而越来越多的试验结果表明,软黏土在主固结阶段如果不考虑次固结效应的影响,计算结果会偏小。为了在主固结阶段考虑次固结效应的影响,有学者引入新的次固结计算时间的概念,并对式(7-55)进行修正:

$$\Delta e_a = C_a \lg \frac{t_i + \Delta t}{t_i} \tag{7-56}$$

式中　Δe_a——次固结引起的孔隙比变化;

t_i——次固结计算时间。

原始压缩量等于再压缩量与次固结压缩量的和(参见图 7.6),即:

$$\Delta e_c = \Delta e_e + \Delta e_a \tag{7-57}$$

式中　Δe_c——原始压缩产生的孔隙比变化;

Δe_e——再压缩产生的孔隙比变化。

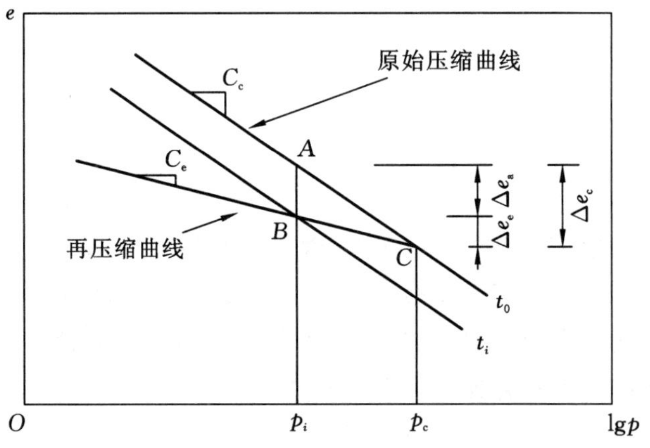

图 7.6　次压缩计算示意图

根据图 7.6 所示关系,可得:

$$C_c \lg \frac{p_c}{p_i} = C_e \lg \frac{p_c}{p_i} + C_\alpha \lg \frac{t_i}{t_c} \tag{7-58}$$

对式(7-58)整理后可得:

$$t_i = t_c \left(\frac{p_c}{p_i}\right)^{\frac{C_c - C_e}{C_\alpha}} \tag{7-59}$$

由式(7-59)可以看出：次固结压缩量会受荷载大小的影响，且当固结压力大于先期固结压力时，式(7-56)就退化到式(7-55)的形式。

次固结阶段孔隙比的变化由有效应力变化引起的孔隙比变化和蠕变随时间发展引起的孔隙比变化两部分组成，即：

$$de = a\,d\sigma' - C_\alpha \mathrm{dlg}\left(\frac{t_i + t}{t_i}\right) = a\,d\sigma' - C_\alpha \frac{dt}{(t_i + t)\ln 10} \tag{7-60}$$

将式(7-60)两边同除以 dt，并引入有效应力原理可得：

$$\frac{\partial e}{\partial t} = a\frac{\partial u}{\partial t} - \frac{C_\alpha}{(t_i + t)\ln 10} \tag{7-61}$$

因此得到考虑次固结效应的固结控制方程如下：

$$\frac{k_v(1+e_0)}{r_w}\frac{\partial u^2}{\partial^2 z} = a\frac{\partial u}{\partial t} - \frac{C_\alpha}{(t_i + t)\ln 10} \tag{7-62}$$

整理得：

$$C_v\frac{\partial u^2}{\partial^2 z} = a\frac{\partial u}{\partial t} - \frac{C_\alpha}{(t_i + t)\ln 10} \tag{7-63}$$

上式可以采用有限差分法进行求解，具体见第 9 章。

7.4 多维固结理论

受建筑物荷重作用的一般地基总会引起多方向的排水和变形。以上讨论的单向排水固结实际上仅是特定条件下的情况。计算和实测沉降说明，在许多场合，按单向固结理论计算的沉降速率往往比实际发生得要慢，主要原因之一是水平向的排水加速了超静水压力的消散。理论分析表明：基础的尺寸相对越小，地基固结速率相对越快；当基础尺寸与压缩土层厚度相当时，水平排水效应非常显著；只有当基础尺寸宽度远超过土层的厚度时，固结曲线才接近单向固结情况。对此，为了贴近实际情况，有必要开展多维固结理论研究。

建立三维固结理论要考虑土体在三个方向的排水和变形。解决三维固结问题现有两种方法。一种是太沙基-伦杜立可(Rendulic)理论，它是太沙基理论的延伸。该理论推导时，假设固结过程中土体内的正立力之和(总应力)保持不变，忽视了实际存在的应力和应变的耦合作用，因而常称它为准三向固结理论。因其与物体热传导方程形式类似，故又称为扩散方程。另一种是比奥(Biot)理论，它直接从弹性理论出发，满足土体的平衡条件、弹性应力-应变关系和变形协调条件，此外还考虑了水流连续条件。它在理论上较准三向理论严格，但求解较复杂。由于在实际固结过程中，弹性指标不断变化，故应力将发生重分布，同时总应力需要调整以满足应力和应变的相容条件，故固结过程中，虽然外荷重保持不变，土体中的主应力之和却不断变化。可见解比奥方程，涉及应力重分布。因其求解复杂，目前能获得精确解只有少数几种情况。比奥理论多用于有限元计算中。

7.4.1　比奥固结理论

该理论被认为是真三维固结理论。假设有一均质、各向同性的饱和土单元体 $dxdydz$，受外力作用，首先应满足平衡方程。以土骨架为隔离体，以有效应力表示，则有：

$$\left.\begin{aligned}&\frac{\partial\sigma'_x}{\partial x}+\frac{\partial\tau_{yz}}{\partial y}+\frac{\partial\tau_{zx}}{\partial z}+\frac{\partial u}{\partial x}=0\\&\frac{\partial\tau_{xy}}{\partial x}+\frac{\partial\sigma'_y}{\partial y}+\frac{\partial\tau_{xy}}{\partial z}+\frac{\partial u}{\partial y}=0\\&\frac{\partial\tau_{zx}}{\partial x}+\frac{\partial\tau_{yz}}{\partial y}+\frac{\partial\sigma'_z}{\partial z}+\frac{\partial u}{\partial z}=-\gamma\end{aligned}\right\}\tag{7-64}$$

式中　σ'——有效应力；

u——超静水压力；

γ——土体容积密度。

设土骨架在 x、y、z 方向的位移为 u^s、v^s 和 w^s。其六个应变分量应为：

$$\left.\begin{aligned}&\varepsilon_x=\frac{-\partial u^s}{\partial x},\quad \varepsilon_y=\frac{-\partial v^s}{\partial y},\quad \varepsilon_z=\frac{-\partial w^s}{\partial z}\\&\gamma_x=-\left(\frac{\partial w^s}{\partial y}+\frac{\partial v^s}{\partial z}\right)\\&\gamma_y=-\left(\frac{\partial u^s}{\partial z}+\frac{\partial w^s}{\partial x}\right)\\&\gamma_z=-\left(\frac{\partial v^s}{\partial x}+\frac{\partial u^s}{\partial y}\right)\end{aligned}\right\}\tag{7-65}$$

式中　$\varepsilon_x,\varepsilon_y,\varepsilon_z$——$x$、$y$、$z$ 方向的正应变；

$\gamma_x,\gamma_y,\gamma_z$——$yz$、$xz$、$xy$ 平面内的剪应变。

在材料为均质弹性体的假设下，应变分量可表示为应力分量的函数：

$$\left.\begin{aligned}&\varepsilon_x=\frac{1}{E}[\sigma'_x-\nu(\sigma'_y+\sigma'_z)]\\&\varepsilon_y=\frac{1}{E}[\sigma'_y-\nu(\sigma'_x+\sigma'_z)]\\&\varepsilon_z=\frac{1}{E}[\sigma'_z-\nu(\sigma'_x+\sigma'_y)]\\&\gamma_x=\frac{\tau_{yz}}{G}=\frac{\tau_{yz}\cdot 2(1+\nu)}{E}\\&\gamma_y=\frac{\tau_{xz}}{G}=\frac{\tau_{xz}\cdot 2(1+\nu)}{E}\\&\gamma_z=\frac{\tau_{xy}}{G}=\frac{\tau_{xy}\cdot 2(1+\nu)}{E}\end{aligned}\right\}\tag{7-66}$$

式中 E,ν,G——分别为排水条件下的弹性模量、泊松比与剪切模量。

为了方便,进一步找出应力与位移的关系。为此,解式(7-66),并注意体应变 $\varepsilon_v=\varepsilon_x+\varepsilon_y+\varepsilon_z$,可得:

$$\left.\begin{aligned}
\sigma'_x&=2G\left(\varepsilon_x+\frac{\nu}{1-2\nu}\varepsilon_v\right)\\
\sigma'_y&=2G\left(\varepsilon_y+\frac{\nu}{1-2\nu}\varepsilon_v\right)\\
\sigma'_z&=2G\left(\varepsilon_z+\frac{\nu}{1-2\nu}\varepsilon_v\right)\\
\tau_{xy}&=G\gamma_z,\quad \tau_{yz}=G\gamma_x,\quad \tau_{xz}=G\gamma_y
\end{aligned}\right\}\tag{7-67}$$

将式(7-67)及式(7-66)代入平衡方程(7-64),得到下式:

$$\left.\begin{aligned}
\nabla^2 u^{s^2}-\left(\frac{\lambda+G}{G}\right)\frac{\partial\varepsilon_v}{\partial x}+\frac{1}{G}\frac{\partial u}{\partial x}&=0\\
\nabla^2 v^{s^2}-\left(\frac{\lambda+G}{G}\right)\frac{\partial\varepsilon_v}{\partial y}+\frac{1}{G}\frac{\partial u}{\partial y}&=0\\
\nabla^2 w^{s^2}-\left(\frac{\lambda+G}{G}\right)\frac{\partial\varepsilon_v}{\partial z}+\frac{1}{G}\frac{\partial u}{\partial z}&=-\gamma
\end{aligned}\right\}\tag{7-68}$$

上式中:

$$\lambda=\frac{E\nu}{(1+\nu)(1-2\nu)}、\quad G=\frac{E}{2(1+\nu)}、\quad \nabla^2=\frac{\partial^2}{\partial x^2}+\frac{\partial^2}{\partial y^2}+\frac{\partial^2}{\partial z^2}$$

式(7-68)的三个方程式中包含四个未知数:u^s、v^s、w^s 和 u。为了求解,还需要补充一个方程。由于水是不可压缩的,对于饱和土,土单元体内水量的变化率在数值上等于土体积的变化率,故由达西定律可得:

$$\frac{k}{\gamma_w}\nabla^2 u=-\frac{\partial\varepsilon_v}{\partial t}\tag{7-69}$$

式(7-69)提供了水流连续条件的第四个方程。这样,解式(7-68)与式(7-69)组成的方程组,即可求得四个未知量。可以看到,这样得到的结果,既满足弹性材料的应力-应变关系和平衡条件,又满足变形协调条件与水流连续方程。故比奥理论是三向固结的精确表达式。

另外,根据式(7-67),并注意到有效应力 σ' 等于总应力 σ 与超静水压力 u 之差,可得到下式:

$$\frac{\partial\varepsilon_v}{\partial t}=\frac{1-2v}{E}\frac{\partial}{\partial t}(\Theta-3u)\tag{7-70}$$

代入式(7-69),则可求得:

$$C_{v3}\nabla^2 u=\frac{\partial u}{\partial t}-\frac{1}{3}\frac{\partial\Theta}{\partial t}\tag{7-71}$$

式中 C_{v3}——三向固结时的固结系数。

$$C_{v3}=\frac{kE}{3\gamma_w(1-2\nu)} \tag{7-72}$$

式中　Θ——正应力之和，$\Theta=\sigma_x+\sigma_y+\sigma_z$。

从式(7-71)可以看到：

(1) 方程中的 C_{v3} 为三向固结系数，它不同于单向固结系数 C_{v1}；

(2) 式中是一点的三个正应力之和(总应力)，在固结过程中并不一定为一常量，只有在固结完成后，它才等于外荷重在该点的三个正应力分量之和；

(3) 当只考虑超静孔压时，式(7-68)中第三式中 γ 可代为 0，即不计静水压力部分。

对于二向平面(平面应变)问题，比奥方程为式(7-68)中的第 1 式与第 3 式两式及水流连续条件为：

$$C_{v2}\nabla^2 u=\frac{\partial u}{\partial t}-\frac{1}{2}\frac{\partial \Theta}{\partial t} \tag{7-73}$$

式中　∇^2——拉普拉斯算子，$\nabla^2=\frac{\partial^2}{\partial x^2}+\frac{\partial^2}{\partial z^2}$；

C_{v2}——二向固结系数，且有：

$$C_{v2}=\frac{kE}{2\gamma_w(1+\nu)(1-2\nu)} \tag{7-74}$$

顺便指出，按弹性应力-应变关系，可以得到单向固结的固结系数 C_{v1}，有下列形式：

$$C_{v1}=\frac{kE(1-\nu)}{\gamma_w(1+\nu)(1-2\nu)} \tag{7-75}$$

固结系数与土的变形特性有关。三种固结条件下的固结系数存在以下关系：

$$C_{v1}=2(1-\nu)C_{v2}=3\,\frac{1-\nu}{1+\nu}C_{v3} \tag{7-76}$$

如果 $\nu=0.5$，则三个系数相等；如果 $\nu=0$，则 $C_{v1}=2C_{v2}=3C_{v3}$。

7.4.2　太沙基-伦杜立克理论

扩散方程是从上述表明水流连续条件的式(7-69)导得。假设土体受到三个方向有效主应力 σ_1'，σ_2' 和 σ_3' 作用，到其体积应变 ε_v 可以用下式表示：

$$\varepsilon_v=f(\sigma_1',\sigma_2',\sigma_3') \tag{7-77}$$

而

$$\frac{\partial \varepsilon_v}{\partial t}=\frac{\partial \varepsilon_v}{\partial \sigma_1'}\frac{\partial \sigma_1'}{\partial t}+\frac{\partial \varepsilon_v}{\partial \sigma_2'}\frac{\partial \sigma_2'}{\partial t}+\frac{\partial \varepsilon_v}{\partial \sigma_3'}\frac{\partial \sigma_3'}{\partial t} \tag{7-78}$$

$$\sigma_1'=\sigma_1-u,\quad \sigma_2'=\sigma_2-u,\quad \sigma_3'=\sigma_1-u \tag{7-79}$$

将式(7-79)代入式(7-78)，并加以整理，有：

$$\frac{\partial \varepsilon_v}{\partial t}=\frac{\partial \varepsilon_v}{\partial \sigma_1'}\frac{\partial \sigma_1}{\partial t}+\frac{\partial \varepsilon_v}{\partial \sigma_2'}\frac{\partial \sigma_2}{\partial t}+\frac{\partial \varepsilon_v}{\partial \sigma_3'}\frac{\partial \sigma_3}{\partial t}-\frac{\partial u}{\partial t}\left(\frac{\partial \varepsilon_v}{\partial \sigma_1'}+\frac{\partial \varepsilon_v}{\partial \sigma_2'}+\frac{\partial \varepsilon_v}{\partial \sigma_3'}\right) \tag{7-80}$$

由于

$$\frac{\partial \varepsilon_v}{\partial \sigma_1}=\frac{\partial \varepsilon_v}{\partial \sigma_2}=\frac{\partial \varepsilon_v}{\partial \sigma_3}=\frac{1-2\nu}{E} \tag{7-81}$$

则式(7-80)可表示为：

$$\begin{aligned}\frac{\partial \varepsilon_v}{\partial t}&=\frac{1-2\nu}{E}\left[\left(\frac{\partial \sigma_1}{\partial t}+\frac{\partial \sigma_2}{\partial t}+\frac{\partial \sigma_3}{\partial t}\right)-3\frac{\partial u}{\partial t}\right]\\&=\frac{1-2\nu}{E}\left[\frac{\partial(\sigma_1+\sigma_2+\sigma_3)}{\partial t}-3\frac{\partial u}{\partial t}\right]=\frac{1-2\nu}{E}\left(\frac{\partial \Theta}{\partial t}-3\frac{\partial u}{\partial t}\right)\end{aligned} \tag{7-82}$$

太沙基假设，一点的主应力之和不随时间变化($\partial\Theta/\partial t=0$)，即得：

$$\frac{\partial \varepsilon_v}{\partial t}=-3\frac{1-2\nu}{E}\frac{\partial u}{\partial t} \tag{7-83}$$

从式(7-69)可得：

$$\frac{k}{\gamma_w}\nabla^2 u=\frac{3(1-2\nu)}{E}\frac{\partial u}{\partial t} \quad 或 \quad C_{v3}\nabla^2 u=\frac{\partial u}{\partial t} \tag{7-84}$$

式中 C_{v3}——三向固结系数，且

$$C_{v3}=\frac{kE}{3\gamma_w(1-2\nu)} \tag{7-85}$$

比较式(7-83)和式(7-76)，在扩散方程中，缺少比奥方程中的关于 $\partial\Theta/\partial t$ 的一项，这是因为前者假设了土体中一点的三个主应力之和为常量，从而导致 $\partial\Theta/\partial t=0$。但两种理论的固结系数却完全一致，所以扩散方程也称为准三向(二向)固结理论。

如果是二向固结，类似可得：

$$C_{v2}\left(\frac{\partial^2 u}{\partial x^2}+\frac{\partial^2 u}{\partial z^2}\right)=\frac{\partial u}{\partial t} \tag{7-86}$$

其中二向固结系数 C_{v2} 与式(7-74)相同。

对于一维固结，即单向固结情况，从式(7-75)得：

$$C_{v1}=\frac{kE(1-\nu)}{\gamma_w(1+\nu)(1-2\nu)}=\frac{kE_s}{\gamma_w} \tag{7-87}$$

这与太沙基一维固结系数 C_v 是相同的。这时的主应力之和 $\Theta_1=\sigma_z$，由于在荷载不变时，总应力 σ_z 在固结过程中不变，所以 $\partial\Theta/\partial t=\partial\sigma_z/\partial t=0$。这时式(7-71)与式(7-73)完全相同，所以在二维情况下，太沙基理论是严格的。

比奥理论与准固结理论之间的比较：

① 二者都假设土骨架是线弹性体，小变形，渗流服从达西定律。在推导时，Biot 理论将水流连续条件与弹性理论相结合，故可解得土体受力后的应力、应变和孔压的生成和消散过程，理论上是完整且严密的。而准固结理论假设三个主应力(总应力)之和不变，不满足变形协调条件。

② 按比奥理论求解饱和土的固结问题时会出现曼代尔-克雷尔效应，或称应力传递效应，即外荷载作用初期，土层中局部孔隙水压力不消散，而是继续上升，而且会超过外荷载。按准固结理论求解固结问题则不会出现曼代尔-克雷尔效应。

③ 无论是单向或是准三向固结理论，都只研究土体中超静水压力的消散过程，不涉及与变形的耦合。在这种情况下，用超静水压力消散程度定义的固结度 U_p，与按土体变形定义的固结度 U_s 相等。实际上，$U_p=U_s$ 只有在单向固结时才成立。对于实际存在应力重分布的真二向或三向固结，在同一时刻的两种固结度并不相等。萨夫曼(schiffman)等的研究表明，从理论上说准固结理论并不严密，但考虑到土性指标的不确定性，工程实际中采用简单的准固结理论估算沉降-时间关系可以接受。

7.4.3　竖井地基固结理论

竖井排水固结法是软土地基处理的一种常用方法。该方法是在软土地基中打设竖向排水井(砂井、塑料排水板等)，并结合一定的加荷方式，逐步排出软弱土中的孔隙水，促使土体固结压缩，最终实现增强地基土强度、提高地基承载力、减少地基总沉降和不均匀沉降的目标。打设了竖向排水井的地基即为竖井地基。为了分析竖井地基沉降过程，需要应用竖井地基固结理论。

(1) 物理模型与基本假定

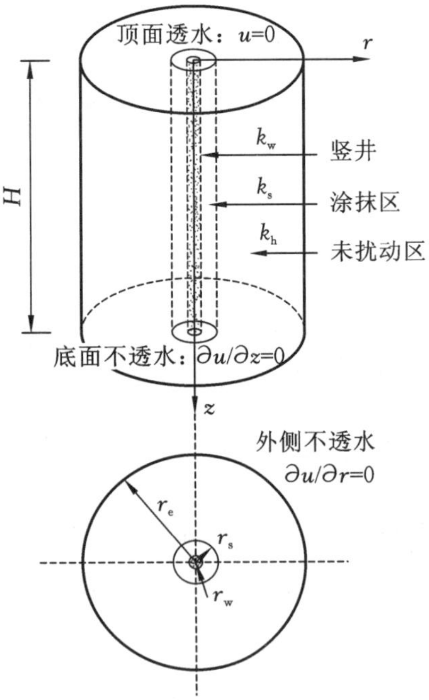

图 7.7　竖井地基固结物理模型

为了得到实用的竖井地基固结解答，先假定每根竖井加固软土地基固结的作用相等，由此可以取单井地基进行分析。图 7.7 所示为单井地基物理模型，包括三部分：竖井、涂抹区和未扰动区土体。软土层厚度为 H；竖井打设深度为 h。单井地基外围不透水，侧向变形约束，竖向变形自由；由于地基顶层通常会设置排水砂石垫层，故地基顶面透水，变形自由；地基底面根据下卧硬实层的透水性分为透水或不透水，其变形完全约束。竖井、涂抹区和未扰动区渗透系数分别为 k_w、k_s 和 k_h。竖井、涂抹区和单井影响区的半径分别为 r_w、r_s 和 r_e。

竖井地基固结分析需要做如下基本假定：① 土体是均质饱和的理想弹性材料，Terzaghi 有效应力原理成立，上部荷载在施加的瞬时都由超静孔压承担；② 小变形假定，即土层厚度不改变；③ 土颗粒和孔隙水均不可压缩，孔隙水渗流服从达西定律，渗透系数为常量；④土体变形仅发生在竖向，单位时间内微元体体积压缩变化与流量变化相等；⑤ 地基总应力不随时间变化，即 Terzaghi-Rendulic 准固结理论假定。

(2) 控制方程

竖井地基既有径向渗流也有竖向渗流，因此，竖井地基固结方程须考虑径竖向组合渗流。该方程可从 Terzaghi-Rendulic 三维固结方程通过坐标变换得到，即：

$$\frac{\partial u}{\partial t}=c_{\mathrm{v}}\frac{\partial^2 u}{\partial z^2}+c_{\mathrm{h}}\left(\frac{1}{r}\frac{\partial u}{\partial r}+\frac{\partial^2 u}{\partial r^2}\right) \tag{7-88}$$

式中 r,z——径向和竖向坐标；

t——时间；

u——考虑径竖向组合渗流的超静孔压；

$c_{\mathrm{v}},c_{\mathrm{h}}$——地基土体竖向和径向固结系数。

对方程(7-88)采用分离变量法，可将其分解成下述两个方程：

$$\frac{\partial u_{\mathrm{z}}}{\partial t}=c_{\mathrm{v}}\frac{\partial^2 u_{\mathrm{z}}}{\partial z^2};\frac{\partial u_{\mathrm{r}}}{\partial t}=c_{\mathrm{h}}\left(\frac{1}{r}\frac{\partial u_{\mathrm{r}}}{\partial r}+\frac{\partial^2 u_{\mathrm{r}}}{\partial r^2}\right) \tag{7-89}$$

式中 $u_{\mathrm{z}},u_{\mathrm{r}}$——仅考虑竖向渗流时超静孔压和仅考虑径向渗流时的超静孔压。

式(7-89)中的第一个式子为 Terzaghi 一维固结方程；第二个式子为竖井径向固结方程。对两个方程分别求解可得到竖向平均固结度 U_{z} 和径向平均固结度 U_{r}。Carrillo 首次推导发现，地基总体固结度 U_{rz} 与径、竖向固结度之间存在以下关系：

$$U_{\mathrm{rz}}=1-(1-U_{\mathrm{z}})(1-U_{\mathrm{r}}) \tag{7-90}$$

由于竖井的打设，地基径向排水距离 d_{e} 通常远小于竖向排水距离 l（单面排水 $l=H$；双面排水 $l=H/2$），因此，竖向渗流对地基总体固结度一般影响较小。竖向渗流引起的固结度 U_{z} 已详细叙述，以下只讨论径向渗流引起的固结度 U_{r}。

径向固结控制方程根据研究者不同的假定会略有不同，其中最具代表性的径向固结控制方程如下（Hansbo，1981；谢康和，1987）：

未扰动区连续方程：

$$-\frac{k_{\mathrm{h}}}{\gamma_{\mathrm{w}}}\left(\frac{1}{r}\frac{\partial u_{\mathrm{r}}}{\partial r}+\frac{\partial^2 u_{\mathrm{r}}}{\partial r^2}\right)=\frac{\partial \varepsilon_{\mathrm{v}}}{\partial t},r_{\mathrm{s}}\leqslant r\leqslant r_{\mathrm{e}} \tag{7-91a}$$

涂抹区连续方程：

$$-\frac{k_{\mathrm{s}}}{\gamma_{\mathrm{w}}}\left(\frac{1}{r}\frac{\partial u_{\mathrm{r}}}{\partial r}+\frac{\partial^2 u_{\mathrm{r}}}{\partial r^2}\right)=\frac{\partial \varepsilon_{\mathrm{v}}}{\partial t},r_{\mathrm{w}}\leqslant r\leqslant r_{\mathrm{s}} \tag{7-91b}$$

竖井区连续方程：

$$\frac{\partial^2 u_{\mathrm{w}}}{\partial z^2}=-\frac{2k_{\mathrm{s}}}{r_{\mathrm{w}}k_{\mathrm{w}}}\frac{\partial u_{\mathrm{r}}}{\partial r}\bigg|_{r=r_{\mathrm{w}}} \tag{7-91c}$$

总体平衡方程：

$$\frac{\partial \varepsilon_v}{\partial t} = -m_v \frac{\partial \bar{u}_r}{\partial t} \tag{7-91d}$$

式中　m_v——体积压缩系数；

ε_v——体积应变；

u_w——竖井内超静孔压。

(3) 求解条件

竖向固结控制方程的解答即为太沙基一维固结理论，径向固结控制方程的求解条件包括：

① 单井地基外侧为不透水边界，即 $r=r_e:\partial u_r/\partial r=0$。

② 地基顶部透水边界条件，即 $z=0:u_w=0$。

③ 地基底部不透水或透水条件，即 $z=H:\partial u_w/\partial z=0$(不透水)或 $u_w=0$(透水)。

④ 初始条件，即 $t=0,\bar{u}=u_0=q_0$，其中，u_0 为初始孔压，q_0 为初始荷载。

⑤ 竖井区与涂抹区界面孔压连续条件，即 $r=r_w:u_r=u_w$。

⑥ 荷载条件：通常为地表加载过程曲线。其中最为典型的荷载条件是瞬时加载且固结过程中荷载值保持恒定，即 $q(t)=q_0=q_u$。其中，q_u 为最终荷载值。

根据上述控制方程、边界条件、初始条件和荷载条件，借助数学方法可以求出竖井地基中超静孔隙水压力和固结度的表达式。下面将对理论界和工程界广泛应用的几种理论进行介绍。

(4) 实用解答

① Barron(1948)解答

关于 z 深度处平均孔压：

$$\bar{u}_r = u_0 \exp\left(-\frac{2c_h f(z)}{r_e^2 \mu_b}\right) \tag{7-92}$$

其中：$f(z)=\dfrac{\exp(\beta l-\beta z)+\exp(\beta z-\beta l)}{\exp(\beta l)+\exp(-\beta l)}$；

$$\mu_b=\frac{n^2}{n^2-s^2}\ln\frac{n}{s}-\frac{3n^2-s^2}{4n^2}+\frac{k_h}{k_s}\frac{n^2-s^2}{n^2}\ln s;\beta=\left[\frac{2(n^2-s^2)}{\mu_b r_e^2}\frac{k_h}{k_w}\right]^{1/2};n=r_e/r_w;s=r_s/r_w。$$

Barron 非理想井解答在推导过程中假设涂抹区不可压缩，存在不合理，且最后的固结度计算式不能显式给出。当不考虑井阻和涂抹，即理想井情况时，径向平均固结度计算公式可显式表达为：

$$\overline{U}_r = 1-\frac{1}{l}\int_0^l \frac{\bar{u}_r}{u_0}dz = 1-\exp\left(-\frac{8T_h}{F_n}\right) \tag{7-93}$$

其中：$F_n=\dfrac{n^2}{n^2-1}\ln n-\dfrac{3n^2-1}{4n^2}\approx \ln n-\dfrac{3}{4}$；$T_h=\dfrac{c_h t}{4r_e^2}$；$c_h=\dfrac{E_s k_h}{\gamma_w}$。

② Hansbo(1981)解答

关于 z 深度处平均孔压、z 深度处固结度和径向平均固结度解答分别如下：

$$\bar{u}_r=u_0\exp\left(-\frac{8T_h}{\mu_h}\right) \tag{7-94}$$

$$U_r=1-\frac{\bar{u}_r}{u_0}=1-\exp\left(-\frac{8T_h}{\mu_h}\right) \tag{7-95}$$

$$\overline{U}_r=1-\exp\left(-\frac{8T_h}{\mu_h'}\right) \tag{7-96}$$

其中：$\mu_h=\ln\frac{n}{s}-\frac{3}{4}+\frac{k_h}{k_s}\ln s+\pi z(2h-z)\frac{k_h}{q_w}$；$\mu_h'=\ln\frac{n}{s}-\frac{3}{4}+\frac{k_h}{k_s}\ln s+\frac{2\pi k_h l^2}{3\ q_w}$。

其中 q_w 为排水量。

③ 谢康和(1987)等应变解答

关于 z 深度处平均孔压、z 深度处固结度和径向平均固结度解答分别如下：

$$\bar{u}_r=u_0\sum_{m=0}^{\infty}\frac{2}{M}\sin\frac{Mz}{H}\exp(-B_r t) \tag{7-97}$$

$$U_r=1-\sum_{m=0}^{\infty}\frac{2}{M}\sin\frac{Mz}{H}\exp(-B_r t) \tag{7-98}$$

$$\overline{U}_r=1-\sum_{m=0}^{\infty}\frac{2}{M^2}\exp(-B_r t) \tag{7-99}$$

在推导过程中，定义了井阻因子 G，其表达式如下：

$$G=\frac{k_h}{k_w}\left(\frac{l}{d_w}\right)^2 \tag{7-100}$$

另外，$B_r=\frac{8c_h}{d_e^2(F_a+D)}$；$F_a=\left(\ln\frac{n}{s}+\frac{k_h}{k_s}\ln s-\frac{3}{4}\right)\frac{n^2}{n^2-1}+\frac{s^2}{n^2-1}\left(1-\frac{k_h}{k_s}\right)\left(1-\frac{s^2}{4n^2}\right)+\frac{k_h}{k_s}\frac{1}{n^2-1}\left(1-\frac{1}{4n^2}\right)$；$D=\frac{8G(n^2-1)}{M^2n^2}$；$M=\frac{2m+1}{2}\pi$；$m=0,1,2,\cdots$。

近似后的径向平均固结度公式：

$$\overline{U}_r=1-\exp\left(-\frac{8T_h}{F_{ns}+\pi G}\right) \tag{7-101}$$

其中：$F_{ns}=\ln(n/s)-0.75+(k_h/k_s-1)\ln s$。

④ 径向平均固结度实用计算公式统一表达式

上述简化形式的径向平均固结度解答可按下式统一表述：

$$\overline{U}_r=1-\exp\left(-\frac{8T_h}{F}\right) \tag{7-102}$$

其中：$F=F_n+F_s+F_r$。

式中 F_n，F_s，F_r——单井影响区、涂抹区和井阻对竖井地基径向平均固结度计算的影响。

不同学者给出了 F_n、F_s、F_r 的不同解答，见表 7.3。

表 7.3　径向平均固结度近似公式

解答	F_n	F_s	F_r
Barron(1948)	$\ln n-0.75$	—	—
Scott(1963)	$\ln n-0.75$	$(k_h/k_s)(s-1)$	—
Yoshikuni & Nakanodo(1974,1979)	$\ln n-0.75$	—	$2.60G$
Hansbo(1981)	$\ln n-0.75$	$(k_h/k_s)s$	$2.67G$
Rixer(1986)	$\ln n-0.75$	$(k_h/k_s)s$	$2.67G$
谢康和(1987);Zeng & Xie(1989)	$\ln n-0.75$	$(k_h/k_s-1)\ln s$	$3.14G$
Onoue(1988)	$\ln n-0.75$	$(k_h/k_s-1)\ln s$	$2.60G$
Lo 等(1991)	$\ln n-0.75$	$(k_h/k_s)s$	$2.50G$

由表 7.3 所示情况可知:①研究者关于单井影响区范围对竖井固结度影响的计算公式完全一致,涂抹效应和井阻效应对固结度影响的计算公式则有区别;②涂抹效应的影响 F_s 由涂抹比 k_h/k_s 和涂抹区范围 s 决定;③$F_r=2.5\sim3.14\ G$。

参 考 文 献

[1] 李广信. 高等土力学[M]. 北京:清华大学出版社,2004.
[2] 李广信. 高等土力学[M]. 2 版. 北京:清华大学出版社,2016.
[3] 刘松玉. 土力学[M]. 5 版. 北京:中国建筑工业出版社, 2020.
[4] 沈珠江. 理论土力学[M]. 北京:中国水利水电出版社, 2000.
[5] 龚晓南. 高等土力学[M]. 杭州:浙江大学出版社, 1996.
[6] 殷宗泽, 等. 土工原理[M]. 北京:中国水利水电出版社,2007.
[7] 谢定义,姚仰平,党发宁. 高等土力学[M]. 北京:高等教育出版社,2008.
[8] 卢廷浩. 高等土力学[M]. 北京:机械工程出版社, 2008.
[9] 谢康和,周健. 岩土工程有限元理论分析与应用[M]. 北京:科学出版社, 2002.
[10] 白晓红. 高等土力学[M]. 武汉:武汉大学出版社, 2017.
[11] 但汉波. 天然软黏土的流变特性[D]. 杭州:浙江大学, 2009.
[12] 杨光华,姜燕,张玉成,等.确定地基承载力的新方法[J].岩土工程学报, 2014, 36(4): 597-603.
[13] MESRI G, GODLEWSKI P M. Time and stress-compressibility interrelationship [J]. Journal of the Geotechnical Engineering Division, ASCE, 1977, 103(5): 417-430.

[14] MESRI G, CASTRO A. C_a/C_c concept and K_0 during secondary compression [J]. Journal of the Geotechnical Engineering, 1987, 113(3): 230-247.

[15] 钱家欢,殷宗泽. 土工原理与计算[M]. 2 版. 北京: 中国水利水电出版社, 1996.

[16] D.G·弗雷德伦德, H·拉哈尔佐. 非饱和土土力学[M]. 北京:中国建筑工业出版社, 1997.

[17] DAS M B. Advanced Soil Mechanics[M]. 5th Edition. Boca Raton: CRC Press, 2019.

[18] MITCHELL J K, SOGA K. Fundamentals of Soil Behavior[M]. 3rd Edition. Hoboken: John Wiley&Sons, 2005.

[19] WALKER L K. Discussion of "General Stress-Strain-Time Function for Soils"[J]. Journal of the Soil Mechanics and Foundations Division, 1969, 95 (1): 409-415.

[20] LALOUI L, CEKEREVAC C. Thermo-plasticity of clays: An isotropic yield mechanism[J]. Computers and geotechnics, 2003, 30(8): 649-660.

[21] HANSBO S, JAMIOLKOWSKI M, KOK L, et al. Consolidation by vertical drains[J]. Géotechnique, 1981, 31(1): 45-66.

[22] YOSHIKUNI H, NAKANADO H. Consolidation of line-grainedsoils by drain well with filter permeability[J]. Soil and Foundation, 1974, 14(2): 35-46.

[23] YOSHIKUNI H. Design and control of construction in the vertical drain method [M]. Tokyo: Gihou-dou, 1979.

[24] 谢康和,曾国熙.等应变条件下的砂井地基固结解析理论[J].岩土工程学报,1989,11(2):3-17.

[25] ONOUE A. Consolidation by vertical drains taking well resistance and smear intoconsideration [J]. Soil and Foundations, 1988, 28(4): 165-174.

[26] LO D O K. Soil improvement by vertical drains[D]. Urbana: University of Ilinois at Urbana-Champaign, 1991.

8　非饱和土力学基础

土体材料由土颗粒(固相)、水(液相)和气体(气相)构成。当土颗粒的空隙完全由液相填充时为饱和土(Saturated soil)。反之,土壤孔隙由水和空气填充时为非饱和土(Unsaturated soil)。在自然界中非饱和状态是普遍存在的,与工程实际联系最为紧密的地表土大多都是非饱和土。处于地下水位线以上的地基和土工结构物,如土坝、机场跑道、公路、铁路路基和边坡等的土体大都处于非饱和状态。相对于饱和土,非饱和土多了气相,这也决定了其性质和工程性状与饱和土的性质和工程性状存在差异。

近几十年来,非饱和土的研究得到许多研究人员重视,已有许多研究成果,并形成了非饱和土力学这一新学科。本章主要介绍一些非饱和土力学土水特性和强度的基础知识。非饱和土的土水特性主要指土的保水能力,可以利用土水特征曲线来表示。本章主要针对非饱和土的基础知识做简单的阐述。

8.1　吸力的概念

(1) 总吸力

土体的总吸力是基质吸力和渗透吸力的代数和。根据热动力学理论,总吸力与孔隙水的部分蒸气压之间的热动力学关系可用下式表示:

$$\psi=-\frac{\rho_w RT}{\omega_v}\ln RH \tag{8-1}$$

式中　ψ——总吸力,kPa;

ω_v——水蒸气的分子量,取 18.016 g/mol;

R——理想气体常数,取 8.31441 J/(mol·K);

T——绝对温度,$T=273.16+t$,K;

t——温度,℃;

RH——相对湿度,$RH=\bar{u}_v/\bar{u}_{v0}$,%;

$\bar{u}_v$——孔隙中水蒸气的压力,kPa;

$\bar{u}_{v0}$——在同一温度下,纯水平面上方的饱和蒸汽压力,kPa;

ρ_w——水的密度,g/cm³($t=20$ ℃时,为 998 kg/m³)。

式(8-1)与温度有关,在 20 ℃时,将有关常数代入可得:

$$\psi = -135022 \ln RH \tag{8-2}$$

图 8.1 所示为 20 ℃下总吸力与相对湿度的关系曲线。当相对湿度 RH 等于 100%时，土中总吸力 ψ 等于零[见式(8-1)]。如果相对湿度小于 100%，土中总吸力随着相对湿度的减小而明显增大。

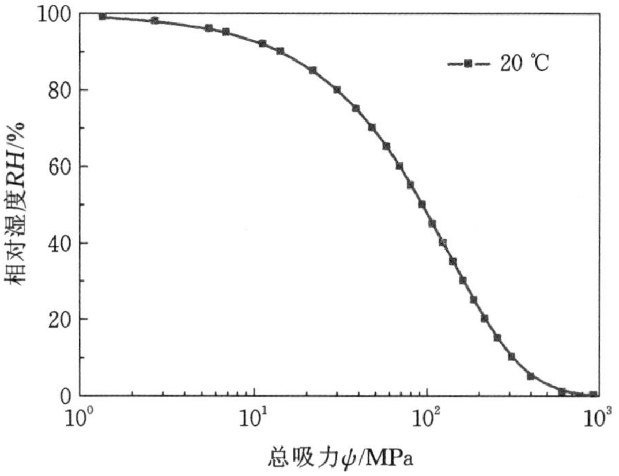

图 8.1 相对湿度与总吸力的关系

(2) 基质吸力和渗透吸力

根据相对湿度确定的土中吸力通常称为总吸力，它有两个组成部分，即基质吸力和渗透吸力。

$$\psi = s + \psi_o \tag{8-3}$$

式中 s——基质吸力，$s=u_a-u_w$，kPa；

u_a——孔隙气压力，kPa；

u_w——孔隙水压力，kPa；

ψ_o——渗透吸力，kPa。

当土为非饱和时，孔隙中的水与毛细管中的水一样，存在弯液面。土中水弯曲表面上的部分水蒸气压 $\bar{u}_v$ 小于同一土中水在平面上的部分蒸气压 $\bar{u}_{v1}$。由于毛细现象造成弯液面，土中的相对湿度下降。这也就是说，总吸力的一个组成部分是基质吸力，它使相对湿度下降。

土中的孔隙通常含有溶解的盐分。溶剂平面上方的蒸气压小于纯水平面上方的蒸气压。故相对湿度随着土中孔隙水的含盐量增多而减小。土中孔隙水含有溶解盐，造成相对湿度下降，吸力升高。这部分升高的吸力与溶质种类和浓度有关，称为渗透吸力 ψ_o。

(3) 毛细压力

水的表面张力会引起毛细现象。由于水气接触面的收缩膜必须保持力学平衡，必然有沿着水气接触面切线方向上的作用力，这个力即为表面张力。表面张力的实质是由于水分子引力作用而产生的沿着水表面的一种张力。图 8.2 所示为二维空间内的表面张力。

水气接触面的收缩膜类似弹性的薄膜，可以形象地理解为在水表面黏有一层薄薄的类似橡胶膜

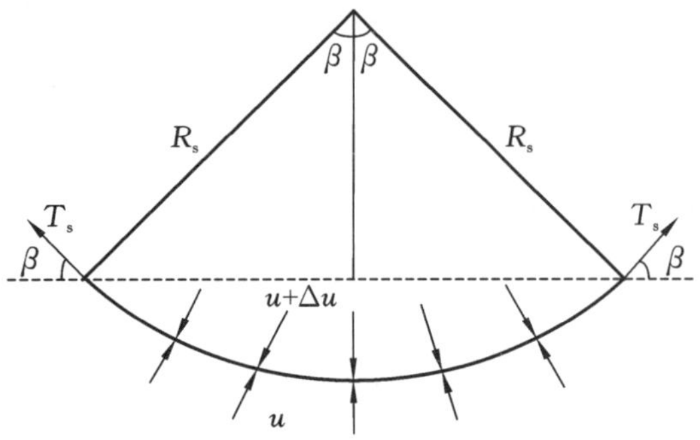

图 8.2　二维空间内表面张力的示意图

的东西。当水气接触面的上下面有压力差存在时，为了保持力学平衡，薄膜会向压力小的一面凹陷，形成一个曲面。假设水气接触面的上下表面压力分别为 $u+\Delta u$ 和 u，收缩膜曲率半径为 R_s，表面张力为 T_s。根据力学平衡，可得方程式：

$$2T_s\sin\beta = 2\Delta u R_s \sin\beta \tag{8-4}$$

式中　β——表面张力与水平面的接触角。

式(8-4)可变换为

$$\Delta u = \frac{T_s}{R_s} \tag{8-5}$$

将上述二维空间内的水气接触面收缩膜压力差的表达式推广至三维空间，由式(8-5)转化可以得到杨-拉普拉斯(Young-Laplace)方程：

$$\Delta u = T_s\left(\frac{1}{R_{s1}} + \frac{1}{R_{s2}}\right) \tag{8-6}$$

式中　R_{s1}，R_{s2}——研究区域交界面上的两个主曲率半径。

对于一个使用完全浸润材料的毛细管而言，通过引入三维弯液面的平均曲率半径 R_m，杨-拉普拉斯方程可以写成一个广义的力学平衡方程。三维弯液面的平均曲率可表达为下式：

$$\frac{1}{R_m} = \frac{1}{2}\left(\frac{1}{R_{s1}} + \frac{1}{R_{s2}}\right) \tag{8-7}$$

将式(8-7)代入式(8-6)，得到下式：

$$\Delta u = \frac{2T_s}{R_m} \tag{8-8}$$

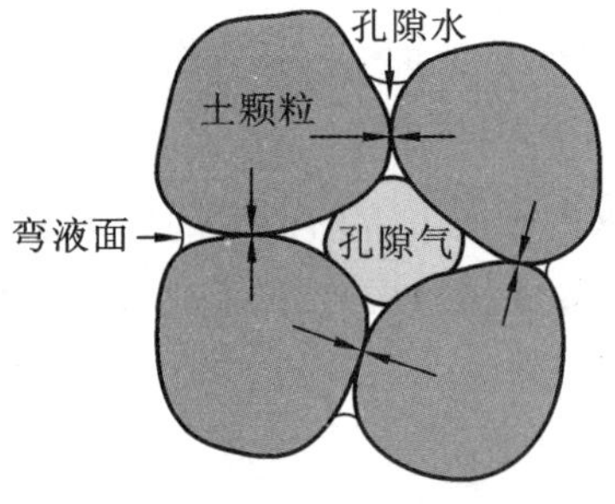

图 8.3　非饱和土四相组成示意图

如图 8.3 所示，非饱和土可以认为是由固、液和气及收缩膜四相组成。水相与气相接触处会产生弯液面。水气接触面收缩膜上下两面压力分别为孔隙气压力 u_a 和孔隙水压力 u_w，一般气压大于水压，弯液面向水相弯曲。压力差可表示为 $\Delta u = u_a - u_w$，其压力差值称为基质吸力 s，式(8-8)可以表示为

$$s = u_a - u_w = \frac{2T_s}{R_m} \tag{8-9}$$

当基质吸力增加时，其水气接触面收缩膜的曲率半径减小，即弯液面向水相弯曲的程度更大。若孔隙气压力和孔隙水压力差值趋向于零，则曲率半径 R_s 趋近于无穷大。水中压力要小于大气压力，大气压力若取为零，则孔隙水压力为负值。

$$u_w = -s = -\frac{2T_s}{R_m} \tag{8-10}$$

则在水面以上，毛细水最大可能上升的高度 h_c 为

$$h_c = \frac{-u_w}{\gamma_w} = \frac{2T_s}{\gamma_w R_m} \tag{8-11}$$

在毛细管内，与外水位相同的高度处，管内水压力与管外是相同的，故 $u_w=0$；在弯液面处，$u_w=-h_c\gamma_w=-s$。

8.2 吸力的测量方法

目前，控制和测量土吸力的方法有很多，这些方法可分为室内和现场试验两大类，还可以根据所测量的吸力组分（即基质吸力和总吸力）加以区分。表 8.1 根据所测量的吸力组分、测量范围、适用于室内还是现场等做了归纳和总结。后文主要介绍三种室内常用的吸力测量方法：压力板法（轴平移技术）、滤纸法和盐溶液蒸汽平衡法。

表 8.1 常见室内与现场测量土体吸力试验方法总结

测量吸力组分	方法	室内/现场	吸力测量范围(kPa)
基质吸力	张力计	室内和现场	1～100
	轴平移技术	室内	1～1500
	电/热传导传感器	室内和现场	100～400
	接触式滤纸法	室内和现场	全吸力
总吸力	热电偶干湿度计法	室内和现场	100～8000
	冷镜湿度计法	室内	1000～450000
	等压湿度控制法	室内	4000～400000
	非接触式滤纸法	室内和现场	1000～500000

8.2.1 压力板法

非饱和土试样在大气压力下，孔隙水压力是负值。水仓中的水压力如果是负值，水会汽化，即本来溶解在水中的空气，由于压力降低而释放出来变成气泡，这就会影响压力测量的结果。为此，可用同时提高气压和水压（差值即为基质吸力）的方法进行测量，这种方法称为轴平移技术。压力板法即采用了轴平移技术，通过控制试样孔隙气压和水压的差值达到控制基质吸力的目的。

压力板仪主要由压力控制器和压力室构成。图 8.4 所示为常用的压力板仪。压力室内底部配有高进气值的陶土板，常用的陶土板(图 8.5)进气值有 1 bar、3 bar、5 bar 和 15 bar(1 bar＝100 kPa)。陶土板可用来隔离土中的气相和水相。在试验过程中，应控制所需的最大吸力值小于陶土板的进气值，防止陶土板被击穿。

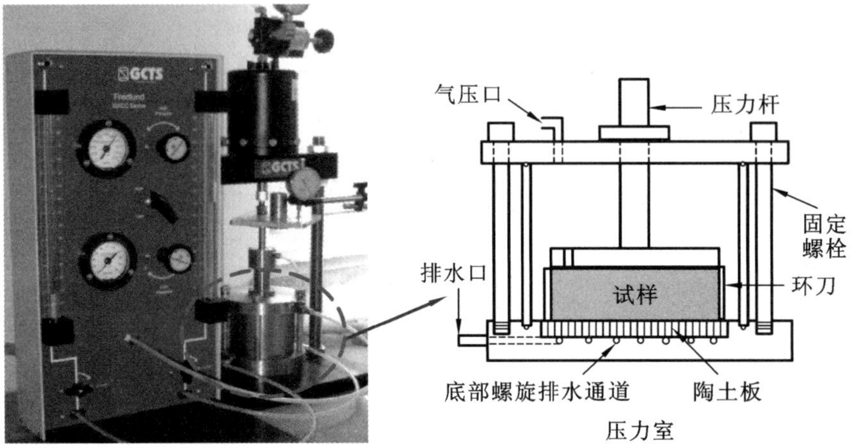

图 8.4　压力板仪

图 8.5　高进气值陶土板

压力板仪的工作原理是对装有土试样的压力室施加某一稳定的吸力值，只要此吸力值大于土试样的进气值，试样孔隙中的水就会透过陶土板，并通过底部的螺旋排水通道排出(图 8.4)。读取带有刻度的排水管水位的变化，并通过位移表读取压力杆的竖向位移(即为土样的竖向位移量)，直到每 2 h 竖向变形量和排水量分别不超过 0.01 mm 和 0.01 cm^3，则认为试样在此吸力值下达到稳定。最终根据水位量和竖向位移量的变化值，计算此吸力值下对应的含水率和饱和度。以相同的方法测量每一吸力值下土试样的排水量和体积变化量，即可获取低吸力范围(0～1.5 MPa)内的土水特征曲线。

8.2.2 滤纸法

滤纸法可以测量土样的基质吸力和总吸力。滤纸法为间接的测量方法，成本低、操作简单、平衡时间短、测量吸力的范围大。滤纸法测量吸力的基本原理：在某一恒定温度下，密闭容器内的非饱和土体与滤纸及容器中的空气之间存在自由能差，彼此间的水分会发生迁移，最终会达到平衡。土体内部的吸力值可通过测量滤纸的水分含量来推算。

目前，Whatman 42 号滤纸是滤纸法试验中最常用的一种。图 8.6 为 Leong 等(2002)通过试验测得 Whatman 42 号滤纸双线性的率定结果。从图中可以看出，总吸力和基质吸力均为分段的直线。当滤纸含水率小于 26 %左右时，基质吸力的率定曲线是缺失的；当吸力较大时，对于溶质吸力很小的土体而言，总吸力基本等于基质吸力，建议此范围内的基质吸力采用总吸力的公式进行计算。Leong 等(2002)给出了双线性率定曲线方程。

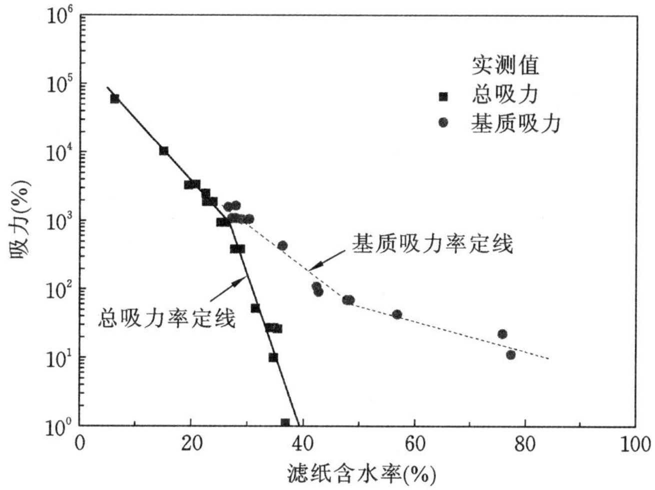

图 8.6 Whatman 42 号滤纸的率定曲线

基质吸力：

$$\lg s = 2.909 - 0.0229 w_f \quad (w_f \geqslant 47) \tag{8-12}$$

$$\lg s = 4.945 - 0.0673 w_f \quad (26 \leqslant w_f < 47) \tag{8-13}$$

$$\lg s = 5.31 - 0.0879 w_f \quad (w_f < 26) \tag{8-14}$$

总吸力：

$$\lg \psi = 8.778 - 0.0222 w_f \quad (w_f \geqslant 26) \tag{8-15}$$

$$\lg \psi = 5.31 - 0.0879 w_f \quad (w_f < 26) \tag{8-16}$$

式中 w_f——滤纸的含水率。

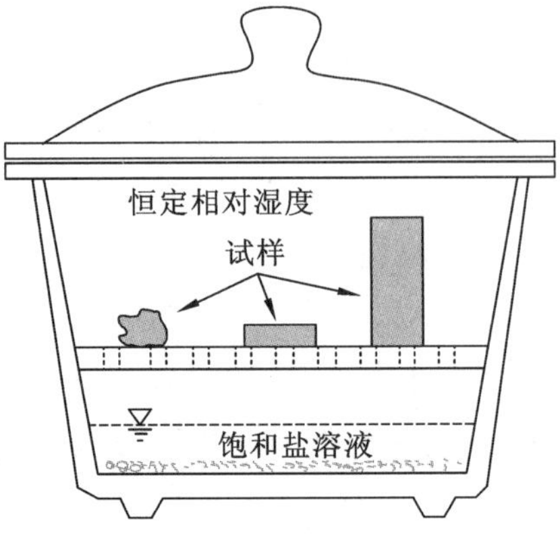

图 8.7　饱和盐溶液法仪器简图

8.2.3　盐溶液蒸汽平衡法

盐溶液蒸汽平衡法是非饱和土试样中控制高吸力的常用方法。盐溶液蒸汽平衡法的原理是利用盐溶液控制密闭容器环境内的相对湿度，从而达到控制土试样吸力的目的。通常认为土样中的吸力与孔隙水中部分蒸汽压之间的热动力学关系满足式(8-1)的要求。即在特定温度下，吸力与相对湿度是一一对应的(图 8.1)。

饱和盐溶液蒸汽平衡法的试验装置如图 8.7 所示。密闭容器内的相对湿度主要是用盐溶液或饱和盐溶液来控制，而饱和盐溶液的应用最为广泛，表 8.2 给出了 20 ℃条件下常用的饱和盐溶液相对湿度及其对应的吸力值。在特定环境下，饱和盐溶液在密闭的容器内可以产生稳定的相对湿度环境，即可以准确地控制土试样的高吸力值。

表 8.2　饱和盐溶液及对应吸力值(20 ℃)

饱和盐溶液	*RH*(%)	总吸力(MPa)
LiBr	6.6	367.54
$LiCl \cdot H_2O$	12.0	286.70
$MgCl_2 \cdot 6H_2O$	33.1	149.51
K_2CO_3	43.2	113.50
NaBr	59.1	71.12
KI	69.9	48.42
NaCl	75.5	38.00
KCl	85.1	21.82
K_2SO_4	97.6	3.29

8.3　非饱和土的土水特性

8.3.1　土水特征曲线

土水特征曲线可以表示为吸力与含水率、体积含水率或饱和度的关系，其实质是表示土试样的土水或储水能力的大小。土水特性的研究是非饱和土强度、渗透性以及本构关系研究的基础。图 8.8 所示为典型的脱湿和吸湿土水特征曲线，横坐标为吸力的对数坐标。试验曲线上段的切线 DA 为水平线，中段切线 AB 为较陡的线，下端切线 BC 相对平缓。上段切线与中段切线的交点 A 称为进气值点，该点横坐标对应的吸力值称为进气值。中段切线与下段切线的交点 B 称为残余点，残余点的横坐标对应的饱和度和吸力值分别称为残余饱和度与残余吸力值。

进气值(Air-entry value)理论上是指引起土体内部最大孔隙产生减饱和时(即脱湿的开始)所需吸力值的大小。进气值也可以认为是土水特征曲线上的一个转折点，当吸力大于进气值时，含水率或饱和度就会随着吸力的增加而大幅度下降，意味着土中孔隙开始进气，即脱湿的开始。进气值的影响因素很多，如初始干密度、应力历史和孔隙结构等都会对土试样的进气值产生影响。

残余饱和度是液相开始变得不连续时的饱和度。当减饱和到这个值后，土样孔隙中的水随着吸力的增大而排出，也就是吸力对试样减饱和的能力大幅下降。残余点往往要根据土水特征曲线并通过作图法来确定。即土水特征曲线过渡区段的斜切线与最大吸力值点(通常假设为 1000 MPa)作曲线延长线的交点为残余点，即图 8.8 中的 B 点。残余饱和度主要与水膜吸附、土颗粒的比表面以及土颗粒大小等相关。

土水特征曲线可以分为三个阶段：边界区、过渡区和残余区，如图 8.8 所示。其实三个区是代表土水特征曲线在三个不同阶段土试样中含水率的变化趋势。在边界区，土中几乎所有的孔隙都充满水；在过渡区段土试样会脱湿变为非饱和，此阶段土试样中的孔隙水随着吸力增大呈液相流动；在残余区，随着吸力的大幅度提高会使试样中的孔隙水开始变得不连续。

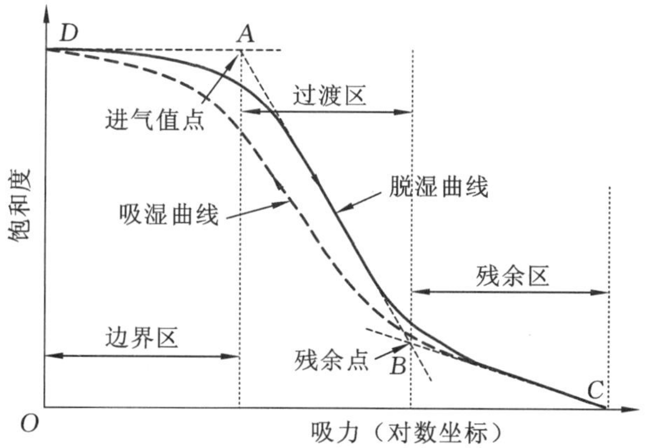

图 8.8 典型土水特征曲线

此外，脱湿曲线和吸湿曲线存在明显的滞回性(图 8.8)，即在某一特定吸力下，脱湿曲线的饱和度要高于吸湿曲线的饱和度，这主要有以下两个原因：

(1) 土试样内部存在大小不一且不规则的连通孔隙，这种不规则的连通孔隙会造成明显的瓶颈效应，如图 8.9 所示。在脱湿过程中，土试样的土水能力主要由孔径为 r 的小孔隙决定，其储水高度为

h_1；而在吸湿过程中，土试样的土水能力主要由孔径为 R 的大孔隙决定，其储水高度为 h_2。这也就导致土试样在脱湿时的饱和度或含水率高，吸湿时其饱和度或含水率低。

(2) 土试样在脱湿与吸湿过程中水-气分界面的接触角存在较大的差异。脱湿过程中分界面的接触角小，吸湿过程中的接触角大。图 8.10 中水滴向下流动过程中与固体接触面之间存在两个不同的接触角，上接触角 θ_d 明显小于下接触角 θ_w，这与土水特征曲线中脱湿接触角和吸湿接触角的差异是相似的。接触角小，对应的分界面表面张力大，土试样的土水特性好。因此，脱湿和吸湿接触角的不同也会使土试样在脱湿与吸湿过程中的土水特性存在较大的差异。

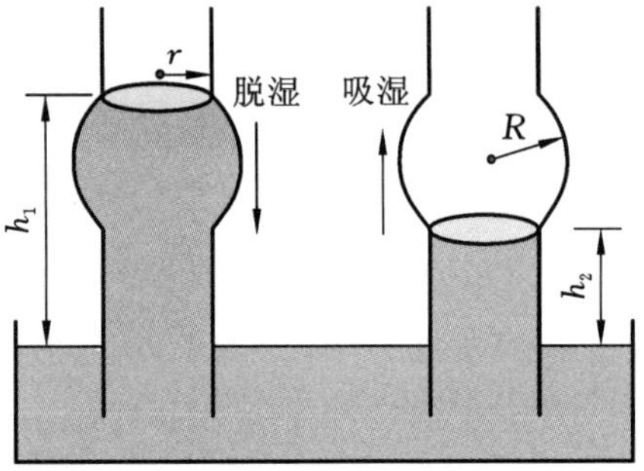

图 8.9　瓶颈效应的简图

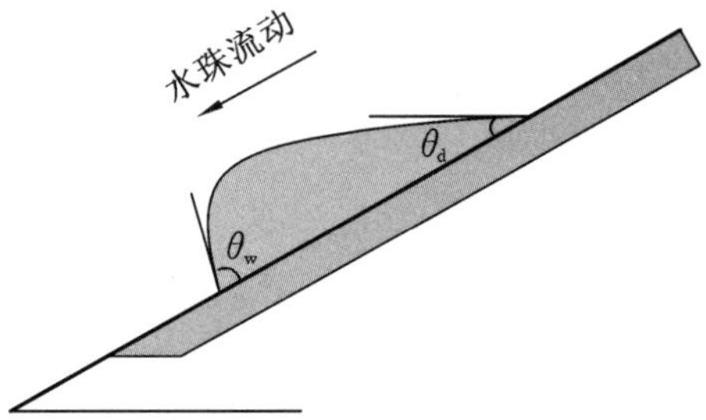

图 8.10　接触角差异的简图

图 8.11 所示为三种不同类型土的脱湿土水特征曲线，实测数据砂土、粉土和膨胀土分别取值文献[5]、[6]和[7]。从图 8.11 可知，在同等吸力条件下，砂土的土水特性最差，粉土的居中，膨胀土的土水特征最好。即黏性越大的土，持水能力越强。表 8.3 给出了三种土土水特征曲线的基本参数。可以看出，砂土的进气值、残余吸力值和残余饱和度的值均最小，粉土的次之，膨胀土的最大。这主要与黏粒含量以及土的亲水黏土矿物含量等相关。

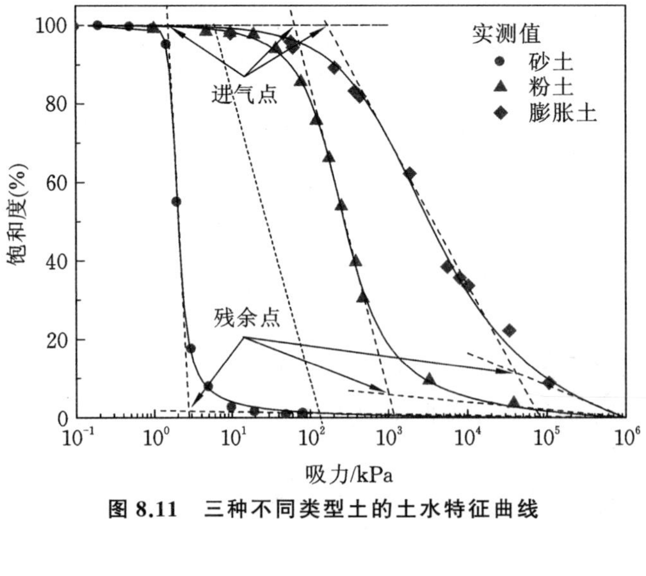

图 8.11　三种不同类型土的土水特征曲线

表 8.3 土水特征曲线的基本参数

基本参数	砂土	粉土	膨胀土
进气值/kPa	1.53	63.5	149.3
残余吸力值/kPa	2.69	1014.6	37662
残余饱和度(%)	1.93	5.80	12.86

8.3.2 土水特性的影响因素

土水特征曲线的影响因素很多，如土的矿物成分、孔隙结构、应力状态、孔隙比和温度等。在相同温度环境下，对于同类型土，其孔隙比和应力状态是影响土水特征曲线的主要因素。如陈正汉(2014)指出，在高应力状态下土试样的进气值会增大，土水特征曲线也会略高于低应力下的土水特征曲线。Vanapalli 等(1999)利用轴平移技术和盐溶液蒸汽平衡法研究了广吸力范围内压实样在不同应力状态下的土水特性，指出应力状态对低吸力下试样土水特性的影响显著。应力状态对土水特性的影响主要通过改变土体的孔隙比产生。Sun 等(2007)指出孔隙比是影响土水特征曲线的直接因素，而应力状态是通过改变孔隙比的大小进而影响土水特性的间接因素。图 8.12 所示为不同应力条件下吸湿土水特征曲线，其中，p_n 是吸力减小时的平均净应力，e_0 和 e_b 分别为试验前和吸力减小前的孔隙比。Comp、Ext 和 R 分别表示三轴压缩试验、拉伸试验和应力比。由图 8.12(a)可知，当试样在不同应力作用后的孔隙比存在较大差异时，土水特征曲线会随着应力作用后的孔隙比减小而向右上方移动。由图 8.12(b)可以看出，当试样在不同应力比作用后的孔隙比几乎相同时，不同初始状态的土水特征

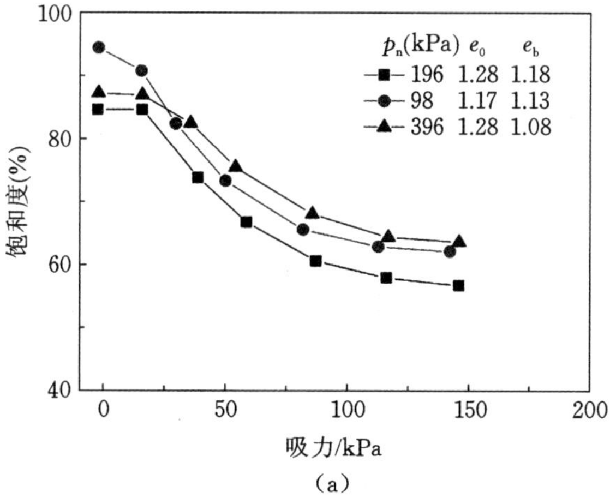

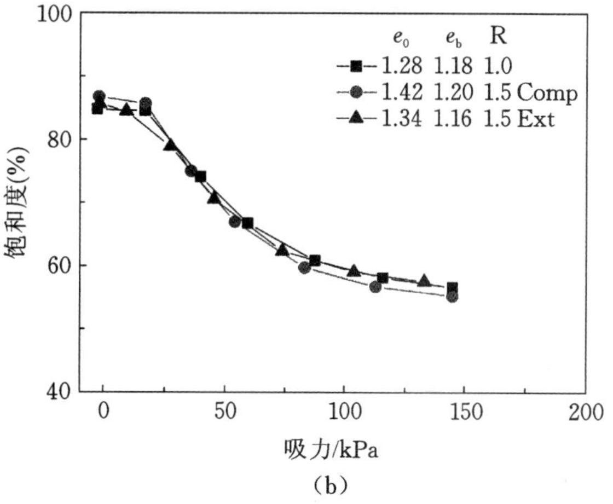

图 8.12 不同应力状态下的吸湿土水特征曲线

(a)不同应力作用后其孔隙比不同；(b)不同应力比作用后其孔隙比几乎相同

曲线几乎重合。邹维列等(2017)通过一系列的土水特性试验也得到了相似的试验结果,即土试样在等孔隙比状态下,即使竖向压力不等,其土水特性也几乎相同。

8.3.3　土水特征曲线的拟合方程

根据目前的测量技术,要获取广吸力范围内的土水特征曲线往往要利用几种不同的测量方法,如压力板法、轴平移技术、张力计和饱和盐溶液法,等等。通过试验获取广吸力范围内的土水特征曲线,试验过程复杂且耗时长。故很多学者提出了能够模拟广吸力范围内的土水特征曲线方程。下面简单介绍三种常用的土水特征曲线拟合方程。

(1) Brooks 和 Corey 方程

Brooks 和 Corey (1964)首次提出利用指数方程来模拟土水特征曲线,方程式如下:

$$S_e=\begin{cases}1, & s<s_a\\ \left(\dfrac{s_a}{s}\right)^{\lambda}, & s\geqslant s_a\end{cases} \tag{8-17}$$

式中　S_e——有效饱和度,%,$S_e=(S_r-S_{re})/(100-S_{re})$;

S_r,S_{re}——饱和度和残余饱和度,%;

s,s_a——吸力值和进气值,kPa;

λ——孔径分布指数。

Brooks 和 Corey 的模型无法模拟残余区的土水特性。

(2) Van Genuchten 方程

Van Genuchten (1980)提出了一个能够较好地模拟过渡区段的土水特征曲线拟合方程:

$$S_r=\left[\frac{1}{1+(s/a)^n}\right]^m \tag{8-18}$$

式中　a,n,m——拟合参数。

为了简化方程,可以将拟合参数 m 利用 $1-1/n$ 替代,即 $m=1-1/n$。虽然式(8-18)能拟合全吸力范围的土水特征曲线,但是在残余区其无法准确模拟。

(3) Fredlund 和 Xing 方程

Fredlund 和 Xing(1994)提出了一个能够模拟全吸力范围内的土水特性曲线方程:

$$S_r=C(s)\frac{S_{sa}}{\{\ln[e+(s/a)^n]\}^m} \tag{8-19}$$

式中　a,n,m——三个拟合参数;

S_{sa}——土样饱和状态下的实际饱和度,%,若土样完全饱和,S_{sa}可取 1;

$C(s)$——修正系数。

$$C(s)=1-\frac{\ln(1+s/\varphi_{re})}{\ln[1+(10^6/\varphi_{re})]} \tag{8-20}$$

式中 φ_{re}——残余吸力值,kPa。

因式(8-19)存在高吸力的修正项[即式(8-20)],故可以较好地模拟高吸力范围内的土水特性,使得 Fredlund 和 Xing 方程拟合效果较好,可以用于对全吸力范围内的土水特征曲线进行拟合。

图 8.13 所示为式(8-19)中 a、n 和 m 三个参数对土水特征曲线拟合结果的影响。Fredlund 和 Xing 提到式(8-19)在大部分情况下残余吸力值 φ_{re}取 1500～3000 kPa,对不同类型土的土水特征曲线都能获得较好的拟合结果。为了简便,这里残余吸力值统一取 1500 kPa。由图 8.13(a)可知,m 值(m=0.5、1.0、1.5)的变化主要影响过渡区和残余区范围内的土水曲线;由图 8.13(b)可知,改变参数 n 值(n=2、n=4 和 n=8)将使土水特征曲线绕着反弯点的吸力值顺时针转动;由图 8.13(c)可知,参数 a(10、100 和 1000)取值的变化可以反映出土水特征曲线左右平移。

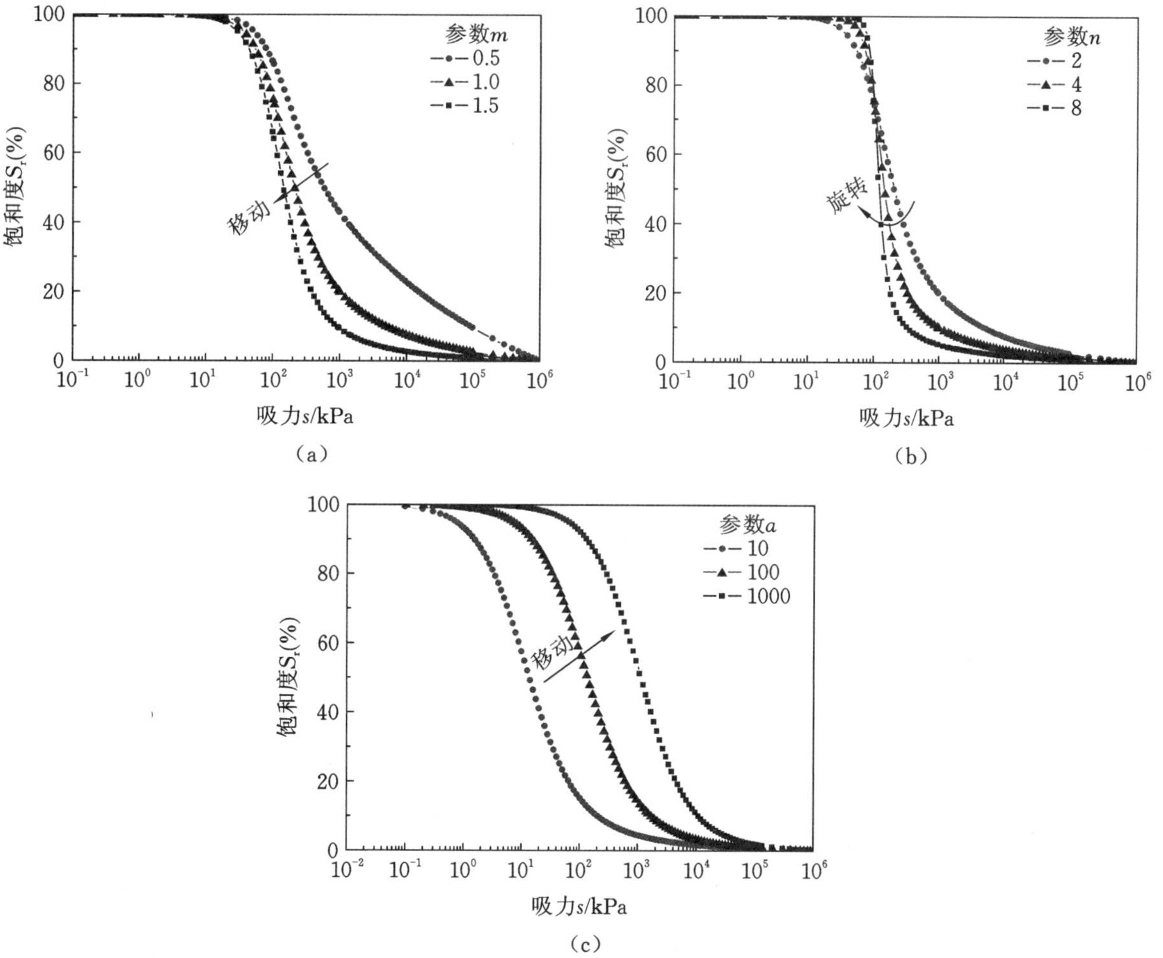

图 8.13 参数 a、n 和 m 对土水特征曲线拟合结果的影响

(a)参数 m 的变化;(b) 参数 n 的变化;(c)参数 a 的变化

8.4　非饱和土的强度

8.4.1　非饱和土强度试验

非饱和土强度特性试验的研究离不开非饱和三轴仪。非饱和三轴仪的底座配有陶土板，试样顶帽可以施加孔隙气压。施加吸力值的大小主要取决于仪器底座配置的陶土板进气值大小。

吸力控制的三轴试验：先将土样装入三轴压力室内，再施加围压 σ_3，控制预定的孔隙水压力和孔隙气压力，直到土试样的体积变化量和排水量稳定。再逐步缓慢加偏应力，直至试样破坏，得破坏偏应力 $(\sigma_1-\sigma_3)_f$，并可绘出相应的破坏莫尔圆。变化围压 σ_3，加偏应力，可得另外的破坏莫尔圆。如此反复可得一莫尔圆包线，并得到相应强度指标 c 和 φ。这是对某一组水压力和气压力而言的，改变气压，即改变吸力，重复上述试验，可得到另外的强度指标 c 和 φ。如果用 σ、τ 和 s 构成三维空间，则破坏结果就形成一个空间曲面，如图 8.14 所示。在此基础上就可研究强度指标随吸力变化的规律，并建立相应的非饱和土强度公式。

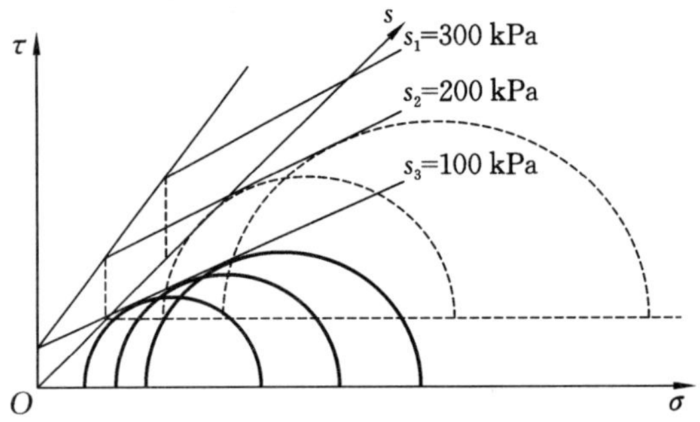

图 8.14　抗剪强度的变化

8.4.2　非饱和土强度理论

非饱和土强度理论的研究是非饱和土力学中基础性的内容。下面介绍两个常用的非饱和土强度理论。

(1) 毕肖普(Bishop)有效应力

Bishop 和 Blight (1963)为了考虑孔隙气压和孔隙水压对非饱和土强度的影响，引入等效孔隙水压的概念。将饱和土有效应力原理直接引申到非饱和土有效应力中。假设非饱和土的有效应力：

$$\sigma'=\sigma-u_a+\chi(u_a-u_w)=\sigma-u_a+\chi s \tag{8-21}$$

即非饱和土抗剪强度公式可写成：

$$\tau_f = c' + (\sigma - u_a)\tan\varphi' + \chi s \tan\varphi' \tag{8-22}$$

式中 τ_f——非饱和土剪切强度，kPa；

c'——饱和土有效黏聚力，kPa；

u_a——孔隙气压，kPa；

u_w——孔隙水压，kPa；

φ'——有效内摩擦角；

χ——非饱和有效应力参数，当 $\chi=1$ 时为饱和土，当 $\chi=0$ 时为干土。

相关研究指出部分非饱和土的 χ 可用饱和度 S_r 来替代，式(8-22)可写成：

$$\tau_f = c' + (\sigma - u_a)\tan\varphi' + s S_r \tan\varphi' \tag{8-23}$$

由式(8-23)可知，当净应力$(\sigma - u_a)$、吸力 s 和饱和度 S_r 已知时，即可计算出非饱和强度。

毕肖普有效应力可用于非饱和土的强度预测，不能用于说明由浸水引起的湿化等非饱和土的变形特性。由式(8-23)可知，浸水时吸力减小，毕肖普有效应力减小，计算得到的体积应该是膨胀体积，而实际上非饱和土的湿化是体积减小。因此，不能用单一的有效应力解释和预测非饱和土的力学行为。

(2) 双参数理论

在非饱和土体任一平面上有三个法向应力变量，即 σ、u_a 和 u_w。Fredlund 等(1978)指出这三个变量中任意两个的组合都可用来规定非饱和土的应力状态。Fredlund 推荐用净应力$(\sigma - u_a)$和吸力$(u_a - u_w)$来表示线性的非饱和土抗剪强度预测公式：

$$\tau_f = c' + (\sigma - u_a)\tan\phi' + (u_a - u_w)\tan\phi^b \tag{8-24}$$

式中 ϕ^b——吸力变化产生的摩擦角，指吸力对非饱和土强度的贡献。

非饱和土的强度是有效黏聚力 c'、外荷引起的净应力$(\sigma - u_a)$产生的剪阻力和内部应力吸力$(u_a - u_w)$产生的剪阻力三部分组成的，如图 8.15 所示。

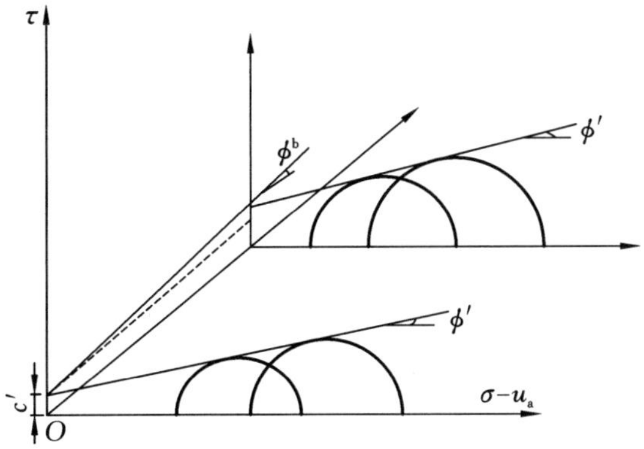

图 8.15 非饱和土的强度

若取上述 Bishop 的非饱和土抗剪强度公式等于双参数非饱和抗剪强度公式，可得到有效应力参数 χ 与 ϕ^{b} 的关系如下：

$$\chi=\frac{\tan\phi^{b}}{\tan\phi'} \tag{8-25}$$

式(8-25)是非饱和有效应力参数 χ 的另一种表示形式。

8.4.3　非饱和土强度参数的测定

参数 c' 与 ϕ' 可由饱和土的常规固结不排水(CU)试验测得。为了测定 ϕ^{b}，应取若干相同初始孔隙比的试样进行常含水率剪切试验。

试验中施加不同围压 σ_3，并调整 u_a 值，以保持所有试样的 (σ_3-u_a) 值为某一选定的常数。在施加附加轴向压力时，仍应随时调整 u_a 值，始终保持 (σ_3-u_a) 值不变，同时测孔隙水压力 u_w，直至剪切破坏，于是可得到一套具有相同 (σ_3-u_a) 值、不同吸力 s 值的极限应力圆，如图 8.16 所示。由图 8.16 可知，吸力产生的剪阻力仅增加了纵轴的截距，可把它看作是黏聚力项。因此，非饱和土的总黏聚力可以写成：

$$c=c'+c''=c'+s\tan\phi^{b} \tag{8-26}$$

式中　c'——饱和黏聚力，即图 8.16(b)中的截距；

c''——非饱和黏聚力，因吸力增加产生的剪阻力。

为确定吸力变化产生的摩擦角 ϕ^{b} 的值，如图 8.16 所示，以 ϕ' 为倾角作这套极限应力圆的平行切线交纵轴剪应力 τ 于 $\tau_1,\tau_2,\tau_3,\cdots$，然后根据所得不同的 τ 值以及其所对应的 $s=u_w-u_a$ 值可在 τ-s 平面绘制一条直线，其倾角即为 ϕ^{b}。

由式(8-26)可知，非饱和黏聚力 c'' 为线性增长，而实际上非饱和黏聚力并非随着吸力无限增长。Sun 等(2000)提出了非线性的非饱和黏聚力方程：

$$c''=\frac{as}{a+s}\tan\phi'' \tag{8-27}$$

式中　a——试验测定的参数；

ϕ''——非饱和土内摩擦角。

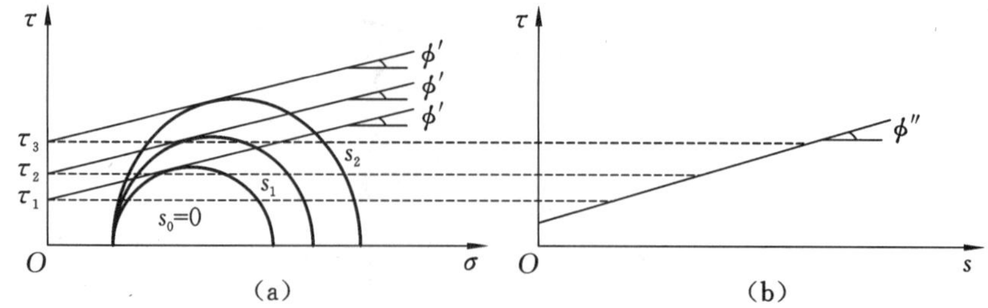

图 8.16　ϕ'' 的确定

(a)莫尔圆；(b)剪应力与吸力的关系

参考文献

[1] FREDLUND D G, RAHARDJO H. Soil mechanics for unsaturated soils[M]. New York: John Wiley & Sons, 1993.

[2] LU N, LIKOS W J. Unsaturated soil mechanics[M]. 韦昌富，侯龙，简文星，译. 北京：高等教育出版社,2012.

[3] LEONG E C, HE L, RAHARDJO H. Factors affecting the filter paper method for total and matric suction measurements[J]. Geotechnical Testing Journal, 2002, 25(3): 1-12.

[4] GREENSPAN L. Humidity fixed points of binary saturated aqueous solutions[J]. Journal of Research of the National Bureau of Standards, 1977, 81(1): 89-96.

[5] LINS Y, SCHANZ T. Determination of hydro-mechanical Properties of Sand[J]. Information Sciences, 2005, 181(17): 3570-3580.

[6] THU T M, RAHARDJO H, LEONG E C. Soil-water characteristic curve and consolidation behavior for a compacted silt[J]. Canadian Geotechnical Journal, 2007, 44(3):266-275.

[7] ROMERO E, GENS A, LLORET A. Water permeability, water retention and microstructure of unsaturated compacted Boom clay[J]. Engineering Geology, 1999, 54(1-2): 117-127.

[8] 陈正汉. 非饱和土与特殊土力学的基本理论研究[J].岩土工程学报，2014，36(2)：201-272.

[9] VANAPALLI S K, PUFAHL D E, FREDLUND D G. The effect of soil structure and stress history on the soil-water characteristics of a compacted till[J]. Geotechnique, 1999, 49(2): 143-159.

[10] SUN D A, SHENG D C, Xu Y F. Collapse behaviour of unsaturated compacted soil with different initial densities[J]. Canadian Geotechnical Journal, 2007, 44(6): 673-686.

[11] 邹维列，王协群，罗方德，等. 等应力和等孔隙比状态下的土-水特征曲线[J]. 岩土工程学报，2017，39(9)：1711-1717.

[12] VANGENUCHTEN M.T. A closed-form equation for predicting the hydraulic conductivity of unsaturated soils [J]. Soil Science Society of America Journal, 1980, 44(5): 892-898.

[13] FREDLUND D G, XING A. Equation for the soil-water characteristic curve[J]. Canadian Geotechnical Journal, 1994, 31(4): 521-532.

[14] 殷宗泽. 土工原理[M].北京：中国水利水电出版社，2007.

[15] 张孟喜. 土力学原理[M].武汉：华中科技大学出版社，2007.

[16] SUN D, MATSUOKA H, YAO Y P, et al. An elasto-plastic model for unsaturated soil in three-dimensional stresses[J]. Soils and Foundations, 2000, 40(3):17-28.

9　土工数值分析

土工数值分析是用数值方法分析土力学问题中的应力、变形、强度和稳定性，它是相对于解析求解的另一种分析途径。无论是把土作为地基、作为一种建筑材料还是作为结构物的环境，都会产生因构筑物荷载和土中渗流所产生的应力、变形和稳定性问题。土工数值分析的任务在于通过计算分析来认识建筑工程、水利工程、交通工程、地下工程中与土有关的问题，提出合理而经济的解决方案。

土工数值分析途径可归为两类。一类是基于 Fortran、C/C＋＋、Matlab 等编程语言自编计算程序。另一类是基于商业软件开展数值分析，如 ABAQUS、PLAXIS、MIDAS、FLAC、ANSYS、UDEC、3DEC、RFPA 等。商业数值分析软件通用性强，在实际工程中应用广泛。不管是自编程序还是使用商业软件，我们都有必要对岩土工程数值分析求解方法有所了解。目前，土工数值分析求解方法主要包括有限差分法、有限元法、边界元法、离散单元法等。本书以土力学固结理论为例，介绍其中应用最为广泛的有限差分法和有限元法，并给出计算程序案例。

9.1　土工数值分析的基本方程

岩土工程中最基本的两种分析方法可分为总应力分析法和有效应力分析法。在总应力分析法中，土体被视为固体，不考虑土中渗流，不区分土单元中分别由土颗粒骨架和孔隙水传递或承受的应力（即有效应力和孔隙水压力），而仅考虑土单元整体所承受的应力（即总应力）。因此，就基本理论而言，岩土工程中的总应力分析法与一般固体力学相同，总应力分析有限元法也与一般固体力学中的有限元法一样。从应用上来说，总应力分析法一般用于不考虑渗流固结的情况，例如饱和粗粒土地基、强透水性土料组成的土坝路堤的应力和变形分析，以及饱和软黏土地基短期变形和稳定分析。总应力分析法不考虑土中渗流，是将土体作为固体来分析的，因此总应力分析不必建立流体平衡方程和渗流连续方程，控制方程只需由平衡方程、物理方程和几何方程组合即可得到，方程中的未知数不含孔压。

与总应力分析法不同，在有效应力分析法中，土体中的有效应力和孔隙水压力（以下简称孔压）被严格区分，并将土骨架变形与孔隙水的渗透（或孔压的消散）同步考虑。因此，有效应力分析法较总应力分析法能更真实地反映土体的自身特性，能更合理地计算土体对荷载的响应，在土工问题分析中应用范围也更广。但另一方面，有效应力分析较总应力分析复杂，工作量也更大。例如，就建立相应控制方程所需的基本方程而言，总应力分析法只需平衡方程、物理方程、几何方程，而有效应力分析尚需有效应力原理和连续方程；就控制方程中的未知变量及属性而言，总应力分析法控制方程中只是位移变量且仅与空间有关，而有效应力分析法控制方程中除位移变量外还有孔压变量，而且与空间和时间均有关；就计算量而言，总应力有限元分析的未知量只是结点位移，而有效应力有限元分析的未知量尚含结点孔压（或水头）。

在岩土工程分析中，基于 Biot 固结理论的固结分析是典型的有效应力分析方法。下面以饱和土的 Biot 固结方程的推导为例，给出控制方程和求解条件。

9.1.1 控制方程

Biot 固结理论的介绍见第 7 章。在假设不考虑惯性力和体力的基础上，再根据土体平衡方程、物理方程、几何方程、有效应力原理、Darcy 定律和连续方程，即得著名的 Biot 三维静力固结方程：

$$\left.\begin{aligned} G\nabla^2 u_x-(\lambda+G)\frac{\partial\varepsilon_v}{\partial x}-\frac{\partial p}{\partial x}=0 \\ G\nabla^2 u_y-(\lambda+G)\frac{\partial\varepsilon_v}{\partial y}-\frac{\partial p}{\partial y}=0 \\ G\nabla^2 u_z-(\lambda+G)\frac{\partial\varepsilon_v}{\partial z}-\frac{\partial p}{\partial z}=0 \end{aligned}\right\} \tag{9-1}$$

$$\frac{1}{\gamma_w}\left[k_h\left(\frac{\partial^2 p}{\partial x^2}+\frac{\partial^2 p}{\partial y^2}\right)+k_v\frac{\partial^2 p}{\partial z^2}\right]=-\frac{\partial\varepsilon_v}{\partial t} \tag{9-2}$$

式中 u_x,u_y,y_z——单元体 x、y 和 z 三个方向上的位移；

ε_v——土体体积应变；

γ_w——孔隙水的容积密度；

p——超静孔压；

k_h,k_v——土体水平向（x 或 y 向）和竖向（z 向）的渗透系数；

λ——拉梅常数，$\lambda=E\nu/(1+\nu)(1-2\nu)$；

G——剪切模量，$G=E/[2(1+\nu)]$；

E——弹性模量；

ν——泊松比。

为使 Biot 三维固结方程的表达更为整洁，可将式(9-1)写成矩阵形式：

$$\boldsymbol{\partial}^T\boldsymbol{D}\boldsymbol{\partial}\boldsymbol{f}-\boldsymbol{\partial}^T\boldsymbol{M}p=0 \tag{9-3}$$

$$\boldsymbol{f}=[u_x \quad u_y \quad u_z]^T$$

$$\boldsymbol{M}=[1 \quad 1 \quad 1 \quad 0 \quad 0 \quad 0]^T$$

式中 p——单元体超静孔隙水压力。

弹性矩阵 $\boldsymbol{D}$ 和微分算子 $\boldsymbol{\partial}$ 的具体表达式可参考有关文献（谢康和和周健，2002）。

以位移和孔压表达的连续方程的矩阵式：

$$\boldsymbol{M}^{\mathrm{T}}\boldsymbol{\partial} k\boldsymbol{\partial}^{\mathrm{T}}\boldsymbol{M}p-\frac{\partial}{\partial t}\boldsymbol{M}^{\mathrm{T}}\boldsymbol{\partial f}=0 \tag{9-4}$$

方程式(9-3)和式(9-4)即为以矩阵形式表达的 Biot 三维固结方程。值得说明的是：Biot 固结理论考虑了土骨架变形与孔压消散的耦合效应，因此，在理论上 Biot 固结理论比 Terzaghi 固结理论更为严密。但对于一维固结问题，Terzaghi 固结方程与 Biot 固结方程完全相同。

9.1.2　边界条件

(1) 位移边界条件，即某边界上位移已知。例如对于固定边界，若其上位移为零，则该边界条件可写为：$u_{\mathrm{x}}=0$、$u_{\mathrm{y}}=0$、$u_{\mathrm{z}}=0$。

(2) 应力边界条件，即某边界上面力已知。设作用于边界上的面力沿 x、y、z 三个方向的分量(以沿坐标轴正向为正)分别为 F_{x}、F_{y}、F_{z}。该边界外法线与 x、y、z 轴正向的夹角分别为 α、β、γ，方向余弦分别为 l、m、n($l=\cos\alpha$，$m=\cos\beta$，$n=\cos\gamma$)。则该应力边界条件可表示为：

$$\left.\begin{aligned}l\sigma_{\mathrm{x}}+m\tau_{\mathrm{yx}}+n\tau_{\mathrm{zx}}+F_{\mathrm{x}}=0\\m\sigma_{\mathrm{y}}+n\tau_{\mathrm{zy}}+l\tau_{\mathrm{xy}}+F_{\mathrm{y}}=0\\n\sigma_{\mathrm{x}}+l\tau_{\mathrm{xz}}+m\tau_{\mathrm{yz}}+F_{\mathrm{z}}=0\end{aligned}\right\} \tag{9-5}$$

例如，对于常见的地表受垂直均布荷载 q 作用下的情况，面力分量 $F_{\mathrm{x}}=0$，$F_{\mathrm{y}}=0$，$F_{\mathrm{z}}=q$，$\alpha=\beta=90°$，$\gamma=180°$，$l=m=0$，$n=-1$，故由式(9-5)可得该边界(地表)的应力条件为：$\tau_{\mathrm{zx}}=\tau_{\mathrm{xy}}=0$、$\sigma_{\mathrm{z}}=q$。

(3) 孔压(或流势)边界条件，即某边界上孔压或水头已知。例如对于排水边界，若其上孔压为零，则该边界条件可写为 $p=0$。

(4) 流速(或流量)边界条件，即某边界上法向流速(或比流量)已知。设边界上沿外法线方向的已知流速为 v_{n}，则流速边界条件可表示为：

$$lv_{\mathrm{x}}+mv_{\mathrm{y}}+nv_{\mathrm{z}}=v_{\mathrm{n}} \tag{9-6}$$

式中　v_{x}，v_{y}，v_{z}——x 轴、y 轴和 z 轴方向的流速。

将 Darcy 定律代入上式即得：

$$-\frac{k_{\mathrm{h}}}{\gamma_{\mathrm{w}}}\left(l\frac{\partial p}{\partial x}+m\frac{\partial p}{\partial y}\right)-\frac{k_{\mathrm{v}}}{\gamma_{\mathrm{w}}}n\frac{\partial p}{\partial z}=v_{\mathrm{n}} \tag{9-7}$$

对于常见的不排水边界，其边界上流速 $v_{\mathrm{n}}=0$，故该边界条件为：

$$lk_{\mathrm{h}}\frac{\partial p}{\partial x}+mk_{\mathrm{h}}\frac{\partial p}{\partial y}+nk_{\mathrm{v}}\frac{\partial p}{\partial z}=0 \tag{9-8}$$

上述控制方程的求解过程复杂，常常不能求得解析解，而只能求其数值解。因此，下面介绍土工问题数值求解方法中应用最为广泛的有限差分法和有限元法。

9.2 有限差分法

9.2.1 太沙基一维固结理论求解

对于一维固结问题，Biot 固结理论与太沙基固结理论一致。太沙基一维固结控制方程如下（z向）：

$$C_{\mathrm{v}}\frac{\partial^2 u}{\partial z^2}=\frac{\partial u}{\partial t} \tag{9-9}$$

有限差分法的基本思路是先将孔隙水压力离散成厚度方向（空间）与时间方向两个维度的网格点（图 9.1），再利用泰勒展开式将连续函数用近似网格点表示，从而将微分方程代之为方程组，通过求解方程组就可得到离散的近似解。

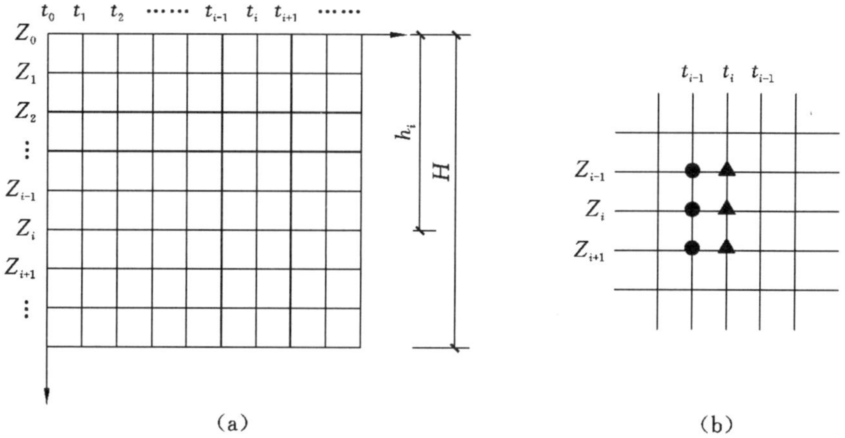

图 9.1 有限差分法示意图

(a)网格划分；(b)六点差分

Z_i—地基深度离散点；t_i—固结时间离散点；h_i—Z_i 的深度；H—地基厚度

根据泰勒展开式，任意函数 $f(x)$可表达为：

$$f(x_i-h)=f(x_i)-hf'(x_i)+\frac{h^2}{2}f''(x_i)-\frac{h^3}{3!}f'''(x_i)+\cdots \tag{9-10}$$

$$f(x_i+h)=f(x_i)+hf'(x_i)-\frac{h^2}{2}f''(x_i)+\frac{h^3}{3!}f'''(x_i)-\cdots \tag{9-11}$$

式中 h——x 的微小增量。

对于上述两式，舍去含微小增量的高阶项，可得一阶微分向前、向后和中心的差商：

$$f'(x_i)=\frac{f(x_i+h)-f'(x_i)}{h} \tag{9-12}$$

$$f'(x_i)=\frac{f(x_i)-f'(x_i-h)}{h} \tag{9-13}$$

$$f'(x_i)=\frac{f(x_i+h)-f'(x_i-h)}{2h} \tag{9-14}$$

将时间方向分成 M 步，步长为 Δt；将空间方向分成 N 步，步长为 Δz。将式(9-9)展开成 Crank-Nicolson 六点差分格式，可得：

$$\frac{u_n^m-u_n^{m-1}}{\Delta t}=C_v\frac{u_{n-1}^{m-1}-2u_n^{m-1}+u_{n+1}^{m-1}+u_{n-1}^m-2u_n^m+u_{n+1}^m}{2(\Delta z)^2} \tag{9-15}$$

其中，上标“m”代表时间方向，下标“n”代表空间方向(参见图 9.1)。

令 $C=C_v\Delta t/(\Delta z)^2$，整理式(9-15)可得：

$$(2C+2)u_n^m-C(u_{n+1}^m+u_{n-1}^m)=(-2C+2)u_n^{m-1}+C(u_{n+1}^{m-1}+u_{n-1}^{m-1}) \tag{9-16}$$

由式(9-16)得：

$$\boldsymbol{A}^n\boldsymbol{u}^m=\boldsymbol{B}^n\boldsymbol{u}^{m-1} \tag{9-17}$$

其中：$\boldsymbol{u}^m$——$m\Delta t$ 时刻的土层超孔隙水压力分布列矩阵，$\boldsymbol{u}^m=[u_1^m,u_2^m,\cdots,u_n^m]^{\mathrm{T}}$，$m=1,2,3\cdots$；

$\boldsymbol{A}^n$，$\boldsymbol{B}^n$——$N\times N$ 的系数矩阵。

$$\boldsymbol{A}^n=\begin{bmatrix}2C+2 & -1 & & & & \\ -1 & 2C+2 & -1 & & & \\ & -1 & 2C+2 & -1 & & \\ & & \cdots & \cdots & \cdots & \\ & & & -1 & 2C+2 & -1 \\ & & & & -1 & 2C+2\end{bmatrix}$$

$$\boldsymbol{B}^n=\begin{bmatrix}-2C-2 & 1 & & & & \\ 1 & -2C-2 & 1 & & & \\ & 1 & -2C-2 & 1 & & \\ & & \cdots & \cdots & \cdots & \\ & & & 1 & -2C-2 & 1 \\ & & & & 1 & -2C-2\end{bmatrix}$$

上式可用 Matlab 编程计算，相应的计算程序见附录 1。

现利用有限差分法和解析解法对软土地基一维固结进行计算。假设地基排水条件为双面排水；土层竖向固结系数 $C_v=2.28\times10^{-7}\ \mathrm{m^2/s}$；土层厚度 $H=1$ m；土层中初始超静孔隙水压力均布，$p_0=100$ kPa。

为了探讨时间步长和空间步长对有限差分法计算结果的影响，使用不同的时间步 Δt 和空间步 Δz 进行计算。图 9.2 给出了 0～100 h 内数值计算结果与解析解的比较。由图 9.2 可以看出：①时间步长越小，有限差分法结果与解析解结果越接近；②空间步长越小，有限差分法结果与解析解结果越接近；③空间步长对计算结果的影响更为明显。

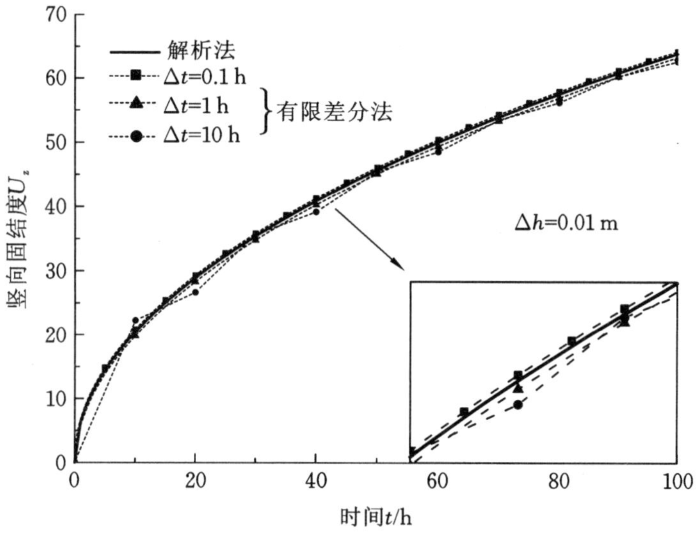

(a)

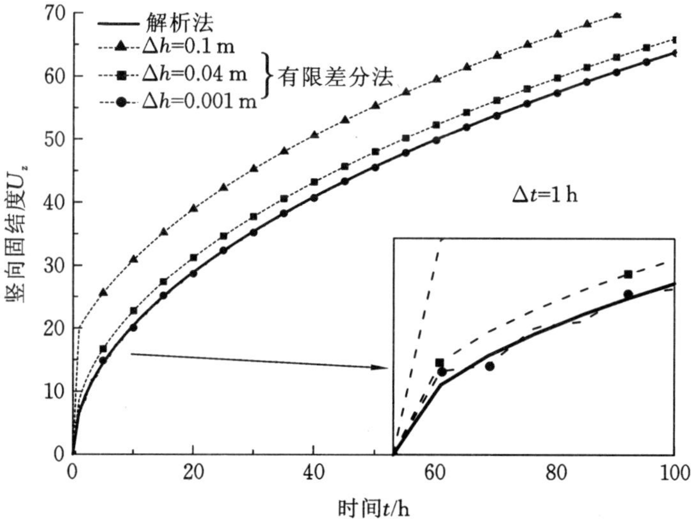

(b)

图 9.2 时间步长与空间步长对固结计算的影响

(a)时间步长的影响；(b)空间步长的影响

9.2.2　考虑次固结的一维固结理论求解

(1) 控制方程

Terzaghi 的一维固结理论没有考虑次固结对沉降的影响，本节基于有限差分法求解考虑次固结效应的一维固结理论。

土体的固结沉降中，主固结指土体在受荷后孔隙水压力逐渐消散，有效应力增加，土体变形逐步发展的过程；次固结指土中超静孔压消散完后土体变形随时间继续缓慢发展的现象。根据次固结指数的定义：

$$e_a - e_1 = C_a \lg \frac{t}{t_1} \tag{9-18}$$

式中　e_a——次固结阶段的孔隙比；

e_1——主固结完成时的孔隙比；

C_a——次固结指数；

t——次固结变形时间；

t_1——主固结完成的时间。

上式假定主固结阶段结束后才发生次固结压缩，而越来越多的试验结果表明，软黏土在主固结阶段如果不考虑次固结效应的影响，计算结果会偏小。为在主固结阶段考虑次固结效应的影响，有学者引入新的次固结计算时间的概念，并对式(9-18)进行修正：

$$\Delta e_s = C_a \lg \frac{t_i + \Delta t}{t_i} \tag{9-19}$$

式中　Δe_s——次固结引起的孔隙比变化；

t_i——次固结计算时间。

原始压缩量等于再压缩量与次固结压缩量的和，即：

$$\Delta e_c = \Delta e_e + \Delta e_a \tag{9-20}$$

式中　Δe_c——原始压缩产生的孔隙比变化，$\Delta e_c = C_c \lg \dfrac{p_c}{p_i}$；

Δe_e——再压缩产生的孔隙比变化，$\Delta e_e = C_e \lg \dfrac{p_c}{p_i}$；

Δe_a——次压缩产生的孔隙比变化，$\Delta e_a = C_a \lg \dfrac{t_i}{t_1}$。

代入式(9-20)得：

$$C_c \lg \frac{p_c}{p_i} = C_e \lg \frac{p_c}{p_i} + C_a \lg \frac{t_i}{t_1} \tag{9-21}$$

对式(9-18)整理后可得：

$$t_i = t_1\left(\frac{p_c}{p_i}\right)^{\frac{C_c-C_e}{C_a}} \tag{9-22}$$

由式(9-22)可以看出：次固结压缩量会受荷载大小的影响，且当固结压力大于先期固结压力时，式(9-22)就退化到式(9-18)的形式。

次固结阶段孔隙比的变化由有效应力变化引起的孔隙比变化和流变随时间发展引起的孔隙比变化两部分组成：

$$\mathrm{d}e = a\,\mathrm{d}\sigma' - C_a d\lg\frac{t_i+t}{t_i} = a\,\mathrm{d}\sigma' - C_a\frac{\mathrm{d}t}{(t_i+t)\ln 10} \tag{9-23}$$

对上式，两边同除以 $\mathrm{d}t$，并化成偏导的形式得：

$$\frac{\partial e}{\partial t} = a\frac{\partial u}{\partial t} - \frac{C_a}{(t_i+t)\ln 10} \tag{9-24}$$

因此，可得到考虑次固结效应的固结控制方程如下：

$$\frac{k_v(1+e_0)}{r_w}\frac{\partial u^2}{\partial^2 z} = a\frac{\partial u}{\partial t} - \frac{C_a}{(t_i+t)\ln 10} \tag{9-25}$$

(2) 有限差分法求解

将土层由上到下分层 N 层，每层厚度 Δz，将时间分隔成 M 段，每段时长 Δt，由此将式(9-25)化成差分格式得：

$$(2C+2)u_i^m - C(u_{i+1}^m + u_{i-1}^m) = (-2C+2)u_i^{m-1} + C(u_{i+1}^{m-1} + u_{i-1}^{m-1}) - \frac{C_a}{(t_i+m\Delta t)\ln 10} \tag{9-26}$$

其中 $C = C_v\dfrac{\Delta t}{(\Delta z)^2}$，表示成矩阵形式得：

$$\boldsymbol{A}^n\boldsymbol{u}^m = \boldsymbol{B}^n\boldsymbol{u}^{m-1} + \boldsymbol{D}^n \tag{9-27}$$

其中，$\boldsymbol{A}^n$、$\boldsymbol{B}^n$ 为 $N\times N$ 的系数矩阵：

$$\boldsymbol{A}^n = \begin{bmatrix} 2C+2 & -1 & & & & \\ -1 & 2C+2 & -1 & & & \\ & -1 & 2C+2 & -1 & & \\ & & \cdots & \cdots & \cdots & \\ & & & -1 & 2C+2 & -1 \\ & & & & -1 & 2C+2 \end{bmatrix}$$

$$\boldsymbol{B}^n = \begin{bmatrix} -2C-2 & 1 & & & & \\ 1 & -2C-2 & 1 & & & \\ & 1 & -2C-2 & 1 & & \\ & & \cdots & \cdots & \cdots & \\ & & & 1 & -2C-2 & 1 \\ & & & & 1 & -2C-2 \end{bmatrix}$$

$\boldsymbol{D}^n$ 为 $N\times1$ 的系数列矩阵；$\boldsymbol{u}^m$ 为 $n\Delta t$ 时刻的土层超孔隙水压力分布列矩阵，$m=1,2,3,\cdots$。

式(9-27)在引入起始条件以及边界条件后可直接利用 Matlab 编程计算。详细程序见附录 2。

9.3　有 限 元 法

在一维和二维固结分析中，有限差分法由于其简单且易于编程的特点而被广泛应用。但在更一般的三维问题分析中，有限元法应用更为广泛。

9.3.1　概述

有限元法是 20 世纪中叶发展起来的一种强有力的数值计算方法。有限元法的基本思想是将连续的求解区域离散为有限个单元，并用单元内所假设的近似函数分片地表示整个求解域内待求的未知场变量，然后通过和原问题数学模型(控制方程和边界条件等)等效的变分原理或加权残数法等建立求解基本未知量的方程组，最后再通过数值方法来求解此方程，进而得到问题的近似解答。经过数十年发展，有限元法在理论上已非常成熟。

有限元法分析固结问题始于 1969 年，Sandhu 和 Wilson 采用变分原理最早得出 Biot 固结方程的有限元方程组。在国内，沈珠江(1977)、殷宗泽(1978)、龚晓南(1981)、谢康和(1987)等探讨了 Biot 固结有限元方程的不同推导过程。关于有限元法应用中单元形态、位移形函数、孔压形函数、时间插值方法等因素对 Biot 固结计算结果的影响，国内外学者早年开展了一些研究，具体可参考朱百里和沈珠江(1990)对此进行的综述。在固结分析中，网格划分和时间步长存在相关性，两者之间需要满足一定的关系，否则将对计算结果产生影响。20 世纪 70 年代，Sandhu 等就指出存在“数值”固结现象，太小和太大的时间步长都会导致超静孔压的计算结果错误。根据已有研究，时步选取与网格尺寸、固结性状、固结时间和荷载增量有关；当地基中孔压梯度和变形梯度减小时，时步可取较大值；在排水面附近时间步或网格取小值。材料本构模型方面，基于 Biot 固结理论的饱和土有限元分析应严格区分土体中土骨架和孔隙水。因此，Biot 固结理论中的材料本构关系应包括两个部分，一部分是土骨架的有效应力-应变本构模型(参见第 5 章)，另一部分是孔隙流体的渗流模型(参见第 6 章)。相对而言，固结分析中渗流模型的研究较少。

用有限元法求解 Biot 三维固结方程需要建立相应的有限元方程。该方程即为求解结点位移和孔压的线性方程组。通常根据变分原理(能量法)或加权残数法来建立有限元方程。相对而言，加权残数法比变分原理的适用性更广。谢康和和周健(2002)给出了用有限元法求解 Biot 三维固结方程的全过程，包括任意空间八结点单元的 Biot 三维固结有限元方程、单元固结矩阵和结点荷载列阵等各元素计算公式的详细推导。

9.3.2 线性固结有限元求解

(1) 空间和时间离散。对具体的三维固结问题的求解域用 8 结点等参元进行空间离散(又称单元划分),并对计算起始($t=0$)到计算终了的时间段进行离散(又称时段划分)。土工问题中荷载一般随时间而变,故与时段划分相对应,荷载也同时被离散。

(2) 固结有限元方程的整体组装。将 Biot 三维固结有限元方程式(9-1)至式(9-4)用于求解域中的每个单元,再计算各单元的固结矩阵和等效结点荷载及流量增量列阵中的全部元素,并进行整体组装,即得含所有结点未知量(结点位移和孔压)的线性方程组。

(3) 引入边界条件。应力边界条件和流速(或流量)边界条件已在 Biot 三维固结有限元方程的推导过程中予以考虑,故这里只需引入位移边界条件和孔压(或流势)边界条件。齐次边界[例如固定边界(结点位移为零)和透水边界(结点孔压为零)] 的引入将使前述线性方程组的维数减少。

(4) 求解线性方程组。采用波阵解法等求解以上得到的线性方程组,即可得到相应于本时段 t(荷载增量为 q)的结点位移增量和孔压增量。

(5) 计算当前结点位移和孔压。设已求得前一时刻的结点位移和孔压,则可根据增量位移和增量孔压分别得到当前结点位移和孔压。

(6) 计算结点应力。首先得到单元内任一点在本时段由本级荷载增量引起的有效应力增量,进一步计算得到当前的有效应力和孔压。

(7) 时段循环。计算开始($t=0$)时各结点的位移、孔压和应力已知。通常情况下 $t=0$ 时各点的位移和孔压均为零,而应力等于自重应力。计算从 $t=0$ 开始,每次增加 Δt 及与此相应的荷载。重复步骤(1)至步骤(6),直至得到地基土层中任意时刻的应力、孔压和位移。

以上为三维线弹性固结问题的有限元法求解过程。对软土地基而言,软土的压缩和渗流均呈现出显著的非线性,因此有必要开展非线性固结有限元分析。

9.3.3 非线性固结有限元求解

对于非线性弹性固结问题,上述线性有限元求解方法原则上仍适用,但注意用于本级计算的弹性参数须由前一级应力结合本构方程求得,此即增量法。相关理论基础详细介绍可参阅有关论著。本节首先介绍考虑土体压缩非线性和渗流非线性的固结有限元理论,包括非线性本构模型、控制方程、有限元方程;然后介绍基于增量法的有限元程序 NPDSS 与算例分析(程序代码位于附录)。

(1) 非线性本构模型

① 压缩非线性

根据以往的固结试验结果,土的压缩性指标在固结过程中随有效应力的变化而呈非线性变化,并与前期固结压力有关。非线性压缩模型可表示为:

$$\begin{cases} e=e_0-C_e\lg\dfrac{\sigma'}{\sigma'_0}, & \sigma'\leqslant\sigma'_c \\ e=e_0-C_e\lg\dfrac{\sigma'_c}{\sigma'_0}-C_c\lg\dfrac{\sigma'}{\sigma'_c}, & \sigma'>\sigma'_c \end{cases} \tag{9-28}$$

式中　C_c,C_e——压缩指数和回弹指数。

当 $C_c=C_e$ 时,e 和 $\lg p$ 之间符合线性关系;土体初始应力状态 σ'_0 对应初始孔隙比 e_0;先期固结压力 σ'_c 对应孔隙比 e_c。对于天然地基而言,土体一般呈正常固结或超固结状态,此时先期固结压力 σ'_c 大于或等于地基初始应力 σ'_0。根据式(9-28)可推导出变形参数表达式:

$$m_v=-\frac{1}{1+e_0}\frac{\partial e}{\partial\sigma'}=\begin{cases} m_{v0}\dfrac{\sigma'_0}{\sigma'}, & \sigma'\leqslant\sigma'_c \\ m_{v0}\dfrac{C_c\sigma'_0}{C_e\sigma'}, & \sigma'>\sigma'_c \end{cases} \tag{9-29}$$

$$E_s=\begin{cases} E_{s0}\dfrac{\sigma'}{\sigma'_0}, & \sigma'\leqslant\sigma'_c \\ E_{s0}\dfrac{C_e\sigma'}{C_c\sigma'_0}, & \sigma'>\sigma'_c \end{cases} \tag{9-30}$$

其中初始体积压缩系数 m_{v0} 和初始压缩模量 E_{s0} 计算式为:

$$m_{v0}=\frac{C_e}{(1+e_0)\sigma'_0\ln 10} \tag{9-31}$$

$$E_{s0}=\frac{(1+e_0)\sigma'_0\ln 10}{C_e} \tag{9-32}$$

若不考虑超固结影响时,式(9-28)退化为:

$$e=e_0-C_c\lg\frac{\sigma'}{\sigma'_0}\quad 或\quad e=e_r-C_c\lg\frac{\sigma'}{\sigma'_r} \tag{9-33}$$

其中,参考有效压力 σ'_r 一般取 100 kPa;参考孔隙比 e_r 与 σ'_r 相对应。参考孔隙比 e_r 和初始孔隙比 e_0 之间的换算为:$e_0=e_r-C_c\lg(\sigma'_0/\sigma'_r)$。

由式(9-33)可导得相应的变形参数表达式:

$$m_v=-\frac{1}{1+e_0}\frac{\partial e}{\partial\sigma'}=m_{v0}\frac{\sigma'_0}{\sigma'};E_s=\frac{1}{m_v}=E_{s0}\frac{\sigma'}{\sigma'_0} \tag{9-34}$$

式中 m_{v0} 和 E_{s0} 计算式变为:

$$\left.\begin{aligned} m_{v0}&=-\frac{C_c}{(1+e_0)\sigma'_0\ln 10} \\ E_{s0}&=\frac{(1+e_0)\sigma'_0\ln 10}{C_c} \end{aligned}\right\} \tag{9-35}$$

上述土骨架非线性压缩模型的基本参数包括 C_e、C_c 和 e_0(或 e_r)。其中,C_e 和 C_c 反映了非线性压缩曲线的斜率，而e_0（对应土体初始应力σ_0'）或e_r（对应参考有效压力σ_r'）为非线性压缩曲线上的参考点。在分析具体问题时，可以根据不同需求选择初始孔隙比e_0或参考孔隙比e_r作为输入值。

② 渗流双重非线性

孔隙水在土骨架中的渗透仍假定服从 Hansbo 非达西渗流定律。该定律描述了渗流速度与孔压梯度之间的非线性关系。当取特定参数时，Hansbo 非达西渗流可退化为达西渗流，因此下面推导的公式也适用于达西渗流情况。

土体的渗透系数随土体固结过程逐渐变化的现象仍用线性的e-lg$k$曲线来描述。要说明的是，超固结土e-lg$k$曲线有时呈分段线性关系，但考虑到相应参数取值的经验较少，本节仍按线性情况来分析。线性e-lg$k$曲线的数学描述一般符合下面的关系：

$$e=e_0+C_k\lg\frac{k}{k_0} \tag{9-36}$$

式中 C_k——渗透指数；

k_0——初始渗透系数。

结合式(9-36)和式(9-28)可推导出：

$$k=\begin{cases}k_0\left(\dfrac{\sigma'}{\sigma_0'}\right)^{-\alpha_e}, & \sigma'\leqslant\sigma_c'\\ k_0\left(\dfrac{\sigma_c'}{\sigma_0'}\right)^{-\alpha_e}\left(\dfrac{\sigma'}{\sigma_c'}\right)^{-\alpha_c}, & \sigma'>\sigma_c'\end{cases} \tag{9-37}$$

其中，$\alpha_c=C_c/C_k$，$\alpha_e=C_e/C_k$。若假设孔隙比e和$\lg p$之间满足式(9-33)的要求，则可得：

$$k=k_0\left(\frac{\sigma'}{\sigma_0'}\right)^{-\alpha_c}\text{或 }k=k_r\left(\frac{\sigma'}{\sigma_r'}\right)^{-\alpha_c} \tag{9-38}$$

而 Hansbo 非达西渗流模型中渗流速度v与孔压梯度i之间存在如下关系：

$$\begin{cases}v=ki^m, & i<i_l\\ v=k(i-i_0), & i\geqslant i_l\end{cases} \tag{9-39}$$

式中 i_0——起始水力梯度；

i_l——门槛水力梯度。

当水力梯度$i<i_l$时，流速与梯度间为幂函数关系，其渗透系数为k；当水力梯度$i>i_l$时，流速与梯度间为线性关系，相应的渗透系数为k。要说明的是，上式在一定条件下可分别退化为有起始水力坡降的渗流模式、幂函数描述的非达西渗流模式和达西渗流定律。

另外，根据流速及其导数在门槛梯度处的连续条件，由式(9-39)还可以推导出：$i_0=i_l(m-1)/m$，$k=k/(mi_l{}^{m-1})$。进而有：

$$\begin{cases}v=ki^m/(mi_l^{m-1}), & i<i_l\\ v=k\left(i-\dfrac{m-1}{m}i_l\right), & i\geqslant i_l\end{cases} \tag{9-40}$$

式(9-39)和式(9-40)即为本章所采用的非达西渗流模式。

结合式(9-38)至式(9-40),即得到本章双重非线性渗流模型。

(2) 有限元方程

非线性固结控制方程如下:

$$\boldsymbol{\partial}^{\mathrm{T}}\boldsymbol{D}_{\mathrm{t}}\boldsymbol{\partial}\boldsymbol{f}-\boldsymbol{\partial}^{\mathrm{T}}\boldsymbol{M}p=0 \tag{9-41}$$

$$\boldsymbol{M}^{\mathrm{T}}\boldsymbol{\partial}\boldsymbol{H}\boldsymbol{k}\boldsymbol{\partial}^{\mathrm{T}}\boldsymbol{M}p-\frac{\partial}{\partial t}\boldsymbol{M}^{\mathrm{T}}\boldsymbol{\partial}\boldsymbol{f}=0 \tag{9-42}$$

其中,渗流控制矩阵 $\boldsymbol{H}$ 和渗流系数矩阵 $\boldsymbol{k}$ 中的渗透系数由式(9-37)确定。非线性压缩模型下的模量矩阵 $\boldsymbol{D}_{\mathrm{t}}$ 中变形参数由式(9-28)至式(9-35)确定,通过控制压缩模型和渗流模型的参数输入,矩阵 $\boldsymbol{D}_{\mathrm{t}}$、$\boldsymbol{H}$ 和 $\boldsymbol{k}$ 可分别退化为线弹性、达西渗流和常渗透系数情况下的矩阵。

有限元求解方程如下:

$$\overline{\boldsymbol{K}}_{\mathrm{e}}\Delta\boldsymbol{\delta}^{\mathrm{e}}+\boldsymbol{K}_{\mathrm{c}}\Delta\boldsymbol{p}^{\mathrm{e}}=\Delta\boldsymbol{R}_{\mathrm{f}}^{\mathrm{e}} \tag{9-43}$$

$$\boldsymbol{K}_{\mathrm{c}}^{\mathrm{T}}\Delta\boldsymbol{\delta}^{\mathrm{e}}-\theta\Delta t\overline{\boldsymbol{K}}_{\mathrm{s}}\Delta\boldsymbol{p}^{\mathrm{e}}=\Delta\overline{\boldsymbol{R}}_{\mathrm{p}}^{\mathrm{e}} \tag{9-44}$$

(3) 编程实现

此程序的基础是 PDSS 程序。后文在程序编制时,设定分析域为天然地基或单井地基,考虑涂抹效应和扰动效应。下面将较详细地阐述非线性模型的有限元实现过程,即基于基本增量法确定模量矩阵 $\boldsymbol{D}_{\mathrm{t}}$、渗流控制矩阵 $\boldsymbol{H}$ 和变渗透系数矩阵 $\boldsymbol{k}$。

① 初始参数

土层条件:土层 H、土体有效容积密度 γ' 和有效内摩擦角 φ';

变形参数:初始孔隙比 e_0(或参考孔隙比 e_{r})、回弹指数 C_{e}、压缩指数 C_{c} 和超固结比 R_{c};

渗透参数:k_{v0}、k_{h0}、C_{k}、m 和 i_l;

竖井特性相关参数:d_{e}、d_{s}、d_{w};$k_{\mathrm{h}}/k_{\mathrm{s}}$ 和 k_{w}。

根据上述输入的初始参数可得到:自重应力场 $\sigma_0'=\gamma'\times z$;先期固结压力 $\sigma_{\mathrm{c}}'=R_{\mathrm{c}}\times\sigma_0'$;$\alpha_{\mathrm{e}}=C_{\mathrm{e}}/C_{\mathrm{k}}$;$\alpha_{\mathrm{c}}=C_{\mathrm{c}}/C_{\mathrm{k}}$。另外,在假定了一维变形情况下,土体泊松比不输入(默认为零)。

② 时步循环

第一步:变形参数:$E_{\mathrm{s1}}=(1+e_0)\sigma_0'\ln10/C_{\mathrm{e}}$;渗透系数:$k_1=k_0$;渗流控制矩阵:$\boldsymbol{H}_1$ 为单位矩阵。根据 E_{s1}、k_1 和 $\boldsymbol{H}_1$ 得到第一步增量荷载作用下的应力场(σ_1')、孔压场(p^1)和变形场,并据此来确定第二步相应的计算参数。

第二步:变形参数和渗流参数分别如下:

$$E_{\mathrm{s2}}=\begin{cases}\dfrac{(1+e_0)\ln10}{C_{\mathrm{e}}}\sigma_1', & \sigma'\leqslant\sigma_{\mathrm{c}}'\\[2ex] \dfrac{(1+e_0)\ln10}{C_{\mathrm{c}}}\sigma_1', & \sigma'>\sigma_{\mathrm{c}}'\end{cases} \tag{9-45}$$

$$k_2=\begin{cases}k_0\left(\dfrac{\sigma_1'}{\sigma_0'}\right)^{-\alpha_e}, & \sigma'\leqslant\sigma_c'\\ k_0\left(\dfrac{\sigma_c'}{\sigma_0'}\right)^{-\alpha_e}\left(\dfrac{\sigma_1'}{\sigma_c'}\right)^{-\alpha_c}, & \sigma'>\sigma_c'\end{cases} \tag{9-46}$$

孔压梯度计算式如下：

$$\begin{cases}i_x^2=\dfrac{1}{\gamma_w}\dfrac{\partial p^1}{\partial x}=\dfrac{(p_1^1+p_4^1+p_5^1+p_8^1)-(p_2^1+p_3^1+p_6^1+p_7^1)}{8\gamma_w a}\\ i_y^2=\dfrac{1}{\gamma_w}\dfrac{\partial p^1}{\partial y}=\dfrac{(p_1^1+p_2^1+p_5^1+p_6^1)-(p_3^1+p_4^1+p_7^1+p_8^1)}{8\gamma_w b}\\ i_z^2=\dfrac{1}{\gamma_w}\dfrac{\partial p^1}{\partial z}=\dfrac{(p_1^1+p_2^1+p_3^1+p_4^1)-(p_5^1+p_6^1+p_7^1+p_8^1)}{8\gamma_w c}\end{cases} \tag{9-47}$$

当各方向的孔压梯度确定后，即可按下式确定 H_x、H_y 和 H_z：

$$H_\Psi=\begin{cases}\dfrac{1}{\gamma_w^{m-1}i_l^{m-1}}\left|\dfrac{\partial p}{\partial \Psi}\right|^{m-1}, & |i_\Psi|\leqslant i_l\\ 1, & |i_\Psi|>i_l\end{cases} \tag{9-48}$$

进而获得渗流控制矩阵 $\boldsymbol{H}_2$。根据 E_{s2}、k_2 和 $\boldsymbol{H}_2$ 得到第二步结束时的应力场(σ_2')、孔压场(p^2)和变形场。依此类推，得到第 j 步结束时的应力场(σ_j')、孔压场(p^j)和变形场，并据此来确定第 $j+1$ 步相应的计算参数。

第 $j+1$ 步：变形参数和渗流参数分别如下式所示：

$$E_{s,j+1}=\begin{cases}\dfrac{(1+e_0)\ln 10}{C_e}\sigma_j', & \sigma_j'\leqslant\sigma_c'\\ \dfrac{(1+e_0)\ln 10}{C_c}\sigma_j', & \sigma_j'>\sigma_c'\end{cases} \tag{9-49}$$

$$k_{j+1}=\begin{cases}k_0\left(\dfrac{\sigma_{j-1}'}{\sigma_0'}\right)^{-\alpha_e}, & \sigma_{j-1}'\leqslant\sigma_c'\\ k_0\left(\dfrac{\sigma_c'}{\sigma_0'}\right)^{-\alpha_e}\left(\dfrac{\sigma_{j-1}'}{\sigma_c'}\right)^{-\alpha_c}, & \sigma_{j-1}'>\sigma_c'\end{cases} \tag{9-50}$$

第 $j+1$ 步计算用到非达西渗流参数：在局部坐标系下，当单元各结点孔压 p_i^j 已知，则下一时刻孔压梯度 i^{j+1} 按下式计算：

$$\left.\begin{aligned}i_x^{j+1}&=\dfrac{1}{\gamma_w}\dfrac{\partial p^j}{\partial x}=\dfrac{(p_1^j+p_4^j+p_5^j+p_8^j)-(p_2^j+p_3^j+p_6^j+p_7^j)}{8\gamma_w a}\\ i_y^{j+1}&=\dfrac{1}{\gamma_w}\dfrac{\partial p^j}{\partial y}=\dfrac{(p_1^j+p_2^j+p_5^j+p_6^j)-(p_3^j+p_4^j+p_7^j+p_8^j)}{8\gamma_w b}\\ i_z^{j+1}&=\dfrac{1}{\gamma_w}\dfrac{\partial p^j}{\partial z}=\dfrac{(p_1^j+p_2^j+p_3^j+p_4^j)-(p_5^j+p_6^j+p_7^j+p_8^j)}{8\gamma_w c}\end{aligned}\right\} \tag{9-51}$$

当各方向的孔压梯度确定后,即可按式(9-48)确定 H_x、H_y 和 H_z,进而获得下一时刻渗流控制矩阵 $\boldsymbol{H}_{j+1}$。待上述参数确定后,即可获得第 $j+1$ 步增量荷载作用下的应力场、孔压场和变形场。

如此循环,直到最后时步结束。

9.3.4　有限元程序

(1) 程序结构与框图

图 9.3 为 NPDSS 程序框图。NPDSS 程序共分三层,即Ⅰ层、Ⅱ层、Ⅲ层。Ⅰ层为主层,仅含主程序;Ⅱ和Ⅲ层分别包含 7 个和 8 个子程序,如图 9.4 所示。

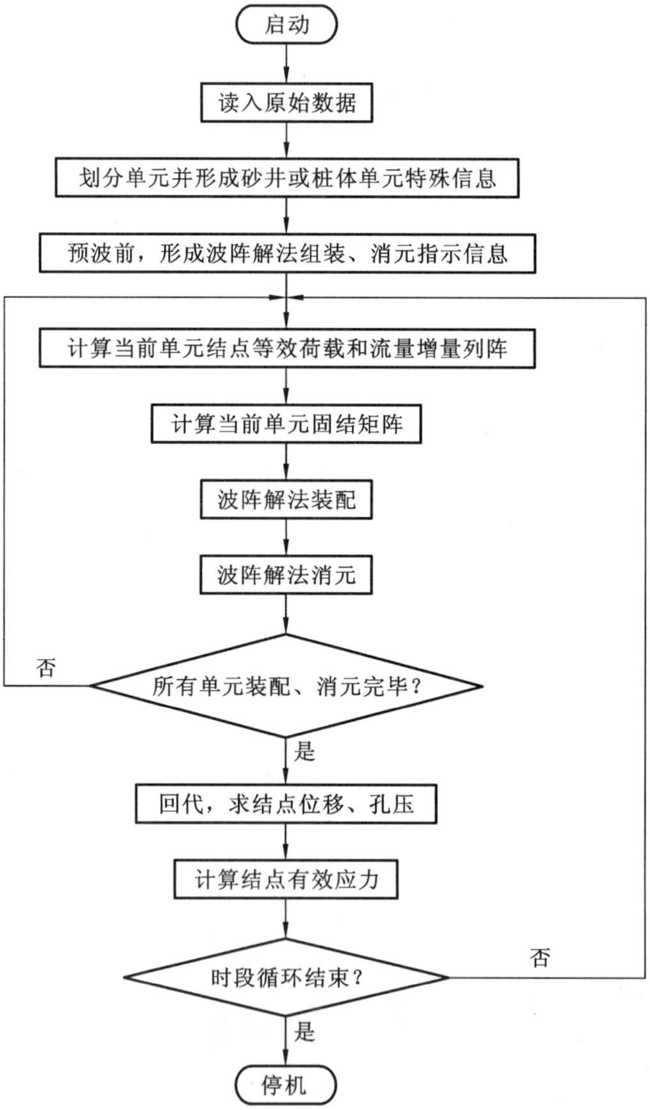

图 9.3　NPDSS 程序框图

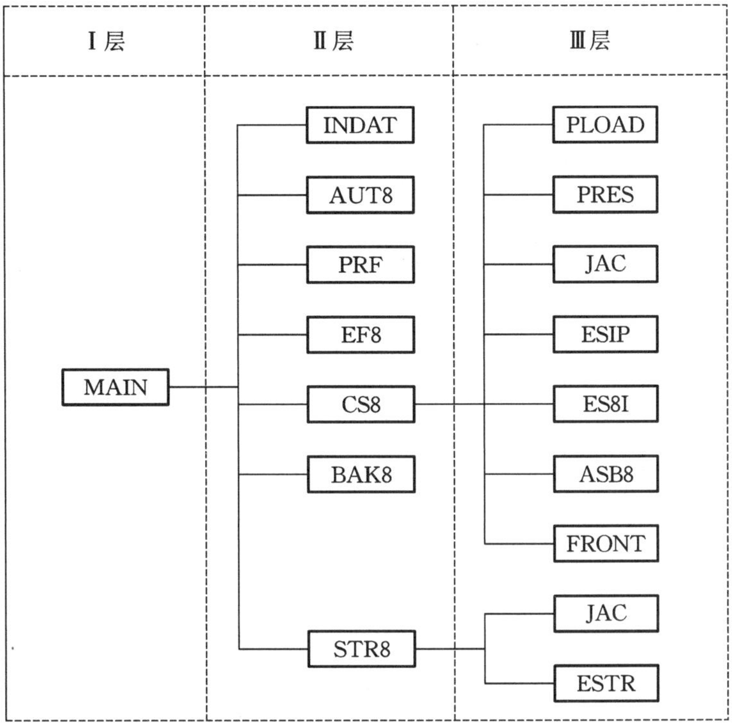

图 9.4 NPDSS 程序层次与结构图

图 9.5 为 NPDSS 程序的主要模块 CS8，即波阵法求解线性方程组模块。

(2) 主程序与子程序简介

如图 9.4 所示，NPDSS 程序由主程序 MAIN 和 15 个子程序组成。

MAIN 主程序：打开数据输入文件读入控制参数等；分配和确定可变场（可调数组）大小；驱动各子程序完成相应工作。

INDAT：从数据输入文件中读入结点整体坐标、计算参数及时段等信息并存入相应数组。

AUT8：划分单元并自动为单元和结点编号；自动形成砂井或桩体特殊单元标志信息；单元编号以使分析对象的波阵宽最小为原则，即按 $x\rightarrow z\rightarrow y$（先 x 向，后 z 向，再 y 向）的顺序进行；结点编号顺序为 $x\rightarrow y\rightarrow z$。

PRF：预波前形成波阵法组装和消元顺序指示信息。

EF8：计算单元形函数及其关于局部坐标导数在单元结点或高斯点处的值。

CS8：波阵解法模块主程序，可驱动子程序 PLOAD、PRES、JAC、ESIP、ES8I、ASB8 和 FRONT 完成从单元固结矩阵元素等的计算、组装、消元等各项工作。

PLOAD：确定每级荷载的几何参数，例如荷载所覆盖的 y 向单元数等。

PRES：计算单元等效结点荷载增量。

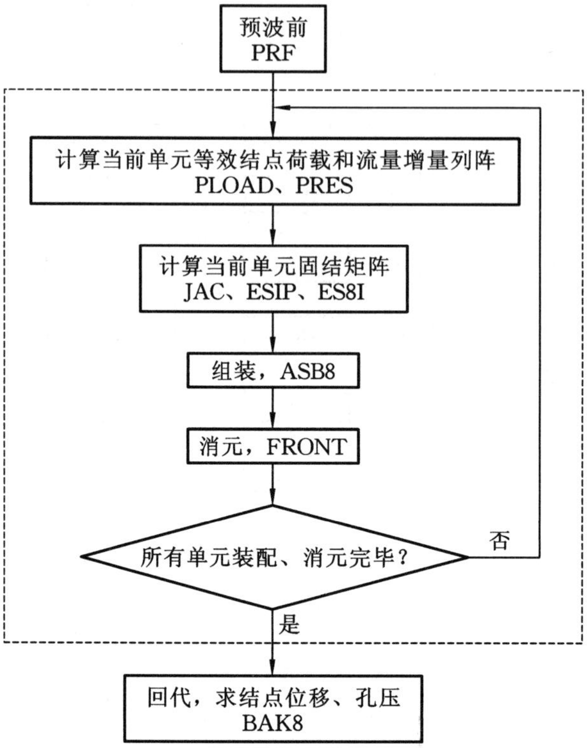

图 9.5　NPDSS 程序主要模块（CS8）

JAC：计算雅可比矩阵 $\boldsymbol{J}$ 中各元素在结点或高斯点处的值及其行列式值，并计算逆矩阵 $\boldsymbol{J}^{-1}$ 的各元素。

ESIP：为单元固结矩阵元素的计算做准备。

ES8I：计算 PDSS 分析中的单元固结矩阵的上三角元素。

ASB8：按 PRF 子程序确定的顺序对单元固结矩阵和等效结点荷载及流量增量列阵进行组装。

FRONT：引入边界条件并进行波阵法消元。消元信息先存放在缓冲区 LREQ（LR）和 REQ（MREQ）中，一旦存满后就向硬盘写入二进制文件 B.DAT 中。

BAK8：从 B.DAT 中取出消元信息并回代，求出本级荷载引起的结点位移和孔压增量及当前结点位移和孔压并输出。

STR8：驱动子程序 JAC、ESTR 完成求单元结点有效应力增量、当前结点有效应力（用“绕结点法”）并输出等工作。

ESTR：计算单元结点有效应力增量。

（3）计算域确定

与一般的有限元分析类似，运行 PDSS 程序前需准备好数据输入文件，而进行数据准备前则需先确定分析对象的计算域、边界条件以及划分单元和时段等。

PDSS分析的计算域为立方体，共有6个边界面。为方便，称与 x 轴垂直的二边界面为前面、后面；与 y 轴垂直的二边界面为左面、右面；与 z 轴垂直的二边界面为上面、下面。对于二维问题，计算域高度和宽度的确定方法不变，而计算域厚度的大小不影响计算结果，通常取1 m。对于一维问题，计算域厚度和宽度的大小均对计算结果无影响，一般均取1 m。

(4) 边界条件

对于一般的固结问题，边界条件可确定如下：

前面、后面：据上述分析可知，前面、后面均不透水，且 x 向固定，y 向自由。

左面：一般通过荷载中心，为对称面，故 y 向固定，z 向自由，不透水。

右面：该边界面 y 向固定。

上面：一般为自由面，且透水。

下面：该边界面 z 向须固定。y 向可取固定或自由，一般取固定接近实际。排水条件则按实际情况定，若该边界以下为砂、卵石层，则应取透水。

对于一维问题，除右面须取 z 向自由且不透水外，其他与上面的规定一样。

(5) 单元划分与时段划分

单元划分的一般原则是：孔压和变形（或应力）变化（梯度）大的区域（如砂井区、荷载区及靠近透水面处）宜密，其他部位可疏。

时段的大小与单元或网格的尺寸等密切相关。根据沈珠江（1990），为保证计算精度，时段 Δt 宜满足以下条件：

$$\Delta t=\left(\frac{1}{4}\sim 1\right)\frac{\Delta H^2}{C_v} \tag{9-52}$$

式中 ΔH——透水面附近渗流方向上的单元尺寸。

计算对比表明（基于线弹性分析），在加荷曲线转折点前后（即荷载变化较剧烈时期）的若干时段，Δt 应尽量满足上式的要求，而在其他时期，特别是当加荷曲线很平缓时，例如在持荷阶段的后期，Δt 可适当放大。与单元划分类似，时段划分还应兼顾与实测数据比较的方便性。

(6) 数据准备

程序数据输入文件的文件名可任取。

(7) 运行及结果输出

启动PDSS程序后屏幕即提示“请输入数据文件名”，输入上述已准备好的数据文件名后，程序即进行计算，同时输出计算结果，直至所有级数均算完。

9.3.5 程序验证

检验方法是通过与已有半解析法进行对比（郑辉，2004；齐添，2008）。算例描述如下：单层土，压

缩层厚度 $H=10$ m；土性物理力学指标有效容积密度 $\gamma'=10.0$ kPa/m、参考孔隙比 $e_r=1.5$(参考应力$\sigma'_r=100$ kPa)、压缩指数 $C_c=0.5$、渗透系数 $k_r=1.0\times10^{-9}$ m/s 和渗透指数 $C_k=0.5$；荷载瞬时施加且保持恒定，$q_0=q_u=100$ kPa。边界条件为地基顶面透水、底面不透水且变形约束。

半解析法和有限元法的网格划分和时间步一致。深度方向的网格数为 20(增量尺寸为 0.5 m)。另外，地基自重应力随深度逐渐变化，因此地基不同深度处土性参数均不同。为了给出一个平均意义上的时间因子，选取压缩层一半厚度处的土性指标来计算，即：时间因子 $T_{v0}=c_{v0}t/H^2$；初始固结系数 $c_{v0}=E_{s0}k_{v0}/\gamma_w$。将 $z=H/2$ 处有效自重应力代入，可得到相应的压缩模量和渗透系数，进而得到所需的 T_{v0}。

两种方法得到的计算结果对比情况如图 9.6 所示。在图 9.6 中，按沉降定义的固结度 U_s 和按孔压定义的固结度 U_p 具体计算方法可参考相关教材，不再赘述。

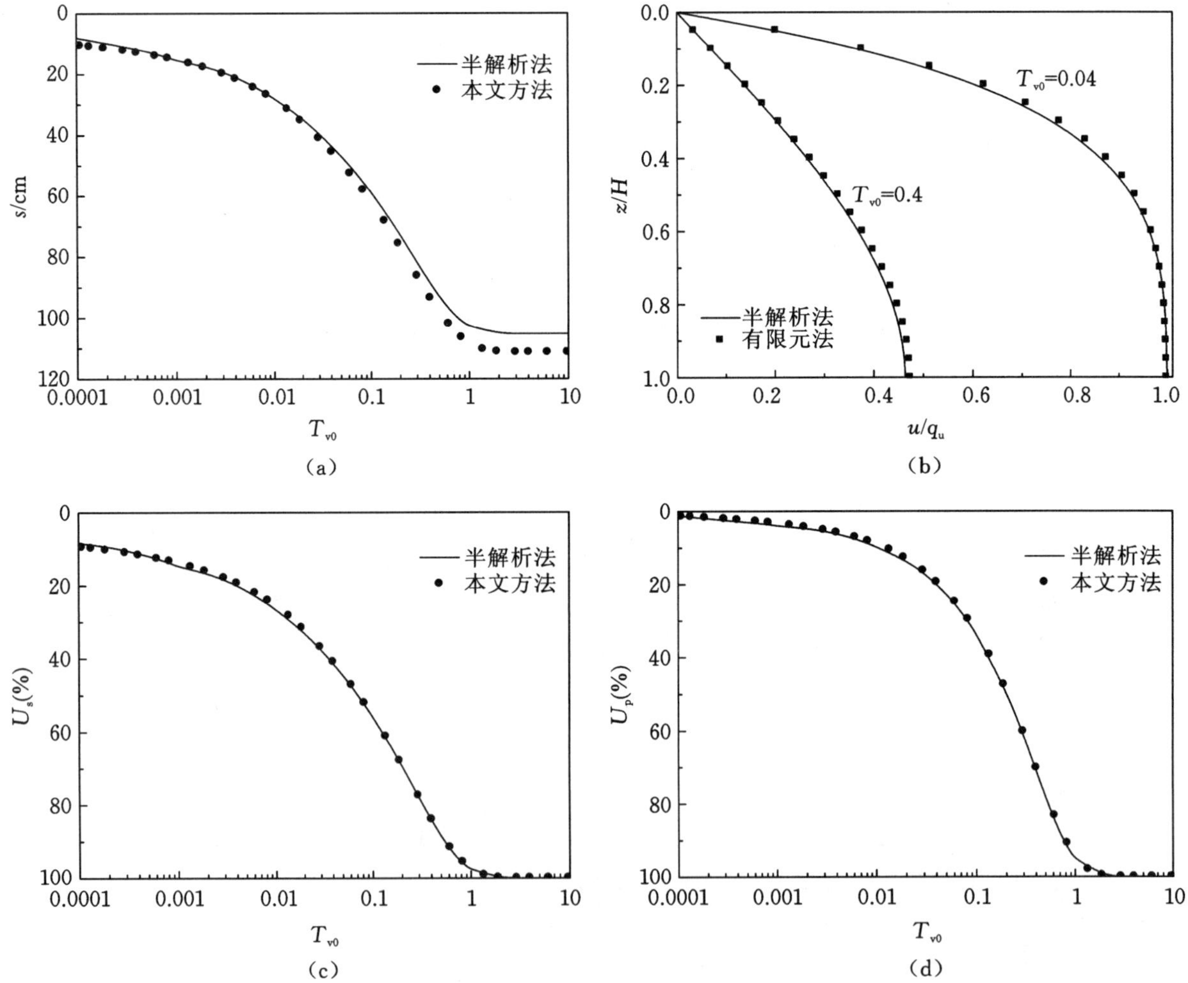

图 9.6　NPDSS 程序验证

(a)沉降对比曲线；(b)孔压对比曲线；(c) 按沉降计算固结度对比曲线；(d) 按孔压计算固结度对比曲线

由图 9.6 可见，两种方法除了在沉降计算结果上略有差异之外，其余结果均吻合良好，从而验证了程序编制的可靠性。

参 考 文 献

[1] BARDEN L, BERRY P L. Consolidation of normally consolidated clay[J]. J. of SMFD, ASCE, 1965, 91(5): 15-35.

[2] 高彦斌. 饱和软粘土一维非线性流变—固结耦合分析[J]. 工程力学，2006，23(8)：116-122.

[3] 殷宗泽，凌华. 非饱和土一维固结简化计算[J]. 岩土工程学报，2007，29(5)：633-637.

[4] 刘忠玉，张天航，马崇武. 起始水力梯度对饱和黏土一维固结的影响[J].岩土力学，2007，28(3)：467-470.

[5] 朱斌，陈若曦，陈云敏，等. 分层真空预压软土地基一维大变形固结模型及试验研究[J]. 浙江大学学报(工学版). 2007，41(11)：1928-1936.

[6] 曹宇春，陈云敏，黄茂松. 任意施工荷载作用下天然结构性软粘土的一维非线性固结分析[J]. 岩土工程学报，2006，28(5)：569-574.

[7] 李冰河，王奎华，谢康和，等. 软粘土非线性一维固结有限差分法分析[J]. 浙江大学学报，2000，34(4)：376-381.

[8] SANDHU R S, WILSON E L. Finite element analysis of flow of saturated porous elastic medial [J]. Journal of the Engineer Mechanics Division，1969，98(SM7)：641-652.

[9] 沈珠江. 用有限单元法计算软土地基的固结变形[J]. 水利水运科技情报，1977(1)：7-12.

[10] 谢康和.砂井地基：固结理论、数值分析与优化设计[D].杭州：浙江大学，1987.

[11] 朱百里，沈珠江.计算土力学[M].上海：上海科学技术出版社，1990.

[12] 邓岳保.竖井地基解析理论与有限元分析[D].杭州：浙江大学，2013.

附录 1

太沙基一维固结理论有限差分求解

```
function [Uz] =d_m( H,n,m,p0,Cv )
%双面排水、土应力均布条件;
%m 表示时间段数;n 代表土层数;p0 代表初始孔压,均布;Cv 代表固结系数。
k=3600; %%,时间步长/s
h=H/n; %%单位土层厚度
r=k/h^2;
P(1,1:m+1)=0;
P(1:n,1)=p0;
for i=2:m+1
    A1=zeros(n,n);
    A2=zeros(n,n);
    for j=1:n
        if j==1
            A1(j,j)=2*Cv*r+2;
            A1(j,j+1)=-r*Cv;
        elseif j==n
            A1(j,j)=2*Cv*r+2;
            A1(j,j-1)=-r*Cv;
        else
            A1(j,j)=2*Cv*r+2;
            A1(j,j-1)=-r*Cv;
            A1(j,j+1)=-r*Cv;
        end
    end
    for j=1:n
        if j==1
```

```
            A2(j,j)=-2*Cv*r+2;
            A2(j,j+1)=r*Cv;
        elseif j==n
            A2(j,j)=-2*Cv*r+2;
            A2(j,j-1)=r*Cv;
        else
            A2(j,j)=-2*Cv*r+2;
            A2(j,j-1)=r*Cv;
            A2(j,j+1)=r*Cv;
        end
    end
    B=inv(A1)*A2;
    if i>2
        P(1,i-1)=0;
        P(n,i-1)=0;
    end
    P(1:n,i)=B*P(1:n,i-1);
end
for i=1:m+1
    Uz(i)=100-100*dd*P(1:n,i)/n/p0;%%固结度
end
end
```

附录 2

考虑次固结的一维固结理论有限差分求解

```
function [Uz] =d_m2( H,n,m,p0,Cv,Ca,ti )
%双面排水、土应力均布;
%m 时间段数;n 土层数;p0 初始孔压,均布;Cv 固结系数,Ca 次固结系数,ti 为次固结计算时间。
k=3600;     %,时间步长/s
h=H/n;       %,单位土层厚度
r=k/h^2;
P(1,1:m+1)=0; P(1:n,1)=p0;
for i=2:m+1
    A1=zeros(n,n); A2=zeros(n,n);
    for j=1:n
        if j==1
            A1(j,j)=2*Cv*r+2;
            A1(j,j+1)=-r*Cv;
        elseif j==n
            A1(j,j)=2*Cv*r+2;
            A1(j,j-1)=-r*Cv;
        else
            A1(j,j)=2*Cv*r+2;
            A1(j,j-1)=-r*Cv;
            A1(j,j+1)=-r*Cv;
        end
    end
    for j=1:n
        if j==1
            A2(j,j)=-2*Cv*r+2;
            A2(j,j+1)=r*Cv;
```

```
        elseif j==n
            A2(j,j)=-2*Cv*r+2;
            A2(j,j-1)=r*Cv;
        else
            A2(j,j)=-2*Cv*r+2;
            A2(j,j-1)=r*Cv;
            A2(j,j+1)=r*Cv;
        end
    end
    for j=1:n
    D(j)=Ca/(ti+i*k)/log(10);
    end
    B=inv(A1)*A2;
    if i>2
        P(1,i-1)=0; P(n,i-1)=0;
    end
    P(1:n,i)=B*P(1:n,i-1)inv(A1)*D;
end
for i=1:m+1
    Uz(i)=100-100*dd*P(1:n,i)/n/p0; %%固结度
end
end
```

附录 3

NPDSS 有限元程序

```
C*********************************************************************
C                   NPDSS=PDSS+NonDarcianFlow+nonLineark
C                       by Xie K H & Deng Y B
C                   Zhejiang University & Ningbo University
C*********************************************************************
C                               MAIN
C=====================================================================

      PROGRAM NPDSS
      USE AllData
      implicit double precision(a-h,o-z)
      common/LSSE/LSSE(3200),NSDYL(20),NSDYR(20)   ! smear zone
      Call OpFile
      CALL InData
      CALL AUT8
      CALL PRF          !波前法组装
      CALL EF8
      OPEN(2,FILE='B.DAT',FORM='BINARY',ACCESS='DIRECT',RECL=IRL)!中转文件
      CALL SWE8_xy
      DO 100 KKK=1,KPT       !各级荷载作用下计算
      CALL CS8
      WRITE(*,30) 8,KKK
      CALL BAK8
      CALL STR8
100       CONTINUE           !各级荷载作用下计算完毕
```

```
      do 101   IKK=1,KPT
101   write(1,*) UU(IKK)
      CALL END_MATRIX
      CLOSE(1)            ！关闭文件 1.txt
      CLOSE(2)            ！关闭文件 2
30       FORMAT(10X,'SUB XKH- ',I2,' IS FINISHED UP NOW AT STEP ',I2)
      STOP
      END

C-----------------------------------------------------------------
C     SUB FOR CALCULATING SELF-WEIGHT STRESSES, COEFFICIENT OF EARTH
C-----------------------------------------------------------------
      SUBROUTINE SWE8_xy
      USE AllData
      implicit double precision(a-h,o-z)
      dimension RK(N1)
        O=3.1415926/180.0
      DO 15 I=1,N1
15          SI(I,4)=0
20     DO 1 J=1,N1
      ANGL=ANG(J)*O
1     RK(J)=1-SIN(ANGL)        ！各层土静止侧压力系数
      Zj=0
      WW=0
      R=0
      DO 30 J=1,N1
      WW=R+WW
      IF(J.EQ.1) GOTO 13
      Zj=ZZ(J)-ZZ(J-1)
      G=WG(J-1)
      TK=RK(J-1)
!   TK=0
13    R=(G-.001)*Zj
    Wj=WW+R
16       SI(J,1)=Wj*TK        ！单位:0.1MPa
```

```
        SI(J,2)=SI(J,1)
      SI(J,3)=Wj
30            CONTINUE
      NNODE=0
      DO I=1,N1
      DO J=1,M1
      DO K=1,L1
      NNODE=NNODE+1
           DO IJK=1,4
           SRini(NNODE,IJK)=SI(I,IJK)
           END DO
      END DO;END DO;END DO
      RETURN
      END

C------------------------------------------------------------------
C     Sub for FRONT Solution (Main program)
C------------------------------------------------------------------
      SUBROUTINE CS8
      USE AllData
      implicit double precision(a-h,o-z)
      COMMON/C5/NN(3),NLDE(8),NLDS(8)      ! DX(8)存放形对整坐标偏导
      common/LSSE/LSSE(3200),NSDYL(20),NSDYR(20)
      COMMON/C3/S(300),SQ(8,8),RS(24),E,PR,PH,PV,DT
      common/C8/Hx,Hy,Hz
      DT=DKT(KKK)*86400.        ! 时间单位
      B1=B2        ! 当前荷载顶宽之半
      DP2=0.0              ! 本级荷载初始量为 0
      DP1=DQT(KKK)           ! 本级荷载结束时增量
      IF (DP1.EQ.0.) GOTO 30      ! 若本级荷载增量为 0,则跳过荷载子程序
      CALL PLOAD
          ! *****initial parametres*******
 30  B2=B1     ! 当前荷载几何确定后将本级荷载顶半宽赋给下一级
      MM=0
      NCHK=0
```

```
      DO 2 I=1,MF1
      SS2(I)=0.
2         SS(I)=0.      ! SS(MFS)-组装单元固结矩阵[K]的一维工作数组
      DO 1 I=1,MFW
        SRS(I)=0.     ! SRS(MFW)-组装单元等效结点荷载和流量增量一维数组
1         NW(I)=0
      JW(1)=1
      DO 3 I=2,MFW
3         JW(I)=JW(I-1)+MFW-I+2
      DO 4 I=1,3
4         NN(I)=0
      NZN=0
      MZM=0
      NZM=0
        ! *****unit analysis iteration start**************************
      DO 102 I=1,M   ! 赋初始值 MM;NCHK;NZN;MZM;NZM;NN(3)=0
      DO 101 J=1,N   ! 赋初始值 SRS(MF1);SS(MF1);SRS(MFW);NW(MFW);JW(MFW)
      CCCK=CC(J)/CK(J)          ! 层内相同
      CECK=CE(J)/CK(J)
      DO 100 K=1,L
      MM=MM+1         ! 循环次数为 M*N*L=ME
      DO 45 II=1,24
45        RS(II)=0.        ! RS 存放单元等效结点荷载和流量增量列阵各元素
      DO 46 II=1,300
46        S(II)=0.        ! S(300)存放单元固结矩阵[K]上三角元素
      SX0=0;SY0=0;SZ0=0       ! 主应力
      DO 11 II=1,8
      NI=IABS(LDE(MM,II))      ! 结点号
      NLDE(II)=LDE(MM,II)      ! 单元结点号向量 8 个
      NLDS(II)=LDS(NI)         ! 单元结点指定向量 8 个
      XC(II)=COR(NI,1)
      YC(II)=COR(NI,2)           ! 单元结点整体坐标
      ZC(II)=COR(NI,3)
      SX0=SX0+100.0*SRini(NI,1)/8   ! 单位变为 kPa
      SY0=SY0+100.0*SRini(NI,2)/8   ! initial normal stress
```

```
     SZ0=SZ0+100.0*SRini(NI,3)/8
 11        CONTINUE
 !       PP0=(SX0+SY0+SZ0)/3.0                    !初始平均有效应力——各单元
     PP0=SZ0
     if(PP0.LE.0) PP0=0.00000001
     CALL CEVK(J,MM,PP0)               !确定 E v kv kh
     CALL NonDarcy(I,J,K)   !确定 Hx Hy Hz
     If(NSD.EQ.0) goto 17
     DO 14 II=1,NSD
     DO 14 IK=1,NSZ
     IF(MM.EQ.LSE(II,IK)) goto 15
 14        CONTINUE
     goto 17
 15  Hx=1.0;Hy=1.0;Hz=1.0  !竖井单元为达西流
 17  IF(DP1.EQ.0.) GOTO 19  !无增量荷载跳过
        IF(J.NE.1) GOTO 19     !只有上表面有荷载,J=1
     IF(I.GT.IPY2) GOTO 19  !上表面无荷载部分不进行荷载组装
 18        MI=I
     KI=K
     CALL PRES(KI,MI,MM)   !对 RS 进行了赋值
 19        DO 50 II=1,8
     CALL JAC(II)      !计算[J]和[J]逆矩阵
 50        CALL ESIP(II)         !为计算[K]做准备
 55        CALL ES8I          !计算[K]
     IF(KKK.EQ.1) GOTO 40        !若为第一荷载增量步则往下进行
 65      DO 20 JI=1,8            !初始流量数组
     II=3*JI
     DO 20 JJ=1,8
     NI=IABS(NLDE(JJ))
 20        RS(II)=RS(II)-SQ(JI,JJ)*P(NI)/ALF      !初始流量数组确定
 40        CALL ASB8  !由 PRF 对[K]和[R]组装
 60        CALL FRONT(MM)            !方程[K]{U}={R}求解
 100       CONTINUE
 101       CONTINUE
 102      continue
```

```
      RETURN
      END

C -----------------------------------------------------------------
C     Sub for calculating E Pr Kh and Kv
C-----------------------------------------------------------------
      SUBROUTINE CEVK(JJ,MM,PP0)
      USE AllData
      implicit double precision(a-h,o-z)
      COMMON/C3/S(300),SQ(8,8),RS(24),E,PR,PH,PV,DT
      common/LSSE/LSSE(3200),NSDYL(20),NSDYR(20)
      NNNS=8*NSZ*NSD                   !涂抹单元数
      IF(NSD.EQ.0) GOTO 10
      IF(JJ.GT.NSZ) GOTO 10
      DO 1 II=1,NSD
      DO 1 IK=1,NSZ
      IF(MM.EQ.LSE(II,IK)) GOTO 2
1         CONTINUE
      goto 10
2     PH=PKH(N1)
      PV=PKV(N1)
      PR=PIR(N1)
      E=E0(N1)*1000
        return
10    if(kkk.GT.1) goto 20       !荷载级控制
         PH=PKH(JJ)
      PV=PKV(JJ)
      PR=PIR(JJ)
!   PP1=PP0+DP1
    PP1=PP0
    E=PP1*log(10.0)*(1+E0(JJ))/CE(JJ)      !先期固结压力
!   E=YM(JJ)*1000
    IF(NSD.EQ.0) return
    IF(NSS.NE.1) return
    Do 6 III=1,NNNS
```

```
      IF(MM.EQ.LSSE(III))  goto 7
6        CONTINUE
      return
7     PH=PKH(JJ)/DDkh
      PV=PKV(JJ)/DDkv
      PR=PIR(JJ)/DDpir
      E=E/DDym
      return
20    SX=0;SY=0;SZ=0
      do II=1,8
        NI=IABS(LDE(MM,II))
        SX=SX+STR(NI,1)/8          !单位:kPa
        SY=SY+STR(NI,2)/8          !单元各方向有效应力
        SZ=SZ+STR(NI,3)/8
      end do
      PC0=PP0*OCR(JJ)           !本层土先期固结压力
      if(SZ.LE.0) SZ=0.0
          PPi=PP0+SZ               !!上覆有效应力,注意地基初始应力
      if(PPi.LE.PC0) then
      E=PPi*log(10.0)*(1+E0(JJ))/CE(JJ) !孔隙比计算模量
      PH=PKH(JJ)*(PPi/PP0)**(-CECK)
      PV=PKV(JJ)*(PPi/PP0)**(-CECK)
      else
      E=PPi*log(10.0)*(1+E0(JJ))/CC(JJ) !孔隙比计算模量
      PH=PKH(JJ)*(PC0/PP0)**(-CECK)*(PPi/PC0)**(-CCCK)
      PV=PKV(JJ)*(PC0/PP0)**(-CECK)*(PPi/PC0)**(-CCCK)
      endif
      PR=PIR(JJ)
!     E=YM(JJ)*1000
      IF(NSD.EQ.0) return
      IF(NSS.NE.1) return
      Do 12 III=1,NNNS
      IF(MM.EQ.LSSE(III))  goto 13
12        CONTINUE
      return
```

```
13    PH=PH/DDkh      !!!!!!!!!K3:涂抹区值
      PV=PV/DDkv
      PR=PR/DDpir
      E=E/DDym
      return
      end

C------------------------------------------------------------------
C     Sub for calculating [H]
C------------------------------------------------------------------
      SUBROUTINE NonDarcy(I,J,K)
      USE AllData
      implicit double precision(a-h,o-z)
      COMMON/C5/NN(3),NLDE(8),NLDS(8)
      common/C8/Hx,Hy,Hz
8     IF(KKK.eq.1) Then      !第 1 步孔压梯度实际最大,故取最大值
      Hx=1.0;Hy=1.0;Hz=1.0    !初始为达西流
      else
      RwI=(10*DiL)**(Dm-1)
      Do 13 JJ=1,8
      NJJ=abs(NLDE(JJ))
13    PP(JJ)=P(NJJ)                !所分析单元各结点上孔压
      PPx1=PP(1)+PP(4)+PP(5)+PP(8)
      PPx2=PP(2)+PP(3)+PP(6)+PP(7)
      PPy1=PP(1)+PP(2)+PP(5)+PP(6)
      PPy2=PP(3)+PP(4)+PP(7)+PP(8)
      PPz1=PP(1)+PP(2)+PP(3)+PP(4)
      PPz2=PP(5)+PP(6)+PP(7)+PP(8)
      dx1=XX(K+1)-XX(k)
      dy2=YY(I+1)-YY(I)            !unit:cm
      dz3=ZZ(J+1)-ZZ(J)            !各面孔压均值梯度
      Pix1=2.5*(PPx1-PPx2)/dx1       !孔压梯度(rw=10)
      Piy1=2.5*(PPy1-PPy2)/dy2      !unit: m
      Piz1=2.5*(PPz1-PPz2)/dz3
      Pix=abs(Pix1)
```

```
      Piy=abs(Piy1)
      Piz=abs(Piz1)
      If(Pix.LT.DiL)  Hx=(10*Pix)**(Dm-1)/RwI
      If(Pix.GE.DiL)  Hx=1.0
      If(Piy.LT.DiL)  Hy=(10*Piy)**(Dm-1)/RwI
      If(Piy.GE.DiL)  Hy=1.0
      If(Piz.LT.DiL)  Hz=(10*Piz)**(Dm-1)/RwI
      If(Piz.GE.DiL)  Hz=1.0
      end if
      return
      end

C---------------------------------------------------------------------
C     Sub for Calculating & Outputing Nodal Displacements and
c            Excess Pore Water Pressures
C---------------------------------------------------------------------
      SUBROUTINE BAK8
      USE AllData
      implicit double precision(a-h,o-z)
      common/DD4/PPE(8),VE(29999),PE(29999)
      COMMON/CI2/XC2(8),YC2(8),ZC2(8)
      CHARACTER*8 FVN
      FVN=GCNAME//'VP'//CHR(KKK)        !文件名控制
      IF(KKK.NE.1) GOTO 4
      DO 1 I=1,MN              !首级荷载位移孔压赋零
      V(I)=0.
      W(I)=0.
1         P(I)=0.
4         DO 50 MM=1,ME
      MEL=ME+1-MM              !MEL=ME-->1
      DO 50 I=1,8
      ND=9-I                  !ND =8-->1
      NI=-LDE(MEL,ND)
      IF(NI.LE.0) GOTO 50
      DO 30 NV=1,3
```

```
      IF(NZN.NE.0) GOTO 20
15    READ(2,REC=NCHK) MZM,NZN,(REQ(IE),IE=1,NZN),(LREQ(IE),IE=1,MZM)
      NCHK=NCHK-1
20    MZM=MZM-3
      NBW=LREQ(MZM+1)
      NFW=LREQ(MZM+2)
      LIV=LREQ(MZM+3)
      GASH=REQ(NZN)
5     II=NZN-NFW-1+LIV
      PIV=REQ(II)
      REQ(II)=0
      N2=NZN-NFW-2+NBW
      NZN=N2
      DO 10 J=NBW,NFW
      N2=N2+1
10    GASH=GASH-SRS(J)*REQ(N2)
      SRS(LIV)=GASH/PIV
      N3=4-NV
      IF(NV.EQ.1) GOTO 25
      DISP(NI,N3)=SRS(LIV)      !结点位移增量计算
      GOTO 30
25    P(NI)=SRS(LIV)+P(NI)      !结点孔压计算
30    CONTINUE
50    CONTINUE
60    DO 51 I=1,MN
      V(I)=V(I)+DISP(I,1)       !结点位移计算
      W(I)=W(I)+DISP(I,2)       !结点位移计算
51    CONTINUE
      OPEN(3,FILE=FVN,FORM='BINARY')      !打开文 3 写入计算结果
      WRITE(3) KKK,MN,(P(I),I=1,MN),(V(I),I=1,MN),(W(I),I=1,MN)
      CLOSE(3)
      WRITE(1,90) KKK,T(KKK),L,M,N,FVN   !向文 1.txt 中写入数据
      WRITE(1,100) (I,V(I),W(I),P(I),I=1,MN)     !打印输出控制结束
90    FORMAT(/9X,'*NODAL DISPLACEMENTS AND POREPRESSURE AT STEP ',I2
     & ,'(T=',F6.1,'days)'/21X,'L=',I2,8X,'M=',I2,8X,'N=',I2,7X,'(',
```

```
     &  A8,')'/10X,'NODE',7X,'V(cm)',13X,'W(cm)',13X,'POREPRES.(kPa)')
100       FORMAT(9X,I5,3E18.6)

         !***calculate consolidation degree***2011-11-06改进-体积加权***
110  MM=0
     DO 202 I=1,M   !赋初始值MM;NCHK;NZN;MZM;NZM;NN(3)=0
     DO 201 J=1,N   !赋初始值SRS(MF1);SS(MF1);SRS(MFW);NW(MFW);JW(MFW)
     DO 200 K=1,L
     MM=MM+1           !循环次数为M*N*L=ME
     DO 111 II=1,8
     NI=IABS(LDE(MM,II))      !结点号
     XC2(II)=COR(NI,1)
     YC2(II)=COR(NI,2)          !单元结点整体坐标
     ZC2(II)=COR(NI,3)
     PPE(II)=P(NI)
111          CONTINUE
     IF(NSD.EQ.0) goto 8
     DO 6 II=1,NSD
         DO 6 IK=1,NSZ
     IF(MM.EQ.LSE(II,IK)) goto 7        !不计井内值
6        CONTINUE                  !element volume and EPP
8    VE(MM)=(XC2(2)-XC2(1))*(YC2(4)-YC2(1))*(ZC2(5)-ZC2(1))
     PE(MM)=(PPE(1)+PPE(2)+PPE(3)+PPE(4)+PPE(5)+PPE(6)+PPE(7)+PPE(8))/8.
     goto 200
7    VE(MM)=0
     PE(MM)=0
200      CONTINUE
201      CONTINUE
202      CONTINUE
         !***单元体积和孔压已经得到
     VET=0
     PET=0
     PEP=0                    !平均孔压(除井)
     MET=ME-NSD*NSZ           !不计井总单元数
     Do 44 II=1,ME
```

```
44    VET=VET+VE(II)       !单元体积总和(除井)
      VEP=VET/MET         !单元平均体积(除井)
      Do 45 II=1,ME
45      PET=PET+PE(II)*VE(II)/VEP
      PEP=PET/MET
          !***地基总体平均孔压已经得到
      qf=0.0
      DO 40 I=1,KPT             !求总荷载
40    qf=qf+DQT(I)
      qt=0.0
      DO 41 I=1,KKK             !求当前累计荷载
41    qt=qt+DQT(I)
      Ua=0.0
        Ua=100.0*qt/qf-100.0*PEP/qf
      UU(KKK)=Ua             !按孔压得到的平均固结度
C ********计算平均孔压******
      ur1=0.0
      LM=L1*M1
      Do 301 J=1,N1
      Do 300 IK=1,LM
      JIK=(J-1)*LM+IK
300   ur1=ur1+P(JIK)
      urz(J)=ur1/LM
      ur1=0.0
      WRITE(1,*) urz(J)
301    continue
        RETURN
      END

C-------------------------------------------------------------------
C       Sub for Changing E
C-------------------------------------------------------------------
        SUBROUTINE CEV(JJ,MM,PP0)
      USE AllData
      implicit double precision(a-h,o-z)
```

```
      COMMON/C3/S(300),SQ(8,8),RS(24),E,PR,PH,PV,DT
      common/LSSE/LSSE(3200),NSDYL(20),NSDYR(20)
      NNNS=8*NSZ*NSD                  !涂抹单元数
      IF(NSD.EQ.0) GOTO 10
      IF(JJ.GT.NSZ) GOTO 10
      DO 1 II=1,NSD                  !井 不考虑渗透非线性
      DO 1 IK=1,NSZ                   !井 不考虑压缩非线性
      IF(MM.EQ.LSE(II,IK)) GOTO 2
1        CONTINUE
      goto 10
2     E=E0(N1)*1000
        return
10    if(kkk.GT.1) goto 20     !荷载级控制
      PP2=PP0  !确定第一步参数采用应力状态
      if(PP2.LT.PC0) then     !先期压力参数
      E=PC0*log(10.0)*(1+E0(JJ))/CC(JJ)     !先期固结压力
      else
      E=PP2*log(10.0)*(1+E0(JJ))/CC(JJ)  !初始孔隙比计算第1步模量
      endif
      IF(NSD.EQ.0) return
      IF(NSS.NE.1) return             !NSS--涂抹控参
      Do 6 III=1,NNNS
      IF(MM.EQ.LSSE(III))  goto 7
6        CONTINUE
      return
7     E=E/DDym
      return
20    SX=0;SY=0;SZ=0
      do II=1,8
           NI=IABS(LDE(MM,II))
           SX=SX+STR(NI,1)/8        !单位:kPa
           SY=SY+STR(NI,2)/8        !单元各方向有效应力
           SZ=SZ+STR(NI,3)/8
      end do
!        PPi=PP0+(SX+SY+SZ)/3.0   !!平均有效应力 注意地基初始应力
```

```
        PPi=PP0+SZ                  !注意地基初始应力
      if(PPi.LE.0) PPi=0.00000001
      PPa=PPi/PP0
      if(PPa.LE.1.0) PPa=1.0
!     EEi=E0(JJ)-CC(JJ)*log10(PPa)  !孔隙比
      if(PP0.LT.PC0) then
      E=(PPi+PC0-PP0)*log(10.0)*(1+E0(JJ))/CC(JJ) !上步孔隙比计算本步模量
      else
      E=PPi*log(10.0)*(1+E0(JJ))/CC(JJ)
      endif
      IF(NSD.EQ.0) return
      IF(NSS.NE.1) return
      Do 12 III=1,NNNS
      IF(MM.EQ.LSSE(III))  goto 13
12        CONTINUE
      return
13    E=E/DDym
      return
      end
```